Python 演算法交易

從創意發想到雲端部署

Python for Algorithmic Trading
From Idea to Cloud Deployment

Yves Hilpisch 著

藍子軒 譯

目錄

前言 xi

第一章　**Python & 演算法交易** 1

　Python 與金融界的淵源 1

　　Python vs. 偽程式碼 2

　　NumPy & 向量化 3

　　Pandas & DataFrame 物件類別 5

　演算法交易 7

　Python 演算法交易 12

　預備知識與聚焦重點 13

　交易策略 14

　　簡單移動平均 15

　　動量 15

　　均值回歸 15

　　機器學習與深度學習 15

　結論 16

　參考資料與其他資源 16

第二章　**Python 基礎架構** 19

　用 Conda 管理套件 21

安裝 Miniconda 21

Conda 基本操作 24

用 Conda 管理虛擬環境 29

使用 Docker 容器 33

Docker 映像與容器 34

打造 Ubuntu + Python 的 Docker 映像 35

使用雲端實例 40

RSA 公鑰與私鑰 41

Jupyter Notebook 設定檔案 42

Python 與 Jupyter Lab 安裝腳本 44

Droplet 設定編排腳本 45

結論 48

參考資料與其他資源 48

第三章   **金融數據資料的處理** **51**

從不同來源讀取金融數據資料 52

資料集 52

用 Python 讀取 CSV 檔案 53

用 pandas 讀取 CSV 檔案 55

匯出 Excel 與 JSON 57

讀取 Excel 與 JSON 57

善用開放資料來源 58

Eikon Data API 62

檢索出結構化歷史資料 65

檢索出非結構化歷史資料 69

更有效儲存金融數據資料 72

DataFrame 物件的儲存方式 73

用 TsTables 儲存資料 77

用 SQLite3 儲存資料 82

結論 84

參考資料與其他資源 85

Python 腳本 86

第四章　精通向量化回測 **89**

善用向量化 91

用 NumPy 進行向量化操作 91

用 pandas 進行向量化操作 93

「簡單移動平均」型策略 97

入門基礎 97

通用化做法 106

「動量」型策略 108

入門基礎 109

通用化做法 114

「均值回歸」型策略 117

入門基礎 117

通用化做法 121

資料窺探與過度套入 122

結論 124

參考資料與其他資源 125

Python 腳本 127

簡單移動平均回測物件類別 127

動量回測物件類別 130

均值回歸回測物件類別 132

第五章　運用機器學習預測市場動向 **135**

運用線性迴歸預測市場動向 136

線性迴歸快速回顧 137

價格預測的基本構想 139

預測指數水準 141

預測未來報酬 145

預測未來市場動向 147

迴歸型策略的向量化回測.................................148

通用化做法.................................150

運用機器學習預測市場動向.................152

運用 scikit-learn 進行線性迴歸.................152

一個簡單的分類問題.................154

運用邏輯迴歸預測市場動向.................159

通用化做法.................164

運用深度學習預測市場動向.................167

再次探討簡單的分類問題.................167

運用深度神經網路預測市場動向.................169

添加不同類型的特徵.................175

結論.................180

參考資料與其他資源.................180

Python 腳本.................181

線性迴歸回測物件類別.................181

分類演算法回測物件類別.................184

第六章   打造事件型回測物件類別.................189

事件型回測基礎物件類別.................191

只做多（Long-Only）回測物件類別.................197

多空（Long-Short）回測物件類別.................201

結論.................205

參考資料與其他資源.................205

Python 腳本.................206

事件型回測基礎物件類別.................206

只做多（Long-Only）回測物件類別.................209

多空（Long-Short）回測物件類別.................212

第七章   即時資料與 Socket 的處理.................217

執行一個簡單的 Tick 資料伺服器.................219

用簡單的 Tick 資料客戶端進行連接.................222

即時生成交易信號 224

運用 Plotly 以視覺化方式呈現串流資料 227

   基礎 227

   同時顯示三種即時串流資料 229

   用三個子圖顯示三種串流資料 231

   用柱狀圖呈現串流資料 232

結論 234

參考資料與其他資源 234

Python 腳本 234

   樣本 Tick 資料伺服器 235

   Tick 資料客戶端 236

   動量線上演算法 236

   柱狀圖樣本資料伺服器 237

第八章   運用 Oanda 交易 CFD 差價合約 239

開設帳號 243

Oanda API 245

檢索出歷史資料 247

   找出可交易的投資工具 247

   用分線圖回測動量型策略 248

   槓桿與保證金因素 251

處理串流資料 253

按市價下單 254

實作即時交易策略 256

查詢帳號相關資訊 262

結論 264

參考資料與其他資源 264

Python 腳本 265

第九章   運用 FXCM 進行外匯交易 267

入門指南 269

檢索資料 270

　檢索出 Tick 報價資料 270

　檢索出 K 線資料 273

運用 API 275

　檢索出歷史資料 276

　檢索出串流資料 278

　下單 280

　查詢帳號相關資訊 282

結論 283

參考資料與其他資源 283

第十章　　自動化交易操作 **285**

資本管理 286

　二項式設定下的凱利準則 286

　股票與指數操作的凱利準則 292

機器學習型交易策略 297

　向量化回測 298

　最佳槓桿 305

　風險分析 307

　保存模型物件 310

線上演算法 311

基礎架構與部署 316

日誌記錄與監控 317

重點步驟圖文示範 320

　設定 Oanda 帳號 320

　設定硬體 321

　設定 Python 環境 321

　上傳程式碼 323

　執行程式碼 323

　即時監控 325

結論 325

參考資料與其他資源 326

Python 腳本 326

　　自動化交易策略 326

　　策略監控 329

附錄　　**Python、NumPy、matplotlib、pandas** **331**

索引 **375**

前言

> 資料主義（*Dataism*）認為，整個宇宙都是資料流（*data flows*）所構成；所有現象或實體的價值，全都取決於它對資料處理的貢獻……因此，資料主義可以說打破了動物（人）與機器的界限，更預期電子演算法最後終將破解、甚至超越生化演算法[1]。
>
> —— Yuval Noah Harari（以色列歷史學家）

找出正確的演算法，並以自動化的方式進行金融交易，可說是金融投資界一心想追求的「聖杯」。就在不久之前，當時還只有資金雄厚、管理大量資產的機構，才有足夠的能力運用演算法進行交易。但如今由於開放原始碼、開放資料、雲端計算、雲端儲存、線上交易平台等各領域最新的進展，讓一般小型機構與散戶交易者擁有了更公平的競爭環境，因此只要擁有一台筆記型電腦或 PC，加上可靠的網路連接，就可以進入這個引人入勝的領域。

目前，Python 及其強大的套件生態體系，已成為演算法交易的首選技術平台。除此之外，Python 還能讓你進行高效率的資料分析（例如使用 pandas：*http://pandas.pydata. org*），把機器學習的技術應用於股市預測（例如使用 scikit-learn：*http://scikit-learn. org*），甚至可透過 TensorFlow（*http://tensorflow.org*）導入 Google 深度學習的技術。

1　Harari, Yuval Noah. 2015. *Homo Deus: A Brief History of Tomorrow*（人類大命運）. London: Harvill Secker.

這是一本關於如何把 Python 運用於「演算法交易」的書籍，主題圍繞在各種 *alpha* 生成策略（參見第 1 章^{譯註}）。本書可說是身處兩大廣闊且令人興奮的領域交會處，因此幾乎不可能涵蓋所有相關的主題。不過，本書確實針對一些很重要的基本議題，提供了相當深入的內容。

本書內容涵蓋以下這些主題：

金融數據資料

金融數據資料是所有演算法交易專案的核心。在面對各種結構化金融數據資料時（包括每日收盤價格、盤中價格、高頻資料），只要善用 Python 和其他像是 NumPy、pandas 這樣的套件，就可以做出很好的處理。

回測（*Backtesting*）

如果交易策略未通過嚴格測試，就不應該用它來進行自動化演算法交易。本書會介紹簡單移動平均型、動量型、均值回歸型這幾種交易策略，並運用機器學習／深度學習的技術，來預測市場的動向。

即時資料

演算法交易必須有能力處理即時資料，而線上演算法（online algorithm）就是以即時資料為基礎，並以視覺化方式即時呈現當下的情況。本書採用 ZeroMQ 來說明 socket 程式設計的做法，並介紹如何以視覺化方式呈現串流資料。

線上平台

如果沒有交易平台，就無法進行交易。本書會介紹兩個相當受歡迎的電子交易平台：Oanda（*http://oanda.com*）與 FXCM（*http://fxcm.com*）。

自動化

演算法交易的優點與主要挑戰，就是交易操作的自動化。本書會示範如何在雲端部署 Python，以及如何針對自動化演算法交易，建立合適的環境。

本書具有以下這些功能與優點，可提供一些獨特的學習經驗：

涵蓋各大相關主題

本書是目前唯一針對 Python 演算法交易相關主題、兼具廣度與深度的書籍（參見後述）。

---

^{譯註}alpha 指的是優於市場表現的「超額報酬」

可獨立運作的基礎程式碼

本書隨附一個 Git 程式碼儲存庫（*https://github.com/yhilpisch/py4at*），其中所有程式碼全都可以獨立運作執行。另外，讀者也可以在 Quant 平台（*http://py4at.pqp.io*）存取、執行本書的程式碼。

以真實交易為目標

本書會用到兩個不同的線上交易平台，讓讀者能以迅速有效的方式，開始進行理論與實際的交易操作。為了達到此目的，本書提供了許多實用而有價值的相關背景知識。

自己動手做、可自定進度的做法

由於本書所採用的資料與程式碼，全都可以各自獨立運作，而且只會用到一些標準的 Python 套件，因此讀者對於所有的處理過程、程式碼範例的使用與修改等等，全都可以充分理解與掌控。舉例來說，你不必依賴任何第三方平台，就可以連接到交易平台進行回測。有了這本書，讀者就可以靠自己輕鬆完成所有工作，並掌控每一行程式碼。

使用者論壇

雖然讀者應該有能力自行沿著道路前進，但本書作者與 Python Quants 平台還是可以隨時為你提供協助。讀者隨時都可以進入 Quant 平台（*http://py4at.pqp.io*）的使用者論壇，發表任何問題與評論（申請帳號完全免費）。

線上 / 影片訓練（需付費訂閱）

Python Quants 提供全面的線上訓練計劃（*https://oreil.ly/Qy90w*），該計劃採用本書所介紹的內容，並額外添加許多內容，涵蓋像是金融資料科學、金融人工智慧、可適用於 Excel 與資料庫的 Python 工具與技能等等重要主題。

本書的內容與結構

以下是本書各章主題與內容的快速介紹。

第 1 章：*Python & 演算法交易*

第一章介紹的「演算法交易」，就是以電腦演算法為基礎的自動化金融交易技術。本章會討論相關的基本概念，以及閱讀本書所需的預備知識。

第 2 章：*Python* 基礎架構

本章是隨後各章節的技術基礎，其中包括如何設定合適的 Python 環境。本章主要使用 conda 做為 Python 套件與虛擬環境的管理工具。本章也針對如何使用 Docker（*http://docker.com*）容器，以及如何在雲端部署 Python，做出了相應的說明。

第 3 章：金融數據資料的處理

對於每個演算法交易專案來說，時間序列資料總是扮演非常關鍵的角色。本章會介紹如何從不同的公開或專用資料來源，取得各種不同的金融數據資料。本章還會示範如何利用 Python，以更有效的方式儲存這些時間序列資料。

第 4 章：精通向量化回測

總體來說，向量化（Vectorization）可說是數值計算方面（尤其是金融財務分析）一種非常強大的做法。本章會介紹如何使用 NumPy 與 pandas 進行向量化操作，並把這樣的做法應用到簡單移動平均（SMA；Simple Mean Average）、動量（Momentum）、均值回歸（Mean-Reversion）等各類型交易策略的回測。

第 5 章：運用機器學習預測市場動向

本章致力於使用「機器學習」與「深度學習」技術，來預測市場的動向。這種做法主要依靠的是觀察過去報酬所隱含的特徵，再結合 TensorFlow（*https://oreil.ly/B44Fb*）、 scikit-learn（*http://scikit-learn.org*） 與 Keras（*https://keras.io*） 這類的 Python 套件，藉以預測未來市場的動向。

第 6 章：打造事件型回測物件類別

雖然在程式碼簡潔性與效能表現方面，向量化回測的做法具有一定優勢，但如果需要呈現出交易策略的某些市場特徵，向量化回測的做法反而有點礙手礙腳。另一方面，只要運用物件導向程式設計技術，實作出事件型回測的做法，就可以針對各式各樣的市場特徵，進行更細化、更實際的模型化處理。本章會先針對事件型回測基礎物件類別進行介紹，然後再針對另外兩個物件類別（分別可用來回測「只做多」與「多空」交易策略）進行詳細的說明。

第 7 章：即時資料與 *Socket* 的處理

只要是有野心的演算法交易者，遲早都必須面對即時資料或串流資料的處理。以這方面來說，Socket 程式設計可說是首選的工具，因此本章介紹了 ZeroMQ（*http://zeromq.org*）這個輕量級的可擴展技術。本章還會說明如何利用 Plotly（*http://plot.ly*）建立美觀且具互動性的串流圖形。

第 8 章：運用 *Oanda* 交易 *CFD* 差價合約

Oanda（*http://oanda.com*）是一個外匯（forex；FX）與差價合約（CFD；Contracts for Difference）交易平台，可針對像是外匯組合、股票指數、商品、利率工具（基準債券）等投資工具進行交易。本章會使用 Python 包裝套件 tpqoa（*http://github.com/yhilpisch/tpqoa*），針對如何運用 Oanda 實作出自動化演算法交易策略，提供相應的指導。

第 9 章：運用 *FXCM* 進行外匯交易

FXCM（*http://fxcm.co.uk*）是外匯與 CFD 差價合約的另一個交易平台，最近 FXCM 還針對演算法交易發佈了最新的 RESTful API。這個平台可交易的投資工具涵蓋多種資產類別，例如外匯、股票指數、商品等等。它還提供一個 Python 包裝套件，讓演算法交易 Python 程式碼的撰寫變得相當方便而高效（*http://fxcmpy.tpq.io*）。

第 10 章：自動化交易操作

本章探討的是資本管理、風險分析管理，以及演算法交易操作技術自動化的一些典型任務。舉例來說，本章詳細介紹了資本配置與槓桿設定的凱利準則（Kelly Criterion）。

附錄

本附錄根據本書主要章節所呈現的內容，針對 Python、NumPy、pandas 其中最重要的一些主題，提供了簡要的介紹。這裡的介紹只是一個起點，各位可以從這裡開始，逐步增加自己的 Python 知識。

圖 P-1 顯示的是演算法交易相關的各層知識，而本書各章則是由下而上涵蓋了每一層的內容。首先必須從 Python 基礎架構（第 2 章）開始，然後再加上金融數據資料（第 3 章）、策略與向量化回測程式碼（第 4 與 5 章）的知識。到這裡為止，所有數據資料全都被當做一個整體來進行運用與操縱。事件型回測則首次引進一種想法，讓現實世界中的數據資料以陸續出現的方式來進行處理（第 6 章）。這可說是通往連線程式碼這一層的橋樑，到了此層就會涵蓋到 socket 通訊與即時資料處理的議題（第 7 章）。最重要的是，交易平台及其 API 都必須具有下單交易的能力（第 8、9 章）。本書最後則探討自動化與部署相關的重要內容（第 10 章）。從這個角度來看，本書的主要章節與圖 P-1 的各層皆有相關，而圖中各層也針對所要涵蓋的主題，排列出一個很合理的順序。

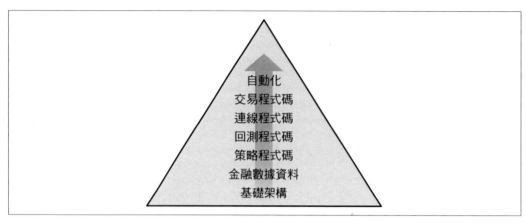

圖 P-1　Python 演算法交易的各層知識

本書適合的讀者

本書適合所有想把 Python 應用到演算法交易這個引人入勝領域的學生、學者與專業工作者。本書假設讀者在 Python 程式設計與金融交易方面，至少具有基本程度的背景知識。本書的附錄針對 Python、NumPy、matplotlib、pandas 介紹了一些重要的相關主題，可做為各位的參考與複習。下面還有一些很好的參考資料，可讓你對本書一些重要的 Python 相關議題獲得很好的理解。各位至少可以讀一下 Hilpisch（2018）這本書做為參考，大多數讀者應該都可以從中得到一些好處。關於可應用於演算法交易的一些機器學習與深度學習做法，Hilpisch（2020）這本書則提供了相當豐富的背景資訊與大量的具體範例。各位可以在下面這些書籍中，找到許多關於 Python 金融交易應用、資料科學與人工智慧的背景資訊：

Hilpisch, Yves. 2018. *Python for Finance: Mastering Data-Driven Finance*（Python 金融分析：掌握金融大數據）. 2nd ed. Sebastopol: O'Reilly.

Hilpisch, Yves. 2020. *Artificial Intelligence in Finance: A Python-Based Guide*（人工智慧在金融方面的應用：Python 指南）. Sebastopol: O'Reilly.

McKinney, Wes. 2017. *Python for Data Analysis: Data Wrangling with Pandas, NumPy, and IPython*（Python 資料分析：用 Pandas、NumPy、IPython 做資料分析）. 2nd ed. Sebastopol: O'Reilly.

Ramalho, Luciano. 2021. *Fluent Python: Clear, Concise, and Effective Programming*（流暢的 Python：清晰、簡潔、有效的程式設計）2nd ed. Sebastopol: O'Reilly.

VanderPlas, Jake. 2016. *Python Data Science Handbook: Essential Tools for Working with Data*（Python 資料科學學習手冊：資料處理不可或缺的工具）. Sebastopol: O'Reilly.

以下書籍可找到一些演算法交易相關的背景資訊：

Chan, Ernest. 2009. *Quantitative Trading: How to Build Your Own Algorithmic Trading Business*（計量交易：建立自己的演算法交易事業）. Hoboken et al: John Wiley & Sons.

Chan, Ernest. 2013. *Algorithmic Trading: Winning Strategies and Their Rationale*（演算法交易：贏家策略及其原理）Hoboken et al: John Wiley & Sons.

Kissel, Robert. 2013. *The Science of Algorithmic Trading and Portfolio Management*（演算法交易與投資組合管理背後的科學原理）Amsterdam et al: Elsevier/Academic Press.

Narang, Rishi. 2013. *Inside the Black Box: A Simple Guide to Quantitative and High Frequency Trading*（打開黑箱：計量高頻交易簡易指南）Hoboken et al: John Wiley & Sons.

祝福你能善用 Python，盡情享受你在演算法交易世界中的旅程；如有任何疑問或意見，請發送電子郵件至 *py4at@tpq.io* 與我們取得聯繫。

本書編排慣例

本書使用了以下的印刷排版體例：

斜體字（*Italic*）

　　代表新術語、URL、電子郵件地址、檔案名稱或檔案副檔名。中文以楷體表示。

定寬字（`Constant width`）

　　用於程式碼（包括段落裡的程式碼），或是對程式碼元素的參照，例如變數、函式名稱、資料庫、資料型別、環境變數、程式語句、關鍵字。

定寬粗體字（**`Constant width bold`**）

　　用來顯示一些應該由使用者直接輸入的指令或其他文字。

定寬斜體字（*`Constant width italic`*）

　　用來顯示一些應該由使用者提供的值，或是可根據前後文判斷其值以進行替換的文字。

這個圖示代表提示或建議。

 這個圖示代表一般的說明。

 這個圖示代表警告或注意。

使用程式碼範例

你只要在 *https://py4at.pqp.io* 的 Quant 平台進行註冊，就可以免費存取、執行本書隨附的程式碼。

如果你在使用程式碼範例時，遇到任何技術上的問題或疑問，請發送電子郵件至 *bookquestions@oreilly.com*。

本書可協助你完成工作。一般來說，本書所提供的範例程式碼，都可以在你的程式與文件中使用。

除非需要複製大量程式碼，否則你並不需要與我們聯繫以獲取許可。舉例來說，你所編寫的程式碼若使用到本書若干程式碼，並不需要額外取得許可。如果要出售或散佈 O'Reilly 書籍中的範例，則必須事先獲得許可。引用本書與引用範例程式碼來回答問題並不需要事先獲得許可。但如果是把本書大量的範例程式碼併入產品文件中，則需要事先獲得許可。

雖然我們很鼓勵、但並不要求你一定要標註出處。如果要標註出處，內容通常包括書名、作者、出版社與 ISBN。舉例來說，引用本書時若要標註出處，可標註如下：「*Python for Algorithmic Trading* by Yves Hilpisch (O'Reilly). Copyright 2021 Yves Hilpisch, 978-1-492-05335-4」。

如果你認為自己對程式碼範例的使用方式，超出了合理使用範圍或上述的許可範圍，請隨時透過 *permissions@oreilly.com* 與我們聯繫。

致謝

我要感謝技術審閱者 Hugh Brown、McKlayne Marshall、Ramanathan Ramakrishnamoorthy、Prem Jebaseelan 提供許多有益的建議，讓本書內容獲得許多改進。

依照慣例，我要特別感謝 Michael Schwed 用他廣泛而深入的技術知識，在各種簡單與高度複雜的技術問題上為我提供支援。

Python 金融計算與演算法交易認證計劃的代表們也協助改進了本書。他們不斷的回饋讓我清除了許多錯誤，也讓我們的線上訓練課程和本書所使用的程式碼更加完善。

我還要感謝 O'Reilly Media 的整個團隊，尤其是 Michelle Smith、Michele Cronin、Victoria DeRose 與 Danny Elfanbaum 所做的一切，他們以各種方式協助我完善了這本書。

本書如果還有任何錯誤，當然都是我自己的問題。

此外，我還要感謝 Refinitiv 的團隊（特別是 Jason Ramchandani）所提供的持續支援，以及各式各樣的金融數據資料。本書所使用的主要資料檔案（讀者也可以使用），多半都是用 Refinitiv 的 Data API 所取得的。

我深愛我的家人。我要把這本書獻給我的父親 Adolf，他對我個人與全家的支援，到如今已跨越將近五十年。

## 第一章

Python & 演算法交易

> 在高盛從事股票交易的人數，已從 2000 年的 600 人，降到如今只剩 2 人[1]。
>
> ——《經濟學人》

本章打算針對本書所涵蓋的主題，提供相應的背景資訊與概念。雖然 Python 演算法交易是一種介於程式設計與金融投資之間的跨領域應用，但此領域進展非常迅速，其中牽涉到許多不同議題，像是 Python 部署、互動式財務分析、機器學習、深度學習、物件導向程式設計、Socket 通訊、串流資料視覺化呈現、交易平台等等。

如果想快速瞭解 Python 相關的重要概念，請先閱讀附錄。

Python 與金融界的淵源

Python 程式語言起源於 1991 年，最早是 Guido van Rossum 發佈標記為 0.9.0 的版本。1994 年，又出現了 1.0 版。不過，Python 用了將近二十年時間，才成為金融業主要的程式語言與技術平台。當然，也有人（主要是對沖基金）很早就開始採用，但是到了 2011年左右，Python 才開始受到廣泛的運用。

金融業早期並未大量採用 Python，其中一個主要障礙在於，Python 的預設版本 CPython 屬於一種直譯式（interpret）的高階語言。一般來說，數值演算法（尤其是金融財務演算法）經常在程式碼中使用（巢狀）迴圈結構。像 C 或 C ++ 這類採用編譯式

---

1 "Too Squid to Fail."（實在太會吸金，再怎樣也不會倒）*The Economist*, 29. October 2016.

（compile）做法的低階語言，執行迴圈的速度真的非常快，而 Python 靠的是直譯而非編譯，執行的速度通常就會慢很多。以結果來看，對於現實世界許多金融應用來說（例如選擇權定價或風險管理），純粹採用 Python 的做法實在是太慢了。

Python vs. 偽程式碼

雖然 Python 本來就不是針對科學與金融界而設計，但還是有很多人喜愛其優美的語法與簡潔性。過去有一段時間大家都認為，在設計或解釋（金融）演算法的過程中，先採用一些偽程式碼來做為實現技術的中間步驟，是一種很好的傳統做法。後來又有許多人認為，只要使用 Python，就可以跳過偽程式碼的步驟。事實證明，這基本上是正確的。

舉例來說，我們來考慮一下幾何布朗運動（geometric Brownian motion）的尤拉離散化公式（Euler discretization），如方程式 1-1 所示。

方程式 1-1　幾何布朗運動的尤拉離散化公式

$$S_T = S_0 \exp\left(\left(r - 0.5\sigma^2\right)T + \sigma z\sqrt{T}\right)$$

在編寫一些帶有數學公式的科學文件時，LaTeX 標記語言與編譯器幾十年來一直都是所謂的黃金標準。在許多方面（例如方程式佈局——如方程式 1-1 所示），Latex 語法本身就已經頗具有偽程式碼的效果。在這個特別的例子中，相應的 Latex 語法如下：

```
S_T = S_0 \exp((r - 0.5 \sigma^2) T + \sigma z \sqrt{T})
```

若採用 Python 的寫法，只要定義好相應的變數，這個方程式也可以轉換成可執行的程式碼，而且這段程式碼不但與方程式本身很接近，與 Latex 的表達方式也很相像：

```
S_T = S_0 * exp((r - 0.5 * sigma ** 2) * T + sigma * z * sqrt(T))
```

不過，速度依舊是很大的問題。像這樣的一個差分方程式，經常被用來做為隨機微分方程式的數值近似式，而在進行蒙地卡羅模擬時，通常會被用來計算價格導函數，或是被用來做為模擬的基礎，以進行風險分析與管理[2]。這些工作往往需要好幾百萬次的模擬，而且必須在一定的時間內完成（通常幾乎是即時，或至少是接近即時）。Python 做為一種直譯式的高階程式語言，在設計上天生就不具備足夠快的速度，因此很難處理好這樣的計算工作。

2　詳細訊息請參見 Hilpisch（2018，第 12 章）。

NumPy & 向量化

2006 年，Travis Oliphant 發表了 NumPy 這個 Python 套件的 1.0 版（*http://numpy.org*）。NumPy 就是 *numerical Python*（數值 Python）的意思，代表它特別適合一些對數值有嚴格要求的應用場景。原本 Python 直譯器本身的設計，只希望能夠盡量通用於許多不同的領域，但這樣的訴求經常會在執行階段造成相當大的額外開銷[3]。NumPy 則從另一個角度切入，它主要是針對一些可避免額外開銷的特定情況，提供一些專用的做法，以便在特定的應用程式場景下，達到又快又好的效果。

NumPy 最主要的物件類別就是所謂的 ndarray 物件，它其實就是 *n* 維的 *array*（陣列）物件。它是不可變的（immutable），也就是其大小不能改變，而且只能容納同一種資料型別（即所謂的 dtype）。這種專用的做法，有助於實作出簡潔而快速的程式碼。由此所衍生的其中一種主要運用方式，就是所謂的**向量化**（*vectorization*）操作。基本上，這種運用方式可以讓 Python 避免使用迴圈，因為迴圈的工作可以交給 NumPy 的專用程式碼，而這部分通常是以 C 語言實作，因此速度快很多。

我們可以先使用純粹的 Python，根據方程式 1-1 計算 1,000,000 次 S_T 的值。以下程式碼最主要的部分就是一個 for 迴圈，其中總共進行了 1,000,000 次的迭代操作：

```
In [1]: %%time
        import random
        from math import exp, sqrt

        S0 = 100     ❶
        r = 0.05     ❷
        T = 1.0      ❸
        sigma = 0.2  ❹

        values = []  ❺

        for _ in range(1000000):     ❻
            ST = S0 * exp((r - 0.5 * sigma ** 2) * T +
                          sigma * random.gauss(0, 1) * sqrt(T))    ❼
            values.append(ST)    ❽
        CPU times: user 1.13 s, sys: 21.7 ms, total: 1.15 s
        Wall time: 1.15 s
```

❶ 指數水準的初始值。

---

[3] 舉例來說，list 列表物件不只是可變的（mutable，代表其大小可以改變），而且其中的元素幾乎可以是任何種類的 Python 物件（例如 int、float、tuple 元組物件或 list 列表物件）。

❷ 固定的短期利率。

❸ 時間跨度（以年為單位）。

❹ 固定的波動率因子。

❺ 一個空的 list 列表物件，用來收集所計算出來的值。

❻ 主要的 for 迴圈。

❼ 模擬出單一個期末（end-of-period）值。

❽ 把計算出來的值放入 list 列表物件中。

只要使用 NumPy，就可以採用向量化的做法，讓 Python 完全不必執行迴圈。這樣一來程式碼也會變得更簡潔易讀，而且速度更提高了八倍左右：

```
In [2]: %%time
        import numpy as np

        S0 = 100
        r = 0.05
        T = 1.0
        sigma = 0.2

        ST = S0 * np.exp((r - 0.5 * sigma ** 2) * T +
                         sigma * np.random.standard_normal(1000000) *
                         np.sqrt(T))  ❶
CPU times: user 375 ms, sys: 82.6 ms, total: 458 ms
Wall time: 160 ms
```

❶ 這樣的一行 NumPy 程式碼，就可以計算出所有的值，並把結果儲存在一個 ndarray 物件中。

> 向量化是一種非常強大的概念，尤其是針對金融與演算法交易，可編寫出十分簡潔易讀且易於維護的程式碼。只要使用 NumPy 寫出向量化程式碼，不但可以讓程式碼更簡潔，還可以明顯加快程式碼的執行速度（例如在蒙地卡羅模擬中大約可提高八倍的速度）。

我們可以很肯定地說，Python 在科學與金融領域的成功，NumPy 肯定有絕大的貢獻。在所謂的**科學 Python 套件組合**（*scientific Python stack*）中，有許多很受歡迎的 Python 套件，都是以 NumPy 做為構建的基礎；無論是儲存或處理數值資料，NumPy 都是一種極為高效的資料結構。事實上，NumPy 其實是 SciPy 這個套件專案的產物，而 SciPy 本身則是在

科學方面提供了大量經常用到的功能。SciPy 專案意識到有必要提供一個更強大的數值資料結構，因此就把 Numeric 與 NumArray 這幾個相關的老專案，整合成 NumPy 這個全新而統一的形式。

在演算法交易領域，蒙地卡羅模擬或許還不算是程式語言最重要的應用情境。但如果你進入到演算法交易的領域，管理超大量金融時間序列資料肯定是一個非常重要的應用情境。你只要想一下（盤中）交易策略的回測，或是交易期間 tick 資料串流的處理，就可以明白我的意思了。而這正是 pandas 資料分析套件（*http://pandas.pydata.org*）可以派上用場之處。

Pandas & DataFrame 物件類別

pandas 是 2008 年由 Wes McKinney 開始進行開發，當時他在 AQR 資本管理公司（AQR Capital Management）工作，那是一家位於康乃狄克州格林威治的大型避險基金。與其他任何避險基金一樣，處理時間序列資料對於 AQR 資本管理公司來說至關重要，但當時 Python 尚未針對此類資料提供任何足夠有用的支援。Wes 的想法是建立一個可以在該領域模仿 R 統計語言（*http://r-project.org*）功能的套件。舉例來說，其主要物件類別 DataFrame 的名稱就可以反映出這種模仿的想法，因為它在 R 語言中對應的就是 data.frame。由於 AQR 資本管理公司認為，這部分的成果與該公司資金管理的核心業務並沒有很密切的關係，因此就在 2009 年開放了 pandas 專案的原始碼，而這也成為了開放原始碼資料與財務分析獲得重大成功的開端。

如今 Python 已成為資料與財務分析的主要力量，其中有一部分原因正是因為 pandas。原本使用其他各種語言、後來決定採用 Python 的許多人士，都把 pandas 視為他們當初做出決定的主要理由。如果結合像是 Quandl（*http://quandl.com*）這類的開放資料來源，pandas 甚至可以讓學生們以最低的進入門檻進行複雜的財務分析：只要有一台普通的筆記型電腦，再加上網際網路連接就足夠了。

假設有一個演算法交易者，他對交易比特幣（目前市值最大的加密貨幣）很感興趣。他的第一步很可能就是找出比特幣與美元歷史匯率的相關資料。只要使用 pandas 檢索出 Quandl 裡的資料，他就可以在不到一分鐘的時間內完成任務。圖 1-1 顯示的就是以下 Python 程式碼所生成的圖形，只用了四行的程式碼（省略了一些與繪圖風格相關的參數設定）。雖然這裡並沒有以明確的方式匯入 pandas，但在預設情況下，Quandl 這個 Python 包裝套件就會送回一個 DataFrame 物件，然後我們加上一條 100 日的簡單移動平均線（SMA），再以視覺化的方式把原始資料與 SMA 一起呈現出來：

```
In [3]: %matplotlib inline
        from pylab import mpl, plt  ❶
        plt.style.use('seaborn')  ❶
        mpl.rcParams['savefig.dpi'] = 300  ❶
        mpl.rcParams['font.family'] = 'serif'  ❶

In [4]: import configparser  ❷
        c = configparser.ConfigParser()  ❷
        c.read('../pyalgo.cfg')  ❷
Out[4]: ['../pyalgo.cfg']

In [5]: import quandl as q  ❸
        q.ApiConfig.api_key = c['quandl']['api_key']  ❸
        d = q.get('BCHAIN/MKPRU')  ❹
        d['SMA'] = d['Value'].rolling(100).mean()  ❺
        d.loc['2013-1-1':].plot(title='BTC/USD exchange rate',
                                figsize=(10, 6));  ❻
```

❶ 匯入並設定繪圖套件。

❷ 匯入 configparser 模組並讀取憑證。

❸ 匯入 Quandl 這個 Python 包裝套件,並提供 API 密鑰。

❹ 找出比特幣匯率的每日資料,並送回一個只有單一縱列的 pandas DataFrame 物件。

❺ 以向量化的方式計算出 100 天的 SMA。

❻ 從 2013 年 1 月 1 日開始選取資料,並畫出相應的圖形。

NumPy 與 pandas 這兩個套件,顯然為 Python 在金融領域的成功,做出了相當可觀的貢獻。不過,Python 整個生態體系也透過其他 Python 套件的形式,提供了許多其他的功能,其中有些可解決相當基礎的問題,有些則可用來解決某些特定的問題。本書會用到一些可檢索與儲存資料的套件(例如 PyTables、TsTables、SQLite),以及一些機器學習與深度學習相關的套件(例如 scikit-learn、TensorFlow)。在此過程中,我們也會實作出一些物件類別與模組,讓所有演算法交易專案都能因此而變得更有效率。不過在整個過程中一直都會用到的主要套件,就是 NumPy 與 pandas。

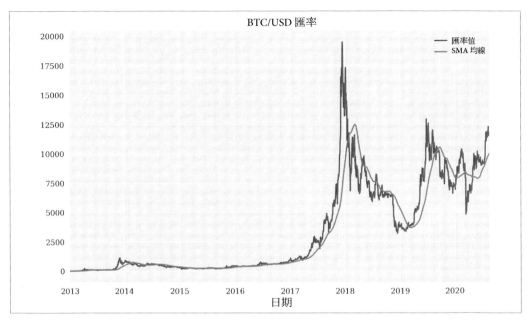

圖 1-1 　從 2013 年初到 2020 年中為止，比特幣美元匯率的歷史記錄

 雖然 NumPy 提供了基本的資料結構，可用來儲存數值資料並進行處理，但針對表格型資料來說，pandas 還是提供了更強大的時間序列管理能力。把其他套件的功能包裝成更容易使用的 API，這方面它也做得很好。從剛剛所提到的比特幣範例中就可以看到，只需調用 DataFrame 物件的單一方法，就可以針對兩個金融財務時間序列，製作出相應的視覺化圖形。pandas 就像 NumPy 一樣，可以讓使用者以相當簡潔的方式寫出向量化程式碼，而且 pandas 使用了大量編譯過的程式碼，因此執行的速度通常也很快。

演算法交易

演算法交易（*algorithmic trading*）這個術語既沒有唯一而獨特的定義，也不存在普遍的定義。在某種程度上，它指的就是以特定形式的演算法為基礎、針對特定的金融投資工具進行交易。而所謂的「*演算法*」，指的就是以特定順序進行一整套「數學上、技術上」的操作，以達到特定的目標。舉例來說，有一些數學演算法可以解決魔術方塊的問

題[4]。像這樣的演算法，通常可以透過逐步的程序完美解決問題。另一個演算法的例子，就是求解方程式的根（如果存在的話）。從這個意義上來說，數學演算法的目標通常都很明確，而且通常可預期會有最佳解。

但金融交易演算法的目標又是什麼呢？總體來說，這個問題並不容易回答。此時我們若退一步考慮一下一般人的交易動機，或許有點幫助。在 Dorn 等人（2008 年）的文章中寫道：

> 金融市場交易是一種很重要的經濟活動。交易需要進出市場，把目前用不到的現金投入市場，然後在需要用錢時再換回現金。交易也可以在市場內轉移資金、把某種資產換成另一種資產，藉以迴避風險或善用未來價格變動相關的一些資訊。

這裡所表達的觀點，本質上比較偏技術而非經濟，主要關注的是程序本身，而不是很在意人們交易的目的。如果要從交易的目的來看，無論是管理自己金錢的個人，或是管理他人金錢的金融機構，這裡針對大家想要交易的動機，列出了一個詳盡的列表如下：

Beta 交易

賺取市場風險溢價，例如投資 ETF（exchange traded funds）這種複製 S&P 500 指數表現的投資標的。

Alpha 生成

賺取與市場無關的風險溢價，例如放空 S&P 500 指數上市股票或 S&P 500 指數相應的 ETF。

靜態避險

針對市場風險進行避險操作，例如買進 S&P 500 的價外賣權選擇權。

動態避險

針對影響 S&P 500 選擇權的市場風險進行避險操作，例如以動態的方式交易 S&P 500 的期貨，同時保留適當的現金，或針對貨幣市場、利率工具進行操作。

資產負債管理

交易 S&P 500 指數股票與 ETF，以便能夠補償因購買人壽保險而產生的負債。

---

4 請參見《The Mathematics of the Rubik's Cube（魔術方塊的數學）》（*https://oreil.ly/16pIA*）或《Algorithms for Solving Rubik's Cube（解決魔術方塊的演算法）》（*https://oreil.ly/XM0ZP*）。

造市（*Market making*）

舉例來說，以不同的買進報價與賣出報價來買賣 S&P 500 選擇權，為選擇權提供一定的流動性。

以上這幾種類型的交易，全都可透過不同的方式來執行，其中人類交易者主要是靠自己來做決定，但也有人會採用演算法來提供支援，甚至在決策過程中完全用演算法取代人類進行交易。在這樣的背景下，金融交易電腦化當然扮演了非常重要的角色。早期的金融交易，一群人互相大喊大叫（公開喊價）的場內交易（floor trading）是執行交易唯一的方式，而電腦化與網路技術的出現，則徹底改變了金融業的交易方式。本章開頭的引言曾提到高盛積極從事股票交易的人數，從 2000 年到 2016 年的變化可說是令人印象深刻。如 Solomon 與 Corso（1991）所言，這是 25 年前就可以預見的趨勢：

> 電腦已徹底改變證券交易，而股票市場也處於快速轉換的過程之中。未來的市場顯然不會再像過去一樣。

> 由於技術上的進展，股票價格相關資訊在幾秒內就可以發送到全世界。目前經紀商已經可以直接從電腦終端連到交易所下單並執行小額的交易。如今電腦已經把各大證券交易所相連起來，這肯定有助於建立一個單一的全球證券交易市場。技術不斷改進，讓電子交易系統在全球範圍內執行交易，成為了一件可能的事。

有趣的是，在選擇權動態避險的做法中，有一個最古老、使用最廣泛的演算法。早在電腦化與電子交易開始之前，Black 與 Scholes（1973）與 Merton（1973）就發表了關於歐式選擇權定價的開創性論文，其中介紹了一種稱為「*delta* 避險」（delta hedging）的演算法。Delta 避險這樣的一種交易演算法，向我們展示了如何在一個簡化、完美、連續的模型化世界中，利用避險套利的方式迴避掉所有的市場風險。在現實世界中，雖然存在交易成本、離散交易、不完美的市場流動性及其他不完美的因素，但這個演算法仍被證明是個有用且穩當的做法，這可說是相當令人出乎意料。這個演算法或許無法完全消除所有影響選擇權的市場風險，但在接近理想的狀態下它確實很有用，因此至今在金融業仍受到廣泛的運用[5]。

本書會以 *alpha* 生成策略為背景，聚焦於相應的演算法交易。雖然 alpha 的定義很複雜，但就本書而言，我們會把 alpha 定義為某交易策略在一段時間內的報酬，與相應比較基準（有可能是單一股票、指數、加密貨幣等）兩者報酬之間的差異。舉例來說，如果 S&P 500 指數在 2018 年的報酬為 10%，而演算法策略的報酬為 12%，那麼 alpha 就

---

5 參見 Hilpisch（2015）的著作，其中利用 Python 詳細分析了歐式與美式選擇權的 Delta 避險策略。

是 +2% 點。如果策略的報酬為 7%，alpha 就是 -3% 點。一般來說，此類數字並不會針對風險進行調整，而其他像是回檔（drawdown）最大跌幅（與最長持續時間）這類的風險特徵，其重要性則通常被擺在第二級（如果有的話）。

 本書側重於 alpha 生成策略，或是能夠生成正報酬（高於比較基準）且其表現與市場起伏無關的一些策略。本書（採用最簡單的方式）把 alpha 定義為策略超出比較基準的超額報酬。

交易演算法在其他領域也扮演著很重要的角色。**高頻交易**（HFT）就是其中之一；以高頻交易來說，速度通常就是勝負的關鍵[6]。人們從事高頻交易的動機或許各不相同，但「造市」與「alpha 生成」應該可算是其中兩個很重要的動機。**交易執行面的考量**也有可能是另一種動機，因為有時候就是必須透過某些演算法，才能以最佳的方式執行某些**非標準交易**。譬如在大量下單的過程中，如果希望盡量取得最佳的價格，或希望盡量縮小交易本身對市場價格的影響，這些全都可以算是交易執行面的動機。另外也有人會選擇在許多不同的交易所下單，藉以掩飾其下單的行動，這或許也可以算是另一種微妙的動機。

還有一個重要的問題有待解決：演算法能否取代人類的研究、經驗與判斷力，在交易時呈現出一定的優勢？這個問題很難一概而論。可以肯定的是，確實有一些人類交易者與投資組合經理，能夠在很長的一段時間內，讓平均報酬維持在優於一般投資者的水準。以這方面來說，華倫·巴菲特就是最明顯的一個例子。另一方面，根據統計分析顯示，大多數投資組合經理很少有人能始終如一擊敗相應的比較基準。2015 年時 Adam Shell 就寫道：

> 舉例來說，去年 S&P 500 指數的總報酬只有 1.4%（包括股息），可說是相當微不足道，而當時「主動管理」的大型公司股票基金，有 66% 的表現比該指數還差……即使看得更長遠一點，結果同樣令人感到沮喪；研究發現最近五年內，有 84% 的大型資本基金，其報酬比 S&P 500 指數還低，而過去 10 年也有 82% 的報酬比不上同一個比較基準[7]。

6　關於高頻交易（HFT），如果想找比較沒那麼偏技術性的介紹，可參見 Lewis（2015）的著作。

7　資料來源：〈66% of Fund Managers Can't Match S&P Results.〉（66% 的基金經理無法達到 S&P 的表現）*USA Today*《今日美國》，2016 年 3 月 14 日。

在 2016 年 12 月發表的一項實證研究中，Harvey 等人也寫到：

> 我們針對各大全權委託型基金與系統型避險基金，用相應的績效表現進行了對比分析。系統型基金使用的策略是以規則為基礎，幾乎沒有人會每天進行干預 ... 我們發現，在 *1996-2014 年*期間，系統型基金經理人在未調整的（原始）報酬方面，表現要比全權委託型的對手差，但針對眾所周知的風險因素進行過風險調整之後，表現則很相近。就宏觀而言，無論是未經調整或風險調整後，系統型基金的表現均優於全權委託型基金。

表 1-0 用實際的數字重現了 Harvey 等人（2016）研究的主要發現[8]。在這個表格中，所謂的特定因素包括傳統因素（股票、債券等）、動態因素（價值、動量等），以及波動率因素（買進價平賣權與買權）。只要讓 α 除以調整後報酬波動率，就可以得到**調整後報酬鑑定比率**（*adjusted return appraisal ratio*）。更多詳細的訊息與背景，請參見原始的研究文獻。

研究結果表示，無論有沒有針對風險進行過調整，系統型（也就是採用演算法的）宏觀避險基金都是其中表現最佳的一類。在研究期間，其年化 alpha 值為 4.85% 點。這類避險基金所採用的策略通常都具有全球性，會採用交叉資產的做法，而且通常會考慮政治與宏觀經濟因素。系統型股權避險基金則只有在調整後報酬鑑定比率方面，擊敗了全權委託型股權避險基金（0.35 對 0.25）。

	系統型宏觀	全權委託型宏觀	系統型股權	全權委託型股權
平均報酬	5.01%	2.86%	2.88%	4.09%
可歸因於特定因素的報酬	0.15%	1.28%	1.77%	2.86%
調整後平均報酬（alpha）	4.85%	1.57%	1.11%	1.22%
調整後報酬波動率	0.93%	5.10%	3.18%	4.79%
調整後報酬鑑定比率	0.44	0.31	0.35	0.25

相較於 S&P 500，避險基金在 2017 年的整體表現相當差。S&P 500 指數的報酬為 21.8%，避險基金卻只給了投資者 8.5% 的報酬（參見投資百科 *Investopedia* 裡的這篇文章：*https://oreil.ly/N59Hf*）。這也就說明了，即使有好幾百萬美元預算投入研究與技術，想要生成 alpha 還是十分困難。

8　1996 年 6 月至 2014 年 12 月期間，避險基金類別的年化表現（高於短期利率的部分）與風險衡量結果，其中包括總計 9,000 個避險基金。

Python 演算法交易

Python 已被運用於金融業許多角落，不過在演算法交易領域中，還是特別受歡迎。這其中有幾個很好的理由：

資料分析能力

　　每個演算法交易專案的主要需求，就是有效管理與處理金融數據資料的能力。相較於大多數其他程式語言，Python 結合了 NumPy 與 pandas 這類的套件，讓每一種演算法的交易者都變得更加輕鬆。

現代化的 API 處理方式

　　諸如 FXCM（*http://fxcm.co.uk*）與 Oanda（*http://oanda.com*）這類的現代化線上交易平台，都有提供 RESTful API 與 Socket 相關（串流）API，以存取歷史資料與即時資料。Python 通常很適合與此類 API 進行有效的互動。

專用套件

　　除了標準的資料分析套件之外，還有許多演算法交易領域專用的套件，例如 PyAlgoTrade（*https://oreil.ly/IpIt1*）與 Zipline（*https://oreil.ly/2cSKR*）可用來進行交易策略的回測，而 Pyfolio（*https://oreil.ly/KT7V8*）則可用來進行投資組合與風險分析。

廠商贊助套件

　　在這個領域中，有越來越多廠商發表開放原始碼的 Python 套件，以協助使用者對其產品進行存取。其中包括 Oanda 之類的線上交易平台，以及 Bloomberg（*https://oreil.ly/oSxei*）與 Refinitiv（*https://oreil.ly/1SNBN*）這些具有領導地位的資料供應商。

專用平台

　　舉例來說，Quantopian（*http://quantopian.com*）就提供了一個標準化的回測環境，它是一個 Web 平台，所選用的語言就是 Python，大家可以在那裡透過不同的社群網路功能，與志同道合的人交換想法。從成立到 2020 年為止，Quantopian 已經吸引了超過 30 萬的使用者。

買方與賣方皆採用

越來越多投資機構採用 Python，以促進其交易部門的開發工作更加順利。反過來說，市場也需要越來越多的 Python 熟練者，因此學習 Python 成為了一項很有價值的投資。

教育、訓練與書籍

如果某種技術或程式設計語言想要被廣泛採用，其前提就是要有足夠的學術資源與專業教育，結合專業書籍與其他資源的訓練計劃。近來整個 Python 生態體系在這方面取得了巨大的成長，有越來越多人針對金融方面的 Python 應用，接受了各式各樣的教育與訓練。我們可以預期，這一定會更加強化演算法交易領域採用 Python 的趨勢。

總而言之，我們可以很肯定地說，Python 已經在演算法交易中扮演了十分重要的角色，而且未來似乎還會有很強大的動量，變得越來越重要。因此，對於任何想進入這個領域的人來說，無論是做為一個雄心勃勃的「散戶」，或是在從事系統交易的領先金融機構中做為一個專業交易者，這都是個不錯的選擇。

預備知識與聚焦重點

本書的重點是把 Python 做為演算法交易的程式語言。書中會假設讀者已經對 Python 的使用，以及資料分析相關的 Python 流行套件有一定的經驗。像 Hilpisch（2018）、McKinney（2017）、VanderPlas（2016）這幾本都是不錯的入門書籍，可以讓你在使用 Python 進行資料分析與金融應用方面打下堅實的基礎。我們也期望讀者對於 Python 用來進行互動分析的典型工具（例如 IPython）有一些經驗，在這方面 VanderPlas（2016）也提供了一些介紹。

本書會針對所談論的主題（例如回測交易策略或處理串流資料）提供 Python 程式碼與相應的說明。針對各處所使用到的套件，本書也許無法一一進行全面性的介紹。不過我們還是會針對說明的主題，強調其中特別重要的套件功能（例如「用 NumPy 進行向量化操作」）。

本書也無法針對演算法交易相關的所有金融操作方面，提供詳盡的介紹。我們在做法上會比較側重於如何使用 Python，打造出自動化演算法交易系統必要的基礎架構。當然，本書所用到的大多數範例，均來自演算法交易這個領域。不過在處理動量型或均值回歸型策略時，或多或少只會簡單採用相應的範例，而不會進行嚴謹的（統計）驗證，或對其複雜性進行深入的討論。針對解說期間未能完全解決的問題，只要有適當的機會，本書就會提供相應的參考文獻，指引讀者深入問題的根源。

總而言之，本書是針對擁有 Python 與（演算法）交易經驗的讀者所編寫的。對於這類讀者來說，本書就是使用 Python 與其他各種套件、建立自動化交易系統的實用指南。

 本書使用了許多 Python 程式設計做法（例如物件導向程式設計）與套件（例如 scikit-learn），無法一一詳細解釋。我們的焦點是如何把這些做法與套件應用到演算法交易程序裡的不同步驟。因此，建議所有對 Python（尤其金融應用方面）還沒有足夠經驗的人，自行參考其他更多 Python 相關的介紹文件。

交易策略

本書會以四種不同的演算法交易策略做為範例。在以下各節會進行簡要的介紹，第 4 章則會進行更詳細的說明。所有這些交易策略全都可以歸類為追求 *alpha* 型策略，因為其主要目標都是希望能取得與市場動向無關、高於市場表現的正向報酬。當我們談到所交易的金融投資工具時，本書最典型的範例就是**股票指數、單一股票或加密貨幣**（透過法定貨幣來表示）。本書並沒有討論到同時涉及多種金融投資工具的策略（例如成對交易策略、以整籃子為基礎的策略等）。而且本書也只討論結構化金融時間序列資料所得出交易信號衍生出來的相關策略，而不會討論像是新聞、社群媒體動態訊息等這類非結構化資料來源相關的策略。這樣的做法才能讓相關討論與 Python 實作更加簡潔而易於理解；我們之前曾提過要專注於如何使用 Python 進行演算法交易，其實這些背後的想法都是一致的 [9]。

本章接下來其餘的部分，將會快速瀏覽本書所使用的四種交易策略。

---

9 關於演算法交易相關主題的總覽，可參見 Kissel（2013）的著作；關於動量型與均值回歸型策略更深入的討論，可參見 Chan（2013）的著作；Narang（2013）探討演算法交易的著作，則涵蓋了計量交易與高頻交易的相關介紹。

簡單移動平均

第一種交易策略就是靠著簡單移動平均（SMA）來生成交易信號，以建立市場部位。像這樣的交易策略，已被所謂的技術分析師或線圖專家廣泛採用。其基本構想就是，當短線 SMA 的價格突破長線 SMA 的價格時，就表示出現了市場偏多的訊號，相反的情況則表示出現中性或市場偏空的訊號。

動量

動量型策略背後的基本構想其實是一個假設，這個假設認為金融投資工具一般都會參考近期的表現，而傾向於讓表現繼續維持一段時間。舉例來說，如果某個股票指數在過去五天內平均報酬為負，就可以假設它明天的表現應該也會是負的。

均值回歸

在均值回歸型策略中我們會假設，如果金融投資工具當前的價格偏離某平均值或趨勢水準的距離足夠遠，它應該就會傾向於往回頭的方向折返。舉例來說，假設某股票的交易價格比它的 200 日簡單移動平均 100 美元低了 10 美元。接下來就可以預期，股價應該很快就會回到簡單移動平均的價格水準附近。

機器學習與深度學習

透過機器學習與深度學習演算法，通常就可以用更黑箱的方式來預測市場動向。由於考慮到單純性與重現性，本書的範例主要是靠著觀察歷史報酬的方式，來訓練機器學習與深度學習演算法，以預測股市的動向。

 本書並沒有以系統化的方式介紹演算法交易。由於重點在於如何把 Python 應用到這個引人入勝的領域，因此讀者若不熟悉演算法交易，就應該自行探尋這些主題相應的資源，或是進一步參考本章與隨後各章所引用的資源。不過，也請各位特別留意以下事實：一般來說，演算法交易的世界總是充滿神秘的色彩，而且幾乎每個成功的人都不大願意分享自己的秘密，因為這樣才能保護他們成功的源頭（也就是他們的 alpha）。

結論

總體而言，Python 已成為金融領域不可忽視的一股力量，而且正逐漸成為演算法交易的主要力量。使用 Python 來進行演算法交易，有許多非常充分的理由，其中包括強大的套件生態體系，可有效進行各種資料分析，或使用許多現代化的 API 進行處理。學習 Python 演算法交易有很多好理由，其中一個很重要的事實就是，一些最大的交易機構在他們的交易操作中，會大量使用到 Python，而且還會不斷尋找經驗豐富的 Python 專業人士。

本書著重於如何把 Python 應用到演算法交易的不同面向，例如如何回測交易策略，或是如何與線上交易平台進行互動。本書並沒有針對 Python 本身進行全面性的介紹，也無法涵蓋所有關於交易的知識。不過本書以系統化的方式結合了這兩個引人入勝的世界，針對當今這個競爭激烈的金融與加密貨幣市場，為 alpha 生成型策略提供了寶貴的資源。

參考資料與其他資源

本章所引用的書籍與論文如下：

Black, Fischer, and Myron Scholes. 1973. "The Pricing of Options and Corporate Liabilities."（選擇權與公司債的定價）*Journal of Political Economy* 81 (3): 638-659.

Chan, Ernest. 2013. *Algorithmic Trading: Winning Strategies and Their Rationale*（演算法交易：贏家策略及其原理）. Hoboken et al: John Wiley & Sons.

Dorn, Anne, Daniel Dorn, and Paul Sengmueller. 2008. "Why Do People Trade?（人們為什麼要交易？）" *Journal of Applied Finance* (Fall/Winter): 37-50.

Harvey, Campbell, Sandy Rattray, Andrew Sinclair, and Otto Van Hemert. 2016. "Man vs. Machine: Comparing Discretionary and Systematic Hedge Fund Performance（人類 vs. 機器：全權委託型與系統型避險基金績效表現的比較）." *The Journal of Portfolio Management* White Paper, Man Group.

Hilpisch, Yves. 2015. *Derivatives Analytics with Python: Data Analysis, Models, Simulation, Calibration and Hedging*（Python 衍生性金融商品分析：資料分析、模型化、模型化、校正與避險）. Wiley Finance. Resources under *http://dawp.tpq.io*.

Hilpisch, Yves. 2018. *Python for Finance: Mastering Data-Driven Finance*（Python 金融分析：掌握金融大數據）. 2nd ed. Sebastopol: O'Reilly. Resources under *https://py4fi.pqp.io*.

Hilpisch, Yves. 2020. *Artificial Intelligence in Finance: A Python-Based Guide*（人工智慧在金融方面的應用：Python 指南）. Sebastopol: O'Reilly. Resources under *https://aiif.pqp.io*.

Kissel, Robert. 2013. *The Science of Algorithmic Trading and Portfolio Management*（演算法交易與投資組合管理背後的科學基礎）. Amsterdam et al: Elsevier/Academic Press.

Lewis, Michael. 2015. *Flash Boys: Cracking the Money Code*（快閃男孩：破解金錢密碼）. New York, London: W.W. Norton & Company.

McKinney, Wes. 2017. *Python for Data Analysis: Data Wrangling with Pandas, NumPy, and IPython*（Python 資料分析：用 Pandas、NumPy、IPython 做資料分析）. 2nd ed. Sebastopol: O'Reilly.

Merton, Robert. 1973. "Theory of Rational Option Pricing（理性選擇權定價理論）." *Bell Journal of Economics and Management Science* 4: 141-183.

Narang, Rishi. 2013. *Inside the Black Box: A Simple Guide to Quantitative and High Frequency Trading*（打開黑箱：計量高頻交易簡易指南）. Hoboken et al: John Wiley & Sons.

Solomon, Lewis, and Louise Corso. 1991. "The Impact of Technology on the Trading of Securities: The Emerging Global Market and the Implications for Regulation（證券交易技術衝擊：新興的全球市場與對法規的影響）." *The John Marshall Law Review* 24 (2): 299-338.

VanderPlas, Jake. 2016. *Python Data Science Handbook: Essential Tools for Working with Data*（Python 資料科學學習手冊：資料處理不可或缺的工具）. Sebastopol: O'Reilly.

第二章

Python 基礎架構

欲建房屋,選木為要。

木匠之用具,務必恆保其利,時時磨快、擦亮為要。

——宮本武藏《五輪書》

對於剛接觸 Python 的人來說,部署 Python 好像並不是很簡單的工作。安裝其他所需的大量函式庫與套件,似乎也是同樣的情況。首先第一個問題是,Python 並不只有一種。事實上,Python 確實有好幾種不同的品種(例如 CPython、Jython、IronPython 或 PyPy)。再者,Python 2.7 與 3.x 的世界,也存在著不小的鴻溝。本章重點介紹的就是 Python 程式語言中最受歡迎的 *CPython* 與 3.8 版本。

就算我們只關注 CPython 3.8(以下簡稱「 Python 」),但因為有以下幾個理由,部署的工作還是有點困難:

- (標準 CPython)直譯器只配備了**標準函式庫**(包含一些像是典型數學函式等功能)。

- 有許多可選擇安裝的 Python 套件,需要獨立進行安裝,而其數量可能有好幾百個。

- 由於各種複雜的依賴關係,加上作業系統各有不同要求,因此自行編譯這類非標準套件可能是一件很棘手的工作。

- 長期維護這類依賴關係與版本的一致性,通常既乏味又耗時。

- 某些套件的升級與更新,有可能導致其他大量套件需要重新進行編譯。

- 只要改變或更換某個套件，就有可能在（很多）其他地方引起麻煩。
- 如果稍後要把某個 Python 版本遷移到另一種版本，前面所有問題很可能還會再被放大。

幸好有一些工具與策略，可以協助解決 Python 部署的問題。本章會介紹一些有助於 Python 部署的幾種技術如下：

套件管理工具

像 pip（*https://oreil.ly/5vKCa*）或 conda（*https://oreil.ly/uTZRn*）這類的套件管理工具，對於 Python 套件的安裝、更新、移除很有幫助，而且也有助於確保不同套件版本的一致性。

虛擬環境管理工具

像 virtualenv（*https://oreil.ly/xMnlC*）或 conda 這類的虛擬環境管理工具，可以讓我們平行管理多個 Python 安裝版本（例如在同一台機器同時安裝 Python 2.7 與 3.8，或是測試功能最花哨的 Python 套件最新開發版本，都不必承擔任何風險）[1]。

容器

Docker（*http://docker.com*）容器具有完整的檔案系統，其中也包含了執行某些軟體所需的所有系統檔案（例如程式碼、執行階段函式庫或系統工具）。舉例來說，你可以執行一個已安裝好 Python 3.8 的 Ubuntu 20.04 作業系統，並在 Mac OS 或 Windows 10 的機器所架設的 Docker 容器中，執行相應的 Python 程式碼。這樣的容器化環境，也可以直接部署到雲端，而無需進行任何重大更改。

雲端實例（*Cloud instance*）

針對金融應用程式所部署的 Python 程式碼，通常需要具有高可用性、高安全性與高效能表現。通常只有採用專業的計算儲存基礎設施，才能滿足這些需求，而如今這些基礎設施，無論從相當小到非常強大的規模，都可以在極具吸引力的條件下直接使用。相較於長期租用的專用伺服器，雲端實例（虛擬伺服器）其中一個好處是，使用者通常只需針對實際使用的小時數進行付費。另一個優勢是，如果有需要，只要一兩分鐘就可以開始使用這類雲端實例，這對於敏捷開發與可擴展性來說真的很有幫助。

---

[1] 最近有一個名為 pipenv 的專案，把 pip 這個套件管理工具的功能，與 virtualenv 這個虛擬環境管理工具的功能結合了起來。詳情請參見 *https://github.com/pypa/pipenv*。

本章的架構如下。下面的「用 Conda 管理套件」介紹如何用 conda 來管理 Python 的套件。第 29 頁的「用 Conda 管理虛擬環境」則側重於 conda 管理虛擬環境的功能。第 33 頁的「使用 Docker 容器」簡要說明 Docker 這個容器化技術，並重點介紹如何打造一個已安裝 Python 3.8 的 Ubuntu 容器。第 40 頁的「使用雲端實例」會展示如何在雲端實例中部署 Python 與 Jupyter Lab（*https://oreil.ly/4LqUS*）；Jupyter Lab 是一個功能強大、可在瀏覽器使用的工具套件，可用於 Python 開發與雲端部署。

本章的目標就是正確安裝 Python，並安裝一些最重要的工具，包括數值處理、資料分析、視覺化套件等等，建立一個專業的基礎架構。之後我們要實作、部署各種 Python 程式碼時（無論是互動式金融分析程式碼，或是以腳本與模組形式呈現的程式碼），這都會成為我們最可靠的基礎。

用 Conda 管理套件

雖然 conda 可以單獨進行安裝，但比較有效率的做法應該是透過 *Miniconda* 進行安裝；*Miniconda* 是一個最小化的 Python 發行版，而其中的 conda 可做為套件與虛擬環境的管理工具。

安裝 Miniconda

你可以在 Miniconda 的頁面（*https://oreil.ly/-Z_6H*）下載各種不同版本的 Miniconda。接下來我們假設全都是使用 Python 3.8 64 位元的版本，此版本在 Linux、Windows 與 Mac OS 皆可使用。本小節的主要範例會在 Ubuntu 型 Docker 容器裡的一個 session 中執行，它會透過 wget 下載 Linux 64 位元的安裝程序，然後把 Miniconda 安裝起來。下面的指令碼也可以在任何其他 Linux 或 Mac OS 的機器中順利運行（可能需要進行小幅修改）[2]：

```
$ docker run -ti -h pyalgo -p 11111:11111 ubuntu:latest/bin/bash

root@pyalgo:/# apt-get update; apt-get upgrade -y
...
root@pyalgo:/# apt-get install -y gcc wget
...
root@pyalgo:/# cd root
root@pyalgo:~# wget \
```

---

[2] 在 Windows 系統下，你也可以在 Docker 容器中執行完全相同的指令（參見 *https://oreil.ly/GndRR*）。如果想直接在 Windows 系統下工作，可能需要進行一些調整。更多關於 Docker 使用的詳細訊息，請參見像是 Matthias 與 Kane（2018）的著作。

```
> https://repo.anaconda.com/miniconda/Miniconda3-latest-Linux-x86_64.sh \
> -O miniconda.sh
...
HTTP request sent, awaiting response... 200 OK
Length: 93052469 (89M) [application/x-sh]
Saving to: 'miniconda.sh'

miniconda.sh              100%[============>]  88.74M  1.60MB/s    in 2m 15s

2020-08-25 11:01:54 (3.08 MB/s) - 'miniconda.sh' saved [93052469/93052469]

root@pyalgo:~# bash miniconda.sh

Welcome to Miniconda3 py38_4.8.3

In order to continue the installation process, please review the license
agreement.
Please, press ENTER to continue
>>>
```

只要按下 ENTER 鍵就可以開始進入安裝程序。檢視過許可協議之後，只要回答 yes 就表示接受該條款：

```
...
Last updated February 25, 2020

Do you accept the license terms? [yes|no]
[no] >>> yes

Miniconda3 will now be installed into this location:
/root/miniconda3

  - Press ENTER to confirm the location
  - Press CTRL-C to abort the installation
  - Or specify a different location below

[/root/miniconda3] >>>
PREFIX=/root/miniconda3
Unpacking payload ...
Collecting package metadata (current_repodata.json): done
Solving environment: done

## Package Plan ##

  environment location:/root/miniconda3
...
```

```
python              pkgs/main/linux-64::python-3.8.3-hcff3b4d_0
...
Preparing transaction: done
Executing transaction: done
installation finished.
```

接受許可條款並確認安裝位置之後，接著只要再次回答 yes，隨後就可以把新的 Miniconda 安裝位置放到 PATH 環境變數的前面：

```
Do you wish the installer to initialize Miniconda3
by running conda init? [yes|no]
[no] >>> yes
...
no change        /root/miniconda3/etc/profile.d/conda.csh
modified         /root/.bashrc

==> For changes to take effect, close and re-open your current shell. <==

If you'd prefer that conda's base environment not be activated on startup,
   set the auto_activate_base parameter to false:

conda config --set auto_activate_base false

Thank you for installing Miniconda3!
root@pyalgo:~#
```

完成這些步驟之後，你可能需要更新一下 conda，因為 Miniconda 安裝程序一般來說並不會定期更新 conda：

```
root@pyalgo:~# export PATH="/root/miniconda3/bin/:$PATH"
root@pyalgo:~# conda update -y conda
...
root@pyalgo:~# echo "./root/miniconda3/etc/profile.d/conda.sh" >> ~/.bashrc
root@pyalgo:~# bash
(base) root@pyalgo:~#
```

經過這個簡單的安裝程序之後，就可以開始使用 Python 與 conda 最基本的功能了。這個最基本的 Python 安裝版本，本身就附帶了一些不錯的功能（例如 SQLite3（*https://sqlite.org*）這個資料庫引擎）。你可以自行嘗試一下，能否在新的 *shell* 實例中啟動 Python，看看相關路徑有沒有順利添加到相應的環境變數之中（如上例所示）：

```
(base) root@pyalgo:~# python
Python 3.8.3 (default, May 19 2020, 18:47:26)
[GCC 7.3.0] :: Anaconda, Inc. on linux
Type "help", "copyright", "credits" or "license" for more information.
```

```
>>> print('Hello Python for Algorithmic Trading World.')
Hello Python for Algorithmic Trading World.
>>> exit()
(base) root@pyalgo:~#
```

Conda 基本操作

用 conda 來安裝、更新、移除 Python 套件很簡單。以下簡要說明一些主要的功能：

安裝 *Python x.x*

> conda install python=x.x

更新 *Python*

> conda update python

安裝套件

> conda install $PACKAGE_NAME（套件名稱）

更新套件

> conda update $PACKAGE_NAME（套件名稱）

移除套件

> conda remove $PACKAGE_NAME（套件名稱）

更新 *conda 本身*

> conda update conda

搜索套件

> conda search $SEARCH_TERM（搜索關鍵字）

列出已安裝套件

> conda list

有了這些功能之後，舉例來說，如果要安裝 NumPy（這是 *scientific stack* 科學相關套件其中最重要的一個套件），只需要一個指令即可完成。在 Intel 處理器的機器上進行安裝時，還會自動安裝 Intel 數學核心函式庫 mkl（*https://oreil.ly/Tca2C*），這不但可以加快

NumPy 在 Intel 機器中數值運算的速度，還會加快其他一些科學相關套件執行數值運算的速度[3]：

```
(base) root@pyalgo:~# conda install numpy
Collecting package metadata (current_repodata.json): done
Solving environment: done

## Package Plan ##

  environment location:/root/miniconda3

  added/updated specs:
    - numpy


The following packages will be downloaded:

    package                    |            build
    ---------------------------|-----------------
    blas-1.0                   |              mkl           6 KB
    intel-openmp-2020.1        |              217         780 KB
    mkl-2020.1                 |              217       129.0 MB
    mkl-service-2.3.0          |   py38he904b0f_0          62 KB
    mkl_fft-1.1.0              |   py38h23d657b_0         150 KB
    mkl_random-1.1.1           |   py38h0573a6f_0         341 KB
    numpy-1.19.1               |   py38hbc911f0_0          21 KB
    numpy-base-1.19.1          |   py38hfa32c7d_0         4.2 MB
    ---------------------------------------------------------
                                           Total:       134.5 MB

The following NEW packages will be INSTALLED:

    blas              pkgs/main/linux-64::blas-1.0-mkl
    intel-openmp      pkgs/main/linux-64::intel-openmp-2020.1-217
    mkl               pkgs/main/linux-64::mkl-2020.1-217
    mkl-service       pkgs/main/linux-64::mkl-service-2.3.0-py38he904b0f_0
    mkl_fft           pkgs/main/linux-64::mkl_fft-1.1.0-py38h23d657b_0
    mkl_random        pkgs/main/linux-64::mkl_random-1.1.1-py38h0573a6f_0
    numpy             pkgs/main/linux-64::numpy-1.19.1-py38hbc911f0_0
    numpy-base        pkgs/main/linux-64::numpy-base-1.19.1-py38hfa32c7d_0


Proceed ([y]/n)? y
```

---

3 如果用 conda install numpy nomkl 的方式安裝 nomkl 這樣的元套件（meta package），就不會自動安裝 mkl 與其他相關的套件了。

```
Downloading and Extracting Packages
numpy-base-1.19.1    | 4.2 MB   | ############################# | 100%
blas-1.0             | 6 KB     | ############################# | 100%
mkl_fft-1.1.0        | 150 KB   | ############################# | 100%
mkl-service-2.3.0    | 62 KB    | ############################# | 100%
numpy-1.19.1         | 21 KB    | ############################# | 100%
mkl-2020.1           | 129.0 MB | ############################# | 100%
mkl_random-1.1.1     | 341 KB   | ############################# | 100%
intel-openmp-2020.1  | 780 KB   | ############################# | 100%
Preparing transaction: done
Verifying transaction: done
Executing transaction: done
(base) root@pyalgo:~#
```

也可以一次安裝多個套件。-y 選項代表安裝過程中所有（潛在有可能詢問）的問題，全
都用 yes 來回答：

```
(base) root@pyalgo:~# conda install -y ipython matplotlib pandas \
> pytables scikit-learn scipy
...
Collecting package metadata (current_repodata.json): done
Solving environment: done

## Package Plan ##

  environment location:/root/miniconda3

  added/updated specs:
    - ipython
    - matplotlib
    - pandas
    - pytables
    - scikit-learn
    - scipy


The following packages will be downloaded:

    package                    |             build
    ---------------------------|-----------------
    backcall-0.2.0             |           py_0        15 KB
    ...
    zstd-1.4.5                 |       h9ceee32_0      619 KB
    ------------------------------------------------------------
                                           Total:     144.9 MB
```

```
The following NEW packages will be INSTALLED:

  backcall           pkgs/main/noarch::backcall-0.2.0-py_0
  blosc              pkgs/main/linux-64::blosc-1.20.0-hd408876_0
  ...
  zstd               pkgs/main/linux-64::zstd-1.4.5-h9ceee32_0


Downloading and Extracting Packages
glib-2.65.0          | 2.9 MB    | ############################ | 100%
...
snappy-1.1.8         | 40 KB     | ############################ | 100%
Preparing transaction: done
Verifying transaction: done
Executing transaction: done
(base) root@pyalgo:~#
```

完成安裝程序之後，除了標準函式庫之外，也安裝了一些最重要的金融分析函式庫：

IPython（*http://ipython.org*）

進化版互動式 Python Shell

matplotlib（*http://matplotlib.org*）

Python 標準繪圖函式庫

NumPy（*http://numpy.org*）

高效處理數值陣列

pandas（*http://pandas.pydata.org*）

表格資料（例如金融時間序列資料）的管理

PyTables（*http://pytables.org*）

HDF5（*http://hdfgroup.org*）函式庫的 Python 包裝函式

scikit-learn（*http://scikit-learn.org*）

機器學習相關套件

SciPy（*http://scipy.org*）

科學相關物件類別與函式

這裡所提供的基本工具，對於一般資料分析與特定的金融分析來說已經很足夠了。下面的範例就是透過 IPython，運用 NumPy 來創建出一組偽隨機數值：

```
(base) root@pyalgo:~# ipython
Python 3.8.3 (default, May 19 2020, 18:47:26)
Type 'copyright', 'credits' or 'license' for more information
IPython 7.16.1 -- An enhanced Interactive Python. Type '?' for help.

In [1]: import numpy as np

In [2]: np.random.seed(100)

In [3]: np.random.standard_normal((5, 4))
Out[3]:
array([[-1.74976547,  0.3426804 ,  1.1530358 , -0.25243604],
       [ 0.98132079,  0.51421884,  0.22117967, -1.07004333],
       [-0.18949583,  0.25500144, -0.45802699,  0.43516349],
       [-0.58359505,  0.81684707,  0.67272081, -0.10441114],
       [-0.53128038,  1.02973269, -0.43813562, -1.11831825]])

In [4]: exit
(base) root@pyalgo:~#
```

只要執行 conda list，就可以列出所有已安裝的套件：

```
(base) root@pyalgo:~# conda list
# packages in environment at/root/miniconda3:
#
# Name                    Version              Build   Channel
_libgcc_mutex             0.1                   main
backcall                  0.2.0                 py_0
blas                      1.0                    mkl
blosc                     1.20.0          hd408876_0
...
zlib                      1.2.11          h7b6447c_3
zstd                      1.4.5           h9ceee32_0
(base) root@pyalgo:~#
```

如果不再需要某個套件，則可以使用 conda remove 把它移除掉：

```
(base) root@pyalgo:~# conda remove matplotlib
Collecting package metadata (repodata.json): done
Solving environment: done

## Package Plan ##

  environment location:/root/miniconda3
```

```
removed specs:
  - matplotlib


The following packages will be REMOVED:

The following packages will be REMOVED:

  cycler-0.10.0-py38_0
  ...
  tornado-6.0.4-py38h7b6447c_1


Proceed ([y]/n)? y

Preparing transaction: done
Verifying transaction: done
Executing transaction: done
(base) root@pyalgo:~#
```

用 conda 來做為套件管理工具，就已經夠好用了。但唯有加上虛擬環境管理的功能，才算是真正善用了它全部的功能。

 用 conda 來管理套件，可以在管理 Python 套件的安裝、更新、移除時，帶來相當愉悅的體驗。你無需自行建構與編譯套件（在某些情況下這是很棘手的工作），因為套件會指定一個依賴關係列表，而且它會自行針對不同的作業系統，分別考慮相應的細節。

用 Conda 管理虛擬環境

安裝了內含 conda 的 Miniconda 之後，預設的 Python 版本取決於當初所選擇的 Miniconda 版本。conda 的虛擬環境管理功能則可以讓我們自由選擇所要採用的 Python 版本；舉例來說，我們可以在 Python 預設版本為 3.8 的情況下，安裝另一個完全獨立的 Python 2.7.x 環境。conda 可提供以下的功能：

建立虛擬環境

    conda create --name $ENVIRONMENT_NAME （虛擬環境名稱）

啟用某個虛擬環境

conda activate $ENVIRONMENT_NAME（虛擬環境名稱）

停用某個虛擬環境

conda deactivate $ENVIRONMENT_NAME（虛擬環境名稱）

移除某個虛擬環境

conda env remove --name $ENVIRONMENT_NAME（虛擬環境名稱）

把虛擬環境匯出到某個檔案

conda env export > $FILE_NAME（檔案名稱）

根據某個檔案建立虛擬環境

conda env create -f $FILE_NAME（檔案名稱）

列出所有虛擬環境

conda info --envs

以下舉個簡單的例子；下面的指令碼會建立一個名為 py27 的虛擬環境，然後安裝 IPython 並執行一行 Python 2.7.x 的程式碼。雖然目前官方已不再支援 Python 2.7，但這個範例可用來說明，如何輕鬆測試與執行舊版的 Python 2.7 程式碼：

```
(base) root@pyalgo:~# conda create --name py27 python=2.7
Collecting package metadata (current_repodata.json): done
Solving environment: failed with repodata from current_repodata.json,
will retry with next repodata source.
Collecting package metadata (repodata.json): done
Solving environment: done

## Package Plan ##

  environment location:/root/miniconda3/envs/py27

  added/updated specs:
    - python=2.7


The following packages will be downloaded:

    package                    |              build
```

```
------------------------------|------------------
certifi-2019.11.28     |          py27_0       153 KB
pip-19.3.1             |          py27_0       1.7 MB
python-2.7.18          |       h15b4118_1      9.9 MB
setuptools-44.0.0      |          py27_0       512 KB
wheel-0.33.6           |          py27_0        42 KB
------------------------------------------------------------
                                  Total:      12.2 MB

The following NEW packages will be INSTALLED:

  _libgcc_mutex       pkgs/main/linux-64::_libgcc_mutex-0.1-main
  ca-certificates     pkgs/main/linux-64::ca-certificates-2020.6.24-0
  ...
  zlib                pkgs/main/linux-64::zlib-1.2.11-h7b6447c_3


Proceed ([y]/n)? y


Downloading and Extracting Packages
certifi-2019.11.28   | 153 KB    | ############################ | 100%
python-2.7.18        | 9.9 MB    | ############################ | 100%
pip-19.3.1           | 1.7 MB    | ############################ | 100%
setuptools-44.0.0    | 512 KB    | ############################ | 100%
wheel-0.33.6         | 42 KB     | ############################ | 100%
Preparing transaction: done
Verifying transaction: done
Executing transaction: done
#
# To activate this environment, use
#
#     $ conda activate py27
#
# To deactivate an active environment, use
#
#     $ conda deactivate

(base) root@pyalgo:~#
```

請注意，啟用虛擬環境之後，提示符號也會跟著改變，多了 (py27) 的字樣：

```
(base) root@pyalgo:~# conda activate py27
(py27) root@pyalgo:~# pip install ipython
DEPRECATION: Python 2.7 will reach the end of its life on January 1st, 2020.
...
```

```
Executing transaction: done
(py27) root@pyalgo:~#
```

最後，就可以在 IPython 裡使用 Python 2.7 的語法了：

```
(py27) root@pyalgo:~# ipython
Python 2.7.18 |Anaconda, Inc.| (default, Apr 23 2020, 22:42:48)
Type "copyright", "credits" or "license" for more information.

IPython 5.10.0 -- An enhanced Interactive Python.
?         -> Introduction and overview of IPython's features.
%quickref -> Quick reference.
help      -> Python's own help system.
object?   -> Details about 'object', use 'object??' for extra details.

In [1]: print "Hello Python for Algorithmic Trading World."
Hello Python for Algorithmic Trading World.

In [2]: exit
(py27) root@pyalgo:~#
```

如本範例所示，做為虛擬環境管理工具的 conda 可以讓我們同時安裝不同的 Python 版本。它還可以讓我們安裝某些特定版本的套件。之前安裝的 Python 預設版本並不會受到影響，同一部機器也可能還存在其他的虛擬環境。只要輸入 conda info --envs 或 conda env list，就可以列出所有可用的虛擬環境：

```
(py27) root@pyalgo:~# conda env list
# conda environments:
#
base                     /root/miniconda3
py27                   * /root/miniconda3/envs/py27

(py27) root@pyalgo:~#
```

有時候我們可能需要與他人分享虛擬環境資訊，或是在多部機器使用同一個虛擬環境。為達此目的，我們可以用 conda env export 把已安裝的套件列表匯出到一個檔案中。不過，由於這樣會在 yaml 檔案中指定所構建的版本，因此在預設情況下，這樣的做法只能適用於相同的作業系統。雖然如此，我們還是可以透過 --no-builds 的選項，刪除掉構建（build）版本的資訊，只指定套件的版本：

```
(py27) root@pyalgo:~# conda deactivate
(base) root@pyalgo:~# conda env export --no-builds > base.yml
(base) root@pyalgo:~# cat base.yml
name: base
```

```
channels:
  - defaults
dependencies:
  - _libgcc_mutex=0.1
  - backcall=0.2.0
  - blas=1.0
  - blosc=1.20.0
  ...
  - zlib=1.2.11
  - zstd=1.4.5
prefix:/root/miniconda3
(base) root@pyalgo:~#
```

技術上來說，建立虛擬環境通常只比建立（子）目錄結構稍微複雜一點，建立之後就可以進行一些快速的測試[4]。如果需要的話，只要透過 conda env remove 就可以輕鬆移除掉某個虛擬環境（記得要先停用）：

```
(base) root@pyalgo:~# conda env remove -n py27

Remove all packages in environment /root/miniconda3/envs/py27:

(base) root@pyalgo:~#
```

以上就是使用 conda 管理虛擬環境的各項功能說明。

> conda 不但可以管理套件，也可以管理 Python 的虛擬環境。它可以讓我們輕鬆建立不同的 Python 環境，在同一部機器中擁有多個版本的 Python 及其他套件，而且彼此間不會互相影響。conda 還可以讓我們匯出虛擬環境資訊，以便在多部機器之間輕鬆複製，或與其他機器分享虛擬環境資訊。

使用 Docker 容器

Docker 容器近來可以說席捲了整個 IT 界（參見 Docker：*http://docker.com*）。雖然這項技術還處於相對年輕的階段，但它幾乎已成為所有類型軟體應用程式有效開發與部署的其中一種基準。

4　在官方文件中，你可以找到以下的解釋：「Python 虛擬環境可以針對特定的應用程式（而不是針對整體的環境），把 Python 套件安裝在某個隔離的地方。」請參見「建立虛擬環境」的頁面（*https://oreil. ly/5Jgjc*）。

以目的來說，我們可以把 Docker 容器視為一個單獨的（容器化的）檔案系統，其中包括作業系統（例如 Ubuntu 20.04 LTS 伺服器）、（Python）執行環境、附帶的系統開發工具，以及更多的（Python）函式庫與套件。舉例來說，這樣的一個 Docker 容器可以在 Windows 10 專業版 64 位元的本機上執行，也可以在某個 Linux 作業系統的雲端實例中執行。

本節將詳細介紹 Docker 容器。這裡會針對 Docker 技術在 Python 部署方面所能做到的程度進行簡要的說明 [5]。

Docker 映像與容器

在繼續說明之前，首先要區分一下，在探討 Docker 時會用到的兩個基本術語。第一個是 *Docker 映像*（image），我們可以把它比作 Python 的物件類別（class）。第二個是 *Docker 容器*（container），我們可以把它比作 Python 物件類別相應的實例（instance）。

從更高的技術層面來看，你可以在 Docker 詞彙表（Docker glossary：*https://oreil.ly/NNUiB*）找到以下關於 *Docker* 映像的定義：

> *Docker* 映像是容器的基礎。所謂的映像，就是一系列針對根（*root*）檔案系統依序做出的變動，以及容器在執行階段所用到的相應執行參數。映像通常是由許多分層的檔案系統一個一個堆疊起來所構成的一個聯集。映像並沒有狀態（*state*），而且永遠不會改變。

同樣的，你也可以在 Docker 詞彙表（*https://oreil.ly/NNUiB*）找到 *Docker* 容器的定義如下（你可以順便對照一下，我們之前用 Python 的物件類別與物件實例所進行的類比）：

> 所謂的容器，就是 *Docker* 映像在執行階段的一個實例。
>
> 每一個 *Docker* 容器裡頭都包含：
>
> - 一個 *Docker* 映像
> - 一個執行環境
> - 一組標準的指令
>
> 容器（*container*）的概念是從運輸用貨櫃（*Shipping Containers*）借用過來的；對於全球商品運輸來說，貨櫃可說是定義了一個統一的標準。我們也可以說，對於軟體的裝運來說，*Docker* 定義了一個統一的標準。

5　關於 Docker 技術的全面性介紹，請參見 Matthias 與 Kane（2018）的著作。

針對不同的作業系統，Docker 的安裝也稍有不同。這就是本節不多贅述的理由。各位只要自行前往「取得 Docker」（Get Docker：*https://oreil.ly/hGgxs*）的頁面，就可以找到更多資訊與相關鏈結。

打造 Ubuntu + Python 的 Docker 映像

本小節會說明如何在最新版本 Ubuntu 的基礎下，打造出包括 Miniconda 以及一些重要 Python 套件的 Docker 映像。我們也會更新、升級 Linux 的套件（如果需要的話），並安裝某些額外的系統工具，以便進行 Linux 的內部管理。為達此目的，我們需要用到兩個腳本。一個是 Bash 腳本，它會在 Linux 層完成所有工作[6]。另一個則是所謂的 *Dockerfile*，它負責掌控 Docker 映像本身的構建過程。

範例 2-1 的 Bash 腳本負責安裝工作，其中包括三個主要部分。第一部分處理 Linux 的內部管理。第二部分安裝 Miniconda，第三部分則安裝一些可選用的 Python 套件。另外還有一些更詳細的細節，請參見相應的註解：

範例 2-1　這個腳本負責安裝 Python 與一些可選用的套件

```
#!/bin/bash
#
# 此腳本可用來安裝
# Linux 系統工具，以及
# Python 的一些基本元件
#
# Python 演算法交易
# (c) Dr. Yves J. Hilpisch
# The Python Quants 有限責任公司
#
# LINUX 通用操作
apt-get update  # 更新套件索引快取
apt-get upgrade -y  # 升級套件
# 安裝系統工具
apt-get install -y bzip2 gcc git  # 系統工具
apt-get install -y htop screen vim wget  # 系統工具
apt-get upgrade -y bash  # 升級 bash（如有必要的話）
apt-get clean  # 清理套件索引快取

# 安裝 MINICONDA
# 下載 Miniconda
wget https://repo.anaconda.com/miniconda/Miniconda3-latest-Linux-x86_64.sh -O Miniconda.sh
```

6　參見 Robbins（2016）的著作，其中針對 Bash 腳本有簡要的介紹及快速的總覽。另請參見 GNU Bash
（*https://oreil.ly/SGHn1*）。

```
bash Miniconda.sh -b  # 進行安裝
rm -rf Miniconda.sh  # 移除安裝腳本
export PATH="/root/miniconda3/bin:$PATH"  # 把新路徑放到 PATH 最前面

# 安裝 PYTHON 函式庫
conda install -y pandas  # 安裝 pandas
conda install -y ipython  # 安裝 IPython shell

# 自定義操作
cd /root/
wget http://hilpisch.com/.vimrc  # Vim 設定
```

範例 2-2 中的 Dockerfile 會使用範例 2-1 中的 Bash 腳本，來構建新的 Docker 映像。它其中的一些主要部分，也都有相應的註解：

範例 2-2 用來構建 *Docker* 映像的 *Dockerfile*

```
#
# 打造一個 Docker Image 映像
# 採用最新版 Ubuntu 以及
# 基本的 Python 安裝
#
# Python 演算法交易
# (c) Dr. Yves J. Hilpisch
# The Python Quants 有限責任公司
#

# 最新版 Ubuntu
FROM ubuntu:latest

# 維護者相關資訊
MAINTAINER yves

# 加入 bash 腳本
ADD install.sh/
# 修改腳本權限
RUN chmod u+x/install.sh
# 執行 bash 腳本
RUN /install.sh
# 把新路徑放到 path 最前面
ENV PATH/root/miniconda3/bin:$PATH

# 容器一執行，就執行 IPython
CMD ["ipython"]
```

如果這兩個檔案位於同一個資料夾，而且已安裝好 Docker，新的 Docker 映像構建起來就非常簡單。這裡的 pyalgo:basic 標籤是用來指定相應的映像。在引用映像時（例如在執行某個容器時），就會用到這樣的標籤：

```
(base) pro:Docker yves$ docker build -t pyalgo:basic .
Sending build context to Docker daemon  4.096kB
Step 1/7 : FROM ubuntu:latest
 ---> 4e2eef94cd6b
Step 2/7 : MAINTAINER yves
 ---> Running in 859db5550d82
Removing intermediate container 859db5550d82
 ---> 40adf11b689f
Step 3/7 : ADD install.sh /
 ---> 34cd9dc267e0
Step 4/7 : RUN chmod u+x /install.sh
 ---> Running in 08ce2f46541b
Removing intermediate container 08ce2f46541b
 ---> 88c0adc82cb0
Step 5/7 : RUN /install.sh
 ---> Running in 112e70510c5b
...
Removing intermediate container 112e70510c5b
 ---> 314dc8ec5b48
Step 6/7 : ENV PATH /root/miniconda3/bin:$PATH
 ---> Running in 82497aea20bd
Removing intermediate container 82497aea20bd
 ---> 5364f494f4b4
Step 7/7 : CMD ["ipython"]
 ---> Running in ff434d5a3c1b
Removing intermediate container ff434d5a3c1b
 ---> a0bb86daf9ad
Successfully built a0bb86daf9ad
Successfully tagged pyalgo:basic
(base) pro:Docker yves$
```

如果想列出現有的 Docker 映像，可以用 docker images。新的映像應該會出現在列表的最上面：

```
(base) pro:Docker yves$ docker images
REPOSITORY        TAG          IMAGE ID          CREATED           SIZE
pyalgo            basic        a0bb86daf9ad      2 minutes ago     1.79GB
ubuntu            latest       4e2eef94cd6b      5 days ago        73.9MB
(base) pro:Docker yves$
```

如果已成功建立 pyalgo:basic 這個映像，我們就可以用 docker run 執行相應的 Docker 容器。如果要在 Docker 容器內執行互動式程序（例如 IPython 的 shell 程序），就必須使用 -ti 這個參數組合（參見「Docker 執行參考說明」（Docker Run Reference）頁面：*https://oreil.ly/s0_hn*）：

```
(base) pro:Docker yves$ docker run -ti pyalgo:basic
Python 3.8.3 (default, May 19 2020, 18:47:26)
Type 'copyright', 'credits' or 'license' for more information
IPython 7.16.1 -- An enhanced Interactive Python. Type '?' for help.

In [1]: import numpy as np

In [2]: np.random.seed(100)

In [3]: a = np.random.standard_normal((5, 3))

In [4]: import pandas as pd

In [5]: df = pd.DataFrame(a, columns=['a', 'b', 'c'])

In [6]: df
Out[6]:
          a         b         c
0 -1.749765  0.342680  1.153036
1 -0.252436  0.981321  0.514219
2  0.221180 -1.070043 -0.189496
3  0.255001 -0.458027  0.435163
4 -0.583595  0.816847  0.672721
```

只要一退出 IPython，容器就會跟著退出，因為 IPython 是這個容器中唯一執行的應用程式。不過，我們還是可以透過下面的方式從容器中暫時脫離（detach）：

```
Ctrl+p --> Ctrl+q
```

從容器脫離之後，就可以用 docker ps 指令列出所有正在執行中的容器（當下可能還有其他正在執行中的容器）：

```
(base) pro:Docker yves$ docker ps
CONTAINER ID  IMAGE          COMMAND      CREATED          ...    NAMES
e93c4cbd8ea8  pyalgo:basic   "ipython"    About a minute ago      jolly_rubin
(base) pro:Docker yves$
```

只要透過 docker attach $CONTAINER_ID（容器 ID），就可以重新連回（attach）Docker 容器。請注意，實際上只要輸入足以分辨容器 ID 的前幾個字母就足夠了：

```
(base) pro:Docker yves$ docker attach e93c
In [7]: df.info()
<class 'pandas.core.frame.DataFrame'>
RangeIndex: 5 entries, 0 to 4
Data columns (total 3 columns):
 #   Column  Non-Null Count  Dtype
---  ------  --------------  -----
 0   a       5 non-null      float64
 1   b       5 non-null      float64
 2   c       5 non-null      float64
dtypes: float64(3)
memory usage: 248.0 bytes
```

exit 指令會終止掉 IPython，同時也會終止掉 Docker 容器。接著只要再透過 docker rm 就可以移除掉該容器：

```
In [8]: exit
(base) pro:Docker yves$ docker rm e93c
e93c
(base) pro:Docker yves$
```

如果不會再用到，也可以透過類似的方式（docker rmi）移除掉 pyalgo:basic 這個 Docker 映像。雖然容器相對來說已經算是比較不佔空間的做法，但是單一映像還是可能佔用大量的儲存空間。以 pyalgo:basic 映像來說，大小就接近 2 GB。這就是你為什麼應該定期清理 Docker 映像列表的理由：

```
(base) pro:Docker yves$ docker rmi a0bb86
Untagged: pyalgo:basic
Deleted: sha256:a0bb86daf9adfd0ddf65312ce6c1b068100448152f2ced5d0b9b5adef5788d88
...
Deleted: sha256:40adf11b689fc778297c36d4b232c59fedda8c631b4271672cc86f505710502d
(base) pro:Docker yves$
```

當然，關於 Docker 容器及它在某些應用場景中的好處，還有很多可以討論的內容。就本書而言，它提供了一種部署 Python 的現代化做法，我們可以在完全隔離的（容器化）環境中進行 Python 開發，也可以用這種方式把演算法交易的程式碼打包起來。

 如果你還沒用過 Docker 容器，實在應該好好考慮開始使用。不管是在本機工作的情況下，或是在遠端使用雲端實例或伺服器，Docker 容器對於 Python 演算法交易程式碼的部署與開發工作，確實都能提供許多的好處。

使用雲端實例

本節將說明如何在 DigitalOcean（*http://digitalocean.com*）雲端實例上設定一個完整的 Python 基礎架構。目前有許多可選擇的雲端供應商，其中包括居於領先地位的 Amazon Web Services（AWS；*http://aws.amazon.com*）。不過，DigitalOcean 以其簡單性和小型雲端實例收費相對較低而聞名，這種小型的雲端實例就叫做 *Droplet*。最小的 Droplet 通常就能滿足探索與開發的目的，每個月只需花費 5 美元，或是每小時只需 0.007 美元。使用上按照小時收費，因此我們可以在 Droplet 輕鬆使用兩個小時，再把它銷毀，最後只會被收取 0.014 美元的費用[7]。

本節的目的就是在 DigitalOcean 設好一個 Droplet，安裝好 Python 3.8 以及一般會用到的套件（例如 NumPy 與 pandas），然後用密碼保護系統，並採用 SSL 加密的 Jupyter Lab（*http://jupyter.org*）伺服器安裝版本[8]。Jupyter Lab 是一個以 Web 為基礎的工具套件，它提供了一些好用的工具（如下所示），只要透過一般的瀏覽器就可以使用：

Jupyter Notebook

這是目前最受歡迎、可透過瀏覽器使用的互動式開發環境，其特點在於可選擇許多不同的語言核心（例如 Python、R、Julia 等等）。

Python console 控制台

這是一個以 IPython 為基礎的控制台，它所具有的圖形 UI 使用者界面，在外觀與使用上與標準的 terminal 終端不大相同。

Terminal 終端

這是一個可透過瀏覽器使用的系統 shell 介面實作，它不只可以執行所有典型的系統管理任務，還可以使用各種有用的工具，例如像是用 Vim（*http://vim.org/download*）來編輯程式碼，或是用 git（*https://git-scm.com/*）來進行版本控制。

編輯器

另一個主要的工具，就是可以在瀏覽器使用的文字檔案編輯器；它可針對多種不同的程式語言與檔案類型，提供語法強調顯示的功能，以及一般典型的文字 / 程式碼編輯功能。

7　如果你尚未在雲端供應商開設過帳號，可以先到 *http://bit.ly/do_sign_up* 取得 DigitalOcean 送給新使用者的 10 美元初始使用額度。

8　技術上來說，Jupyter Lab 其實就是從 Jupyter Notebook 擴展出來的。不過，這兩種表達方式有時可交換使用。

檔案管理工具

Jupyter Lab 還提供了一個功能完整的檔案管理工具，可進行一般典型的檔案操作（例如上傳、下載、重新命名等）。

在 Droplet 安裝了 Jupyter Lab 之後，就可以透過瀏覽器進行 Python 開發與部署，而無需透過 SSH 登入到雲端實例以進行存取。

為了實現本節的目標，我們會用到以下幾個腳本：

伺服器設定編排腳本

這個腳本負責編排所有必要的步驟，例如把一些檔案複製到 Droplet 並在 Droplet 中執行這些檔案。

Python 與 Jupyter 安裝腳本

這個腳本會安裝 Python、Jupyter Lab 與一些額外的套件，然後啟動 Jupyter Lab 伺服器。

Jupyter Notebook 設定檔案

這個檔案是用來設定 Jupyter Lab 伺服器（例如牽涉到密碼保護的設定）。

RSA 公鑰與私鑰檔案

這兩個檔案是與 Jupyter Lab 伺服器進行 SSL 加密通訊時所需的檔案。

雖然一開始先執行的是伺服器設定編排腳本，但其他檔案必須事先準備好，因此以下各節會以相反的順序，針對上述的檔案進行說明。

RSA 公鑰與私鑰

為了讓瀏覽器可以安全連接到 Jupyter Lab 伺服器，我們需要用到一組由 RSA 公鑰與私鑰所組成的 SSL 憑證（參見維基百科的 RSA 頁面：*https://oreil.ly/8UG1K*）。一般來說，這樣的憑證應該是來自所謂的憑證授權機構（CA；Certificate Authority）。不過就本書而言，我們自己所生成的憑證就已經「夠用」了[9]。如果要生成一組 RSA 密鑰，最常見的工具就是 OpenSSL（*http://openssl.org*）。在接下來簡短的互動 session 中，我們會生成一組可適用於 Jupyter Lab 伺服器的憑證（參見 Jupyter Notebook 文件：*https://oreil.ly/YxxaF*）：

---

9 使用這種自行生成的憑證時，你可能需要在瀏覽器提示時添加安全性例外。如果是在 Mac OS 中，你甚至可以把憑證明確註冊為可信賴的憑證。

```
(base) pro:cloud yves$ openssl req -x509 -nodes -days 365 -newkey rsa:2048 \
> -keyout mykey.key -out mycert.pem
Generating a RSA private key
.......+++++
.....+++++
+++++
writing new private key to 'mykey.key'
-----
You are about to be asked to enter information that will be incorporated
into your certificate request.
What you are about to enter is what is called a Distinguished Name or a DN.
There are quite a few fields but you can leave some blank.
For some fields there will be a default value,
If you enter '.', the field will be left blank.
-----
Country Name (2 letter code) [AU]:DE
State or Province Name (full name) [Some-State]:Saarland
Locality Name (e.g., city) []:Voelklingen
Organization Name (eg, company) [Internet Widgits Pty Ltd]:TPQ GmbH
Organizational Unit Name (e.g., section) []:Algorithmic Trading
Common Name (e.g., server FQDN or YOUR name) []:Jupyter Lab
Email Address []:pyalgo@tpq.io
(base) pro:cloud yves$
```

mykey.key 與 mycert.pem 這兩個檔案都必須複製到 Droplet 中，然後在 Jupyter Notebook 設定檔案內加以引用。接下來要說明的就是這個 Jupyter Notebook 設定檔案。

Jupyter Notebook 設定檔案

如 Jupyter Notebook 文件（*https://oreil.ly/YxxaF*）所述，我們可以用安全的方式部署一個公開的 Jupyter Lab 伺服器。其中很重要的是，Jupyter Lab 應該要受到密碼的保護。為了達到此目的，我們會用到一個叫做 passwd() 的密碼雜湊碼生成函式，它是 notebook.auth 這個子套件裡的一個函式。下面的程式碼會生成一個密碼的雜湊碼，而這裡所採用的密碼就是 jupyter：

```
In [1]: from notebook.auth import passwd

In [2]: passwd('jupyter')
Out[2]: 'sha1:da3a3dfc0445:052235bb76e56450b38d27e41a85a136c3bf9cd7'

In [3]: exit
```

這個雜湊碼必須放在 Jupyter Notebook 的設定檔案中，如範例 2-3 所示。這個設定檔案同時也假設 RSA 密鑰檔案已經被複製到 Droplet 的 /root/.jupyter/ 資料夾中了。

範例 2-3　*Jupyter Notebook 設定檔案*

```
#
# Jupyter Notebook 設定檔案
#
# Python 演算法交易
# (c) Dr. Yves J. Hilpisch
# The Python Quants 有限責任公司
#
# SSL 加密
# 請使用你自己的檔案，並替換掉下面的檔案名稱
c.NotebookApp.certfile = u'/root/.jupyter/mycert.pem'
c.NotebookApp.keyfile = u'/root/.jupyter/mykey.key'

# IP 位址與埠號
# 把 ip 設定為 '*' 就可以綁定到雲端實例的所有 IP 位址
c.NotebookApp.ip = '0.0.0.0'
# 設定採用固定的預設埠號來存取伺服器，是一種還不錯的做法
c.NotebookApp.port = 8888

# 密碼保護
# 此處是以 'jupyter' 做為密碼
# 你可以用自己的密碼相應的雜湊碼，替換掉這裡的雜湊碼
c.NotebookApp.password = \
        'sha1:da3a3dfc0445:052235bb76e56450b38d27e41a85a136c3bf9cd7'

# 不採用瀏覽器的選項
# 不要讓 Jupyter 嘗試開啟瀏覽器
c.NotebookApp.open_browser = False

# ROOT 存取權限
# 設定 Jupyter 可以讓 root 使用者執行
c.NotebookApp.allow_root = True
```

下一個步驟就是把 Python 與 Jupyter Lab 安裝到 Droplet 之中。

> Jupyter Lab 是一個相當成熟的開發環境，由於它可透過 Web 瀏覽器進行存取，因此在雲端部署 Jupyter Lab 一定會帶來許多安全性問題。所以，請務必採用 Jupyter Lab 伺服器所提供的預設安全做法（例如密碼保護與 SSL 加密）。不過這也只是初步的做法，建議最好根據遠端實例的實際情況，進一步採取其他更安全的做法。

Python 與 Jupyter Lab 安裝腳本

用來安裝 Python 與 Jupyter Lab 的 bash 腳本，與第 33 頁「使用 Docker 容器」所介紹的腳本很類似，當時的腳本主要是在 Docker 容器用 Miniconda 來安裝 Python。不過，範例 2-4 的腳本還會啟動 Jupyter Lab 伺服器。這段程式碼各個重要的部分，全都有相應的註解。

範例 2-4 用來安裝 Python 並執行 Jupyter Notebook 伺服器的 Bash 腳本

```bash
#!/bin/bash
#
# 此腳本可用來安裝
# Linux 系統工具和 Python 的一些基本元件
# 而且同時也會
# 啟動 Jupyter Lab 伺服器
#
# Python 演算法交易
# (c) Dr. Yves J. Hilpisch
# The Python Quants 有限責任公司
#
# LINUX 通用操作
apt-get update  # 更新套件索引快取
apt-get upgrade -y  # 升級套件
# 安裝系統工具
apt-get install -y build-essential git  # 系統工具
apt-get install -y screen htop vim wget  # 系統工具
apt-get upgrade -y bash  # 升級 bash (如有必要的話)
apt-get clean  # 清理套件索引快取

# 安裝 MINICONDA
wget https://repo.anaconda.com/miniconda/Miniconda3-latest-Linux-x86_64.sh \
                -O Miniconda.sh
bash Miniconda.sh -b  # 安裝 Miniconda
rm -rf Miniconda.sh  # 移除安裝腳本
# 把新路徑加到目前這個 session 的 path 前面
export PATH="/root/miniconda3/bin:$PATH"
# 把新路徑加到 shell 設定中
cat >> ~/.profile <<EOF
export PATH="/root/miniconda3/bin:$PATH"
EOF

# 安裝 PYTHON 函式庫
conda install -y jupyter  # 在瀏覽器中進行互動式資料分析
conda install -y jupyterlab  # Jupyter Lab 環境
```

```
conda install -y numpy  # 數值計算套件
conda install -y pytables  # HDF5 二進位儲存方式的包裝函式
conda install -y pandas  # 資料分析套件
conda install -y scipy  # 科學計算套件
conda install -y matplotlib  # 標準繪圖函式庫
conda install -y seaborn  # 統計繪圖函式庫
conda install -y quandl  # Quandl data API 的包裝函式
conda install -y scikit-learn  # 機器學習函式庫
conda install -y openpyxl  # Excel 互動套件
conda install -y xlrd xlwt  # Excel 互動套件
conda install -y pyyaml  # yaml 檔案管理套件

pip install --upgrade pip  # 升級套件管理工具
pip install q  # 日誌記錄與除錯
pip install plotly  # 互動式 D3.js 繪圖
pip install cufflinks  # 結合 plotly 與 pandas
pip install tensorflow  # 深度學習函式庫
pip install keras  # 深度學習函式庫
pip install eikon  # Refinitiv Eikon Data API 的 Python 包裝函式
# Oanda API 的 Python 包裝函式
pip install git+git://github.com/yhilpisch/tpqoa

# 複製一些檔案，建立幾個子目錄
mkdir -p /root/.jupyter/custom
wget http://hilpisch.com/custom.css
mv custom.css /root/.jupyter/custom
mv /root/jupyter_notebook_config.py /root/.jupyter/
mv /root/mycert.pem /root/.jupyter
mv /root/mykey.key /root/.jupyter
mkdir /root/notebook
cd /root/notebook

# 啟動 JUPYTER LAB
jupyter lab &
```

這個腳本必須先複製到 Droplet，然後再由編排腳本（orchestration script）予以啟動，如下一節所述。

Droplet 設定編排腳本

第二個 bash 腳本是內容最短的一個腳本（用來設定 Droplet，參見範例 2-5）。這個腳本會以 IP 地址做為其參數，把所有其他的檔案複製到相應的 Droplet 之中。它會在最後一行啟動 install.sh 這個 bash 腳本，自行完成安裝的動作，然後啟動 Jupyter Lab 伺服器。

範例 *2-5　用來設定 Droplet 的 Bash 腳本*

```bash
#!/bin/bash
#
# 設定 DigitalOcean Droplet
# 使用基本 Python 套件組合
# 以及 Jupyter Notebook
#
# Python 演算法交易
# (c) Dr Yves J Hilpisch
# The Python Quants 有限責任公司
#

# 從參數取得 IP 位址 MASTER_IP=$1
MASTER_IP=$1

# 複製檔案
scp install.sh root@${MASTER_IP}:
scp mycert.pem mykey.key jupyter_notebook_config.py root@${MASTER_IP}:

# 執行安裝腳本
ssh root@${MASTER_IP} bash /root/install.sh
```

現在所有東西都已準備妥當,可以開始嘗試執行這些設定程式碼了。在 DigitalOcean 中,只要使用下面的這些選項,就可以建立一個新的 Droplet:

Operating system(作業系統)

Ubuntu 20.04 LTS x64(撰寫本文時可用的最新版本)

Size(硬體規格)

雙核心、2GB、60GB SSD(標準 Droplet)

Data center region(資料中心所在地區)

Frankfurt(法蘭克福,因為作者本身住在德國)

SSH key(SSH 密鑰)

添加一個(新的)SSH 密鑰,以進行無密碼登入 [10]

---

10 如果你需要協助,請造訪「如何在 DigitalOcean Droplet 上使用 SSH 密鑰」(*https://oreil.ly/Tggw7*),或是「DigitalOcean 的 Droplet 如何在 PuTTY 裡使用 SSH 密鑰(針對 Windows 使用者)」(*https://oreil.ly/-jTif*)。

Droplet name（*Droplet 名稱*）

　可採用預設名稱，或類似 pyalgo 這樣的名稱

最後只要點擊「Create」（建立）按鈕，就可以啟動 Droplet 建立程序，過程通常需要一分鐘左右。設定程序所得出的結果，主要就是一個 IP 地址；舉例來說，如果你選擇法蘭克福做為你的資料中心所在，可能就會得到 134.122.74.144 這樣的一個 IP 地址。如此一來，設定 Droplet 就變成一件很簡單的工作，做法如下：

```
(base) pro:cloud yves$ bash setup.sh 134.122.74.144
```

不過，這個程序有可能需要耗費好幾分鐘。當我們從 Jupyter Lab 伺服器收到如下的訊息時，就代表完成了：

```
[I 12:02:50.190 LabApp] Serving notebooks from local directory: /root/notebook
[I 12:02:50.190 LabApp] Jupyter Notebook 6.1.1 is running at:
[I 12:02:50.190 LabApp] https://pyalgo:8888/
```

現在只要使用任何最新的瀏覽器，都可以造訪以下網址，對執行中的 Jupyter Notebook 伺服器進行存取（請注意這裡採用的是 https 協定）：

```
https://134.122.74.144:8888
```

添加了安全性例外之後，應該就會有 Jupyter Notebook 的登入畫面提示你輸入密碼（在我們的範例中，密碼就是 jupyter）。現在一切準備就緒，終於可以使用 Jupyter Lab，運用 IPython 控制台，透過終端視窗或文字檔案編輯器，在瀏覽器中開始進行 Python 開發工作了。除此之外，其他檔案管理功能（例如上傳檔案、刪除檔案、建立資料夾等等）也可以使用了。

 對於 Python 開發者與演算法交易從業人員來說，像 DigitalOcean 這樣的雲端實例，只要結合 Jupyter Lab（背後是 Jupyter Notebook 伺服器）這樣的工具，就可以成為我們運用專業計算與儲存基礎設施的超強組合。專業的雲端與資料中心供應商，可確保你（虛擬）機器實體的安全性，而且還具有很高的可用性。使用雲端實例的做法，也可以讓最初期的探索與開發階段維持在相當低的成本，因為使用的方式通常是按小時收費，並不需要簽訂長期的合作協議。

結論

Python 不只是本書首選的程式語言,而且幾乎所有領先的金融機構,都選擇它做為首選的程式語言與技術平台。不過,Python 的部署工作可能很棘手,有時甚至既乏味又令人感到不安。幸運的是,如今有一些好用的技術,可協助我們解決部署的問題(這些技術的出現,幾乎都還不到十年)。conda 這個開放原始碼軟體,對於 Python 軟體套件與虛擬環境的管理非常有幫助。Docker 容器的優勢甚至可以讓我們更進一步,因為我們可以在技術上用一種具有屏蔽效果的「沙盒」或「容器」,輕鬆建立完整的檔案系統與執行環境。如果再進一步,也可以透過像 DigitalOcean 這類的雲端供應商,在計算與儲存能力方面善用那些擁有專業管理又安全的資料中心,不但可以在幾分鐘之內完成設定,而且只需按小時付費即可。我們只要把 Python 3.8 與安全的 Jupyter Notebook/Lab 伺服器結合起來,就可以針對 Python 演算法交易專案相應的 Python 開發與部署工作,提供非常專業的環境與支援。

參考資料與其他資源

針對 *Python* 套件管理,請參考以下資源:

- pip 套件管理工具頁面(*https://pypi.python.org/pypi/pip*)
- conda 套件管理工具頁面(*http://conda.pydata.org*)
- 官方的「安裝套件」頁面(*https://packaging.python.org/installing*)

針對虛擬環境的管理,請參考以下的資源:

- virtualenv 虛擬環境管理工具頁面(*https://pypi.python.org/pypi/virtualenv*)
- conda 管理虛擬環境頁面(*http://conda.pydata.org/docs/using/envs.html*)
- pipenv 套件與虛擬環境管理工具(*https://github.com/pypa/pipenv*)

關於 *Docker* 容器的資訊,可參考 Docker 主頁(*http://docker.com*)與以下的資源:

- Matthias, Karl, and Sean Kane. 2018. *Docker: Up and Running*(Docker:採用與執行). 2nd ed. Sebastopol: O'Reilly

Robbins（2016）的著作針對 Bash 腳本語言做了相當簡要的介紹與概述：

- Robbins, Arnold. 2016. *Bash Pocket Reference*（Bash 口袋參考手冊）. 2nd ed. Sebastopol: O'Reilly.

Jupyter Notebook 的文件（*https://oreil.ly/uBEeq*）說明了如何以安全的方式執行一個公開的 *Jupyter Notebook/Lab* 伺服器。另外還有 JupyterHub 可供運用，我們可以用它來管理 Jupyter Notebook 伺服器的多個使用者（參見 Jupyter-Hub：*https://oreil.ly/-XLi5*）。

如果想在註冊 DigitalOcean 的新帳號時，取得 10 美元的初始可運用額度，請造訪 *http://bit.ly/do_sign_up*。這筆額度可讓你連續使用最小化 Droplet 長達兩個月的時間。

## 第三章

金融數據資料的處理

資料顯然比演算法更重要。

如果沒有足夠全面的資料，就只能得出不夠全面的預測。

—— Rob Thomas（2016；美國著名創作歌手）

演算法交易所要處理的資料，通常可分為四類（如表 3-1 所示）。對於金融數據資料的世界來說，這樣的分類方式雖然有點簡化，但從技術面來說，把「**歷史**」資料與「**即時**」資料區分開來，並把「**結構化**」資料與「**非結構化**」資料區分開來，通常是很有用的做法。

表 3-1　金融數據資料的分類（與範例）

	結構化	非結構化
歷史	每日收盤價格	金融相關新聞與文章
即時	外匯買賣雙方報價	Twitter 上的貼文

本書主要關注的是**結構化資料**（數值、表格資料），歷史資料與即時資料則都會用到。本章特別著重在結構化歷史資料（例如法蘭克福證券交易所的 SAP SE 股票每天的收盤價格）。另外，盤中資料也屬於這個類別（例如納斯達克證券交易所的 Apple 公司股票 1 分鐘分線圖資料）。至於結構化即時資料的處理，到了第 7 章才會介紹。

一般的演算法交易專案，通常都會用歷史資料來進行回測，而許多交易方面的構想或假設，也都是從這裡開始浮現的。這就是本章打算討論的內容，相應的規劃如下。第 52 頁的「從不同來源讀取金融數據資料」會使用 pandas，從不同的檔案來源和網路來源讀取資料。第 58 頁的「善用開放資料來源」介紹了 Quandl（*http://quandl.com*），它是一個相當受歡迎的開放資料來源平台。第 62 頁的「Eikon Data API」介紹了 Refinitiv

Eikon Data API 的 Python 包裝函數。最後，第 72 頁的「更有效儲存金融數據資料」則會簡要說明如何以 HDF5（*http://hdfgroup.org*）的二進位儲存格式，透過 pandas 更有效儲存結構化歷史資料。

本章的目標是針對金融數據資料提供一種有用的格式，以便針對交易構想與假設進行回測，進而讓策略的實作更有效率。這其中包括三大主軸，分別是資料的導入、處理與儲存。本章及後續各章假設 Python 3.8 及其他 Python 套件皆已安裝妥當，相關細節可參見第 2 章的說明。到目前為止，不管採用哪一種基礎架構來提供 Python 環境，都不會有什麼問題。至於如何使用 Python 進行有效的輸入輸出操作，更多詳細訊息可參見 Hilpisch（2018，第 9 章）的說明。

從不同來源讀取金融數據資料

本節會大量使用 pandas 的功能；pandas 是一個非常受歡迎的 Python 資料分析套件（參見 pandas 主頁：*http://pandas.pydata.org*）。pandas 全面支援本章所關注的三大主要任務：**讀取資料、處理資料、儲存資料**。它的優勢之一，就是可以從不同類型的資料來源讀取出資料，我們隨後馬上就可以看到。

資料集

我們打算在本節運用一個相當小的資料集（data set），就是從 Eikon Data API 檢索出 2020 年 4 月 Apple 公司的股價（股票代碼為 AAPL，路透社投資工具代碼 RIC 則為 AAPL.O）。

由於此類歷史資料儲存在 CSV 檔案中，因此只要使用單純的 Python，就可以讀取並列印出相應的內容：

```
In [1]: fn = '../data/AAPL.csv'  ❶

In [2]: with open(fn, 'r') as f:  ❶
            for _ in range(5):  ❷
                print(f.readline(), end='')  ❸
        Date,HIGH,CLOSE,LOW,OPEN,COUNT,VOLUME
        2020-04-01,248.72,240.91,239.13,246.5,460606.0,44054638.0
        2020-04-02,245.15,244.93,236.9,240.34,380294.0,41483493.0
        2020-04-03,245.7,241.41,238.9741,242.8,293699.0,32470017.0
        2020-04-06,263.11,262.47,249.38,250.9,486681.0,50455071.0
```

❶ 開啟磁碟裡的檔案（必要時可修改路徑與檔案名稱）。

❷ 設定一個 for 迴圈進行五次迭代操作。

❸ 從開啟的 CSV 檔案中，列印出前五行資料。

這段程式碼可做為檢查資料的一種簡單做法。我們知道第一行是標頭，隨後的每一行則代表單一資料點，分別具有 Date（日期）、OPEN（開盤）、HIGH（最高）、LOW（最低）、CLOSE（收盤）、COUNT（成交筆數）、VOLUME（成交量）等資料。不過對 Python 來說，目前這些放在記憶體中的資料，還不是很方便做進一步的運用。

用 Python 讀取 CSV 檔案

如果想運用 CSV 檔案中的資料，就必須先對檔案進行解析，再把資料儲存到 Python 的資料結構中。Python 有一個叫做 csv 的預設模組，可支援讀取 CSV 檔案中的資料。第一種做法可生成一個 list 列表物件，其中包含許多由檔案資料所構成的 list 列表物件：

```
In [3]: import csv  ❶

In [4]: csv_reader = csv.reader(open(fn, 'r'))  ❷

In [5]: data = list(csv_reader)  ❸

In [6]: data[:5]  ❹
Out[6]: [['Date', 'HIGH', 'CLOSE', 'LOW', 'OPEN', 'COUNT', 'VOLUME'],
         ['2020-04-01',
          '248.72',
          '240.91',
          '239.13',
          '246.5',
          '460606.0',
          '44054638.0'],
         ['2020-04-02',
          '245.15',
          '244.93',
          '236.9',
          '240.34',
          '380294.0',
          '41483493.0'],
         ['2020-04-03',
          '245.7',
          '241.41',
          '238.9741',
          '242.8',
          '293699.0',
          '32470017.0'],
```

```
['2020-04-06',
 '263.11',
 '262.47',
 '249.38',
 '250.9',
 '486681.0',
 '50455071.0']]
```

❶ 匯入 csv 模組。

❷ 建立一個 csv.reader 迭代物件實例。

❸ 用解析式列表（list comprehension）的做法，先把 CSV 檔案的每一行轉換成一個列表物件，再逐一添加到最後的列表物件中。

❹ 列印出最後的列表物件其中前五個元素。

原則上來說，這樣的一個巢狀列表物件確實可以用來做一些後續的處理（例如計算平均收盤價），但它並不是真正有效率的做法，也不夠直觀。只要改用 csv.DictReader 迭代物件來取代標準的 csv.reader 物件，就可以讓這類任務更容易管理。CSV 檔案中的每一行資料（標頭行除外）都會被匯入到 dict 物件，如此一來就可以透過相應的 key 鍵存取其中每一個單一的值：

```
In [7]: csv_reader = csv.DictReader(open(fn, 'r'))   ❶

In [8]: data = list(csv_reader)

In [9]: data[:3]
Out[9]: [{'Date': '2020-04-01',
          'HIGH': '248.72',
          'CLOSE': '240.91',
          'LOW': '239.13',
          'OPEN': '246.5',
          'COUNT': '460606.0',
          'VOLUME': '44054638.0'},
         {'Date': '2020-04-02',
          'HIGH': '245.15',
          'CLOSE': '244.93',
          'LOW': '236.9',
          'OPEN': '240.34',
          'COUNT': '380294.0',
          'VOLUME': '41483493.0'},
         {'Date': '2020-04-03',
```

```
                    'HIGH': '245.7',
                    'CLOSE': '241.41',
                    'LOW': '238.9741',
                    'OPEN': '242.8',
                    'COUNT': '293699.0',
                    'VOLUME': '32470017.0'}]
```

❶ 這裡建立了一個 csv.DictReader 迭代物件的實例，它會根據標頭行的資訊，把每一行資料讀入 dict 物件。

現在我們有了這些 dict 物件，要實現匯整型的計算就容易多了。不過，如果想計算出 Apple 股票收盤價的平均值，只要觀察下面的 Python 程式碼，就會發現還是有點麻煩：

```
In [10]: sum([float(l['CLOSE']) for l in data]) / len(data)   ❶
Out[10]: 272.38619047619045
```

❶ 第一步，先針對所有收盤價，用解析式列表生成一個列表物件；第二步，計算所有這些值的總和；第三步，把所得到的總和除以收盤價的個數。

其實這也就是 pandas 在 Python 社群中如此受歡迎的主要原因之一。相較於單純的 Python 做法，pandas 可以讓資料（例如金融時間序列資料集）的匯入與處理更加方便（而且速度通常也更快）。

用 pandas 讀取 CSV 檔案

從這裡開始，我們將改用 pandas 來處理 Apple 股票價格資料集。所用到的主要函式為 read_csv()，這個函式可透過不同的參數，自定義許多不同的用法（參見 read_csv() 的 API 參考文件：*https://oreil.ly/IAVfO*）。用 read_csv() 讀取資料之後，會得到一個 DataFrame 物件，這就是 pandas 用來儲存（表格）資料的主要方式。DataFrame 這個物件類別有許多強大的物件方法，在金融應用方面特別好用（參見 DataFrame 的 API 參考文件：*https://oreil.ly/5-sNr*）：

```
In [11]: import pandas as pd   ❶

In [12]: data = pd.read_csv(fn, index_col=0, parse_dates=True)   ❷

In [13]: data.info()   ❸
         <class 'pandas.core.frame.DataFrame'>
         DatetimeIndex: 21 entries, 2020-04-01 to 2020-04-30
         Data columns (total 6 columns):
```

```
 #   Column   Non-Null Count   Dtype
---  ------   --------------   -----
 0   HIGH     21 non-null      float64
 1   CLOSE    21 non-null      float64
 2   LOW      21 non-null      float64
 3   OPEN     21 non-null      float64
 4   COUNT    21 non-null      float64
 5   VOLUME   21 non-null      float64
dtypes: float64(6)
memory usage: 1.1 KB
```

```
In [14]: data.tail()  ❹
Out[14]:            HIGH    CLOSE     LOW    OPEN      COUNT      VOLUME
         Date
         2020-04-24  283.01  282.97  277.00  277.20  306176.0  31627183.0
         2020-04-27  284.54  283.17  279.95  281.80  300771.0  29271893.0
         2020-04-28  285.83  278.58  278.20  285.08  285384.0  28001187.0
         2020-04-29  289.67  287.73  283.89  284.73  324890.0  34320204.0
         2020-04-30  294.53  293.80  288.35  289.96  471129.0  45765968.0
```

❶ 匯入 pandas 套件。

❷ 這裡會從 CSV 檔案匯入資料,其中已表明第一個縱列為索引縱列,此縱列中的項目可解釋為 datetime(日期時間)資訊。

❸ 調用此方法就可以列印出 DataFrame 物件的元資訊。

❹ 在預設的情況下,data.tail() 方法會列印出最後五行資料。

現在只需要一個方法,就可以計算出 Apple 股票收盤價的平均值:

```
In [15]: data['CLOSE'].mean()
Out[15]: 272.38619047619056
```

第 4 章還會介紹 pandas 裡可用來處理金融數據資料的更多函式。關於如何使用 pandas 與功能強大的 DataFrame 物件類別,詳細資訊可另行參閱 pandas 官方文件頁面(*https://oreil.ly/5PM-O*)與 McKinney(2017)的著作。

 雖然 Python 標準函式庫有提供從 CSV 檔案讀取資料的功能,但 pandas 通常可以大大簡化並加快此類操作。pandas 的另一個好處是,它的資料分析功能用起來很方便,因為 read_csv() 會直接送回一個 DataFrame 物件。

匯出 Excel 與 JSON

如果需要以非 Python 專屬的格式來分享資料，pandas 要匯出那些儲存在 DataFrame 物件中的資料也很容易。除了可以匯出成 CSV 檔案之外，pandas 也可以讓我們匯出成 Excel 試算表檔案以及 JSON 檔案的格式，這兩種檔案格式在金融行業中都是很受歡迎的資料交換格式。這類的匯出程序，通常只需要調用單一方法：

```
In [16]: data.to_excel('data/aapl.xls', 'AAPL')  ❶
```

```
In [17]: data.to_json('data/aapl.json')  ❷
```

```
In [18]: ls -n data/
         total 24
         -rw-r--r--  1 501  20  3067 Aug 25 11:47 aapl.json
         -rw-r--r--  1 501  20  5632 Aug 25 11:47 aapl.xls
```

❶ 把資料匯出到磁碟裡的 Excel 試算表檔案。

❷ 把資料匯出到磁碟裡的 JSON 檔案。

具體來說，與 Excel 試算表檔案進行互動時，除了把資料全都轉存到新檔案的做法之外，其實還有其他更優雅的做法。舉例來說，xlwings 就是一個功能很強大的 Python 套件，它可以讓 Python 與 Excel 之間的互動更有效率、更加智慧（請造訪 xlwings 的主頁：*http://xlwings.org*）。

讀取 Excel 與 JSON

現在，資料有可能保存在 Excel 試算表檔案與 JSON 資料檔案中，而 pandas 當然也可以從這些資料來源讀取出其中的資料。其做法與 CSV 檔案的做法一樣簡單：

```
In [19]: data_copy_1 = pd.read_excel('data/aapl.xls', 'AAPL', index_col=0)  ❶
```

```
In [20]: data_copy_1.head()  ❷
Out[20]:             HIGH   CLOSE      LOW    OPEN   COUNT    VOLUME
         Date
         2020-04-01  248.72  240.91  239.1300  246.50  460606  44054638
         2020-04-02  245.15  244.93  236.9000  240.34  380294  41483493
         2020-04-03  245.70  241.41  238.9741  242.80  293699  32470017
         2020-04-06  263.11  262.47  249.3800  250.90  486681  50455071
         2020-04-07  271.70  259.43  259.0000  270.80  467375  50721831
```

```
In [21]: data_copy_2 = pd.read_json('data/aapl.json')  ❸
```

```
In [22]: data_copy_2.head()  ❹
Out[22]:              HIGH   CLOSE      LOW    OPEN   COUNT    VOLUME
         2020-04-01  248.72  240.91  239.1300  246.50  460606  44054638
         2020-04-02  245.15  244.93  236.9000  240.34  380294  41483493
         2020-04-03  245.70  241.41  238.9741  242.80  293699  32470017
         2020-04-06  263.11  262.47  249.3800  250.90  486681  50455071
         2020-04-07  271.70  259.43  259.0000  270.80  467375  50721831


In [23]: !rm data/*
```

❶ 這樣就可以把資料從 Excel 試算表檔案讀取到新的 DataFrame 物件中。

❷ 列印出保存在記憶體中的第一個資料副本其中前五行。

❸ 這裡會把資料從 JSON 檔案讀取到另一個 DataFrame 物件中。

❹ 列印出保存在記憶體中的第二個資料副本其中前五行。

事實證明，pandas 可以在不同類型的資料檔案之間，進行金融數據資料的讀寫轉換。讀取非標準的儲存格式（例如用「;」而不是「,」來做為分隔符號）通常會比較棘手，但 pandas 通常可以透過正確的參數組合，來應對這樣的情況。雖然本節的範例只採用一個比較小的資料集，但在資料集非常大的重要情況下，我們還是可以預期 pandas 有能力提供高效能的輸入 / 輸出操作表現。

善用開放資料來源

Python 整個生態體系的吸引力，其實很大程度源自於以下事實：幾乎所有可用的套件都是開放原始碼，可以免費自由使用。不過一般的金融分析（尤其是演算法交易）並不能只倚靠這些開放原始碼的軟體與演算法；正如本章開頭的引文所強調，資料也扮演了非常重要的角色。我們在前一節使用了一組來自商業資料來源的小型資料集。雖然多年以來一直有一些很好用的開放（金融）資料來源（例如 Yahoo! Finance 或 Google Finance 所提供的資料來源），但在撰寫本文的此時（2020 年）已經沒有剩下幾個了。這樣的趨勢最明顯的原因之一，有可能是因為資料許可協議的相關條款不斷在改變。

對本書而言，其中一個很值得注意的例外就是 Quandl（*http：//quandl.com*），這個平台聚集了大量開放的資料，以及一些優質（premium，也就是必須付費）的資料來源。所有資料全都是透過統一的 API 來提供，而且有 Python 包裝套件可供使用。

如果使用 conda 安裝 quandl，Quandl Data API 的 Python 包裝套件也會一起被安裝起來。
（參見 Quandl 官方網站關於 Python 包裝函式的頁面：*https://oreil.ly/xRt5x*，以及此套件的 GitHub 頁面：*https://oreil.ly/LcJEo*）第一個範例顯示的是，如何檢索出比特幣自從成為加密貨幣以來，BTC/USD 匯率的歷史平均價格。向 Quandl 發出請求時，一定要提供所要查詢的資料庫（*database*）與指定的資料集（*data set*；以這裡的例子來說，就是 BCHAIN 與 MKPRU）。通常在 Quandl 平台上就可以找到這些資訊。以這個範例來說，Quandl 網站上相應的頁面就是 BCHAIN/MKPRU（*https://oreil.ly/APwvn*）。

預設情況下，quandl 套件會送回一個 pandas 的 DataFrame 物件。在這個範例中，「Value（值）」這個縱列是以年化值來表示（也就是採用年末的值）。請注意，最近一年所顯示的數字，其實只是資料集最後一個可用的值，而不一定是年末的值。

雖然 Quandl 平台上大部分的資料集都是免費的，但其中某些免費資料集必須用到 API 密鑰。在使用過一定次數的免費 API 調用之後，也會需要用到這樣的密鑰。每個使用者都可以在 Quandl 註冊頁面（*https://oreil.ly/sbh9j*）註冊一個免費的 Quandl 帳號，進而取得這樣的密鑰。在請求資料時，就會用到這個 API 密鑰，一般都是用 api_key 這個參數來提供密鑰。在這個範例中，API 密鑰（可在帳號設定頁面中找到）被當做字串保存在 quandl_api_key 這個變數之中。密鑰的具體值可透過 configparser 模組從設定檔案中讀取進來：

```
In [24]: import configparser
         config = configparser.ConfigParser()
         config.read('../pyalgo.cfg')
Out[24]: ['../pyalgo.cfg']

In [25]: import quandl as q          ❶

In [26]: data = q.get('BCHAIN/MKPRU', api_key=config['quandl']['api_key'])     ❷

In [27]: data.info()
         <class 'pandas.core.frame.DataFrame'>
         DatetimeIndex: 4254 entries, 2009-01-03 to 2020-08-26
         Data columns (total 1 columns):
          #   Column  Non-Null Count  Dtype
         ---  ------  --------------  -----
          0   Value   4254 non-null   float64
         dtypes: float64(1)
         memory usage: 66.5 KB

In [28]: data['Value'].resample('A').last()      ❸
Out[28]: Date
```

```
2009-12-31        0.000000
2010-12-31        0.299999
2011-12-31        4.995000
2012-12-31       13.590000
2013-12-31      731.000000
2014-12-31      317.400000
2015-12-31      428.000000
2016-12-31      952.150000
2017-12-31    13215.574000
2018-12-31     3832.921667
2019-12-31     7385.360000
2020-12-31    11763.930000
Freq: A-DEC, Name: Value, dtype: float64
```

❶ 匯入 Quandl 的 Python 包裝套件。

❷ 讀取 BTC/USD 匯率的歷史資料。

❸ 選取「Value（值）」這個縱列，對其進行重新取樣（從原本的**每日值**變成**每年值**），並把最後一個可用的觀察值定義為僅供參考（relevant）值。

另外，Quandl 也可以提供單一股票相關的多種資料集，比如收盤股價、股票基本面，或是與某支股票選擇權相關的資料集：

```python
In [29]: data = q.get('FSE/SAP_X', start_date='2018-1-1',
                 end_date='2020-05-01',
                 api_key=config['quandl']['api_key'])
```

```python
In [30]: data.info()
         <class 'pandas.core.frame.DataFrame'>
         DatetimeIndex: 579 entries, 2018-01-02 to 2020-04-30
         Data columns (total 10 columns):
          #   Column              Non-Null Count  Dtype
         ---  ------              --------------  -----
          0   Open                257 non-null    float64
          1   High                579 non-null    float64
          2   Low                 579 non-null    float64
          3   Close               579 non-null    float64
          4   Change              0 non-null      object
          5   Traded Volume       533 non-null    float64
          6   Turnover            533 non-null    float64
          7   Last Price of the Day  0 non-null   object
          8   Daily Traded Units  0 non-null      object
          9   Daily Turnover      0 non-null      object
         dtypes: float64(6), object(4)
         memory usage: 49.8+ KB
```

我們也可以透過以下方式，用 Python 包裝函數對 API 密鑰進行永久的設定：

```
q.ApiConfig.api_key = 'YOUR_API_KEY'
```

Quandl 平台也有提供一些需要額外訂閱或收費的優質資料集。這些資料集大部分都有提供免費的樣本。這裡的範例針對微軟（Microsoft Corp.）的股票，取得了相應選擇權的隱含波動率資料。免費樣本資料集其實也很大，有超過 4,100 行的資料，而且包含許多欄位（這裡只顯示其中一部分）。程式碼最後幾行顯示的是最近五個交易日相應 30 天、60 天、90 天隱含波動率的值：

```
In [31]: q.ApiConfig.api_key = config['quandl']['api_key']

In [32]: vol = q.get('VOL/MSFT')

In [33]: vol.iloc[:, :10].info()
         <class 'pandas.core.frame.DataFrame'>
         DatetimeIndex: 1006 entries, 2015-01-02 to 2018-12-31
         Data columns (total 10 columns):
          #   Column  Non-Null Count  Dtype
         ---  ------  --------------  -----
          0   Hv10    1006 non-null   float64
          1   Hv20    1006 non-null   float64
          2   Hv30    1006 non-null   float64
          3   Hv60    1006 non-null   float64
          4   Hv90    1006 non-null   float64
          5   Hv120   1006 non-null   float64
          6   Hv150   1006 non-null   float64
          7   Hv180   1006 non-null   float64
          8   Phv10   1006 non-null   float64
          9   Phv20   1006 non-null   float64
         dtypes: float64(10)
         memory usage: 86.5 KB

In [34]: vol[['IvMean30', 'IvMean60', 'IvMean90']].tail()
Out[34]:          IvMean30  IvMean60  IvMean90
         Date
         2018-12-24   0.4310    0.4112    0.3829
         2018-12-26   0.4059    0.3844    0.3587
         2018-12-27   0.3918    0.3879    0.3618
         2018-12-28   0.3940    0.3736    0.3482
         2018-12-31   0.3760    0.3519    0.3310
```

關於 Quandl Data API 的 Python 包裝套件 quandl 相關介紹就到此為止。目前 Quandl 平台與服務正在迅速發展，而且對於演算法交易所需的金融數據資料來說，它已被證明是一個非常寶貴的資料來源。

開放原始碼軟體是一個多年前就開始發展的趨勢。它降低了許多領域與演算法交易的進入門檻。就這方面來說，開放資料來源也形成了一股非常強大的趨勢。甚至有一些像 Quandl 這樣的資料來源，更提供了許多品質很高的資料集。雖然我們不能指望這些開放資料很快就能完全取代專業的資料訂閱來源，但它仍然是人們可以用經濟高效的方式開始從事演算法交易的一個寶貴資源。

Eikon Data API

對於想進入演算法交易領域、希望用真實的金融資料快速檢驗假設與構想的人來說，開放的資料來源可說是一大福音。不過，開放的資料集遲早會滿足不了雄心勃勃的交易者與專業人士的需求。

Refinitiv（*http://refinitiv.com*）是全球最大的金融資料與新聞供應商之一。他們目前的旗艦產品就是 Eikon（*https://oreil.ly/foYNk*），在資料服務領域，這個產品就相當於他們主要的競爭對手彭博社的 Terminal（*https://oreil.ly/kMJl7*）。圖 3-1 顯示的就是 Eikon 在瀏覽器版本上的螢幕截圖。Eikon 透過單一存取點可提供 PB 級的資料存取能力。

最近 Refinitiv 簡化了他們的 API，並針對 Eikon Data API 發佈了 Python 包裝套件 eikon，可透過 `pip install eikon` 進行安裝。如果你有訂閱 Refinitiv Eikon 資料服務，就可以運用這個 Python 套件，透過程式碼以統一的 API 取得歷史資料，以及各種結構化 / 非結構化串流資料。不過在技術上要先滿足一個先決條件，就是先在本地執行一個桌面應用程式，以提供一個桌面 API 的 session。在撰寫本文時，這個桌面應用程式的最新版本就叫做 Workspace（參見圖 3-2）。

如果你是 Eikon 訂戶，而且擁有開發者社群頁面（*https://oreil.ly/xowdi*）的帳號，就可以在 Quick Start（快速入門；*https://oreil.ly/7dnQx*）的頁面中找到 Python Eikon 腳本設計函式庫的總覽介紹。

圖 3-1　Eikon terminal 終端的瀏覽器版本

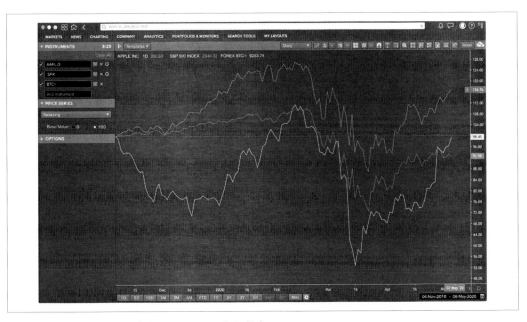

圖 3-2　提供桌面 API 服務的 Workspace 應用程式

如果要運用 Eikon Data API，就必須設定 Eikon 的 app_key。你可以透過 Eikon 或 Workspace 中的 App Key Generator（App 密鑰生成工具 APPKEY）這個應用程式來取得 App 密鑰：

```
In [35]: import eikon as ek  ❶
```

```
In [36]: ek.set_app_key(config['eikon']['app_key'])  ❷
```

```
In [37]: help(ek)  ❸
         eikon 套件輔助說明：

         名稱
           eikon - # coding: utf-8

         套件內容
           Profile
           data_grid
           eikonError
           json_requests
           news_request
           streaming_session (package)
           symbology
           time_series
           tools

         子模組
           cache
           desktop_session
           istream_callback
           itemstream
           session
           stream
           stream_connection
           streamingprice
           streamingprice_callback
           streamingprices

         版本
           1.1.5

         檔案

             /Users/yves/Python/envs/py38/lib/python3.8/site-packages/eikon/__init__
         .py
```

❶ 匯入 eikon 套件，並以 ek 做為其別名。

❷ 設定 app_key。

❸ 顯示主要模組的輔助文字說明。

檢索出結構化歷史資料

取得金融時間序列歷史資料的做法，與之前使用其他包裝函式一樣簡單：

```
In [39]: symbols = ['AAPL.O', 'MSFT.O', 'GOOG.O']  ❶

In [40]: data = ek.get_timeseries(symbols,  ❷
                                  start_date='2020-01-01',  ❸
                                  end_date='2020-05-01',  ❹
                                  interval='daily',  ❺
                                  fields=['*'])  ❻

In [41]: data.keys()  ❼
Out[41]: MultiIndex([('AAPL.O',    'HIGH'),
                     ('AAPL.O',   'CLOSE'),
                     ('AAPL.O',     'LOW'),
                     ('AAPL.O',    'OPEN'),
                     ('AAPL.O',   'COUNT'),
                     ('AAPL.O',  'VOLUME'),
                     ('MSFT.O',    'HIGH'),
                     ('MSFT.O',   'CLOSE'),
                     ('MSFT.O',     'LOW'),
                     ('MSFT.O',    'OPEN'),
                     ('MSFT.O',   'COUNT'),
                     ('MSFT.O',  'VOLUME'),
                     ('GOOG.O',    'HIGH'),
                     ('GOOG.O',   'CLOSE'),
                     ('GOOG.O',     'LOW'),
                     ('GOOG.O',    'OPEN'),
                     ('GOOG.O',   'COUNT'),
                     ('GOOG.O',  'VOLUME')],
                    )

In [42]: type(data['AAPL.O'])  ❽
Out[42]: pandas.core.frame.DataFrame

In [43]: data['AAPL.O'].info()  ❾
         <class 'pandas.core.frame.DataFrame'>
         DatetimeIndex: 84 entries, 2020-01-02 to 2020-05-01
         Data columns (total 6 columns):
          #   Column  Non-Null Count  Dtype
         ---  ------  --------------  -----
```

```
0    HIGH     84 non-null      float64
1    CLOSE    84 non-null      float64
2    LOW      84 non-null      float64
3    OPEN     84 non-null      float64
4    COUNT    84 non-null      Int64
5    VOLUME   84 non-null      Int64
dtypes: Int64(2), float64(4)
memory usage: 4.8 KB
```

```
In [44]: data['AAPL.O'].tail()   ❿
Out[44]:              HIGH    CLOSE     LOW    OPEN    COUNT    VOLUME
         Date
         2020-04-27  284.54  283.17  279.95  281.80  300771  29271893
         2020-04-28  285.83  278.58  278.20  285.08  285384  28001187
         2020-04-29  289.67  287.73  283.89  284.73  324890  34320204
         2020-04-30  294.53  293.80  288.35  289.96  471129  45765968
         2020-05-01  299.00  289.07  285.85  286.25  558319  60154175
```

❶ 把一些股票代碼定義到列表物件中。

❷ 這是程式碼最關鍵的部分,用於取得股票代碼相應的資料…

❸ …針對給定的開始日期…

❹ …以及給定的結束日期。

❺ 這裡把 interval(時間間隔)設為 daily(每日)。

❻ 要求取得所有的欄位。

❼ get_timeseries() 函式會送回一個具有多索引的 DataFrame 物件。

❽ 每一層所對應的值,都是一個普通的 DataFrame 物件。

❾ 這裡會針對 DataFrame 物件裡的資料,提供了一個總體性的資訊。

❿ 顯示最後五行資料。

如果想同時處理多個股票代碼,尤其是想要使用不同粒度(也就是不同時間間隔)的金融數據資料時,使用專業資料服務 API 的好處就會變得非常明顯。

```
In [45]: %%time
         data = ek.get_timeseries(symbols,   ❶
                                  start_date='2020-08-14',   ❷
                                  end_date='2020-08-15',   ❸
                                  interval='minute',   ❹
                                  fields='*')
```

```
CPU times: user 58.2 ms, sys: 3.16 ms, total: 61.4 ms
Wall time: 2.02 s
```

In [46]: **print(data['GOOG.O'].loc['2020-08-14 16:00:00':**
                                   '2020-08-14 16:04:00']) ❺

```
                      HIGH        LOW      OPEN      CLOSE   COUNT  VOLUME
Date

2020-08-14 16:00:00  1510.7439  1509.220  1509.940  1510.5239     48    1362
2020-08-14 16:01:00  1511.2900  1509.980  1510.500  1511.2900     52    1002
2020-08-14 16:02:00  1513.0000  1510.964  1510.964  1512.8600     72    1762
2020-08-14 16:03:00  1513.6499  1512.160  1512.990  1513.2300    108    4534
2020-08-14 16:04:00  1513.6500  1511.540  1513.418  1512.7100     40    1364
```

In [47]: **for sym in symbols:**
             print('\n' + sym + '\n', data[sym].iloc[-300:-295]) ❻

```
AAPL.O
                      HIGH       LOW      OPEN     CLOSE   COUNT   VOLUME
Date
2020-08-14 19:01:00  457.1699  456.6300   457.14  456.83   1457   104693
2020-08-14 19:02:00  456.9399  456.4255   456.81  456.45   1178    79740
2020-08-14 19:03:00  456.8199  456.4402   456.45  456.67    908    68517
2020-08-14 19:04:00  456.9800  456.6100   456.67  456.97    665    53649
2020-08-14 19:05:00  457.1900  456.9300   456.98  457.00    679    49636


MSFT.O
                      HIGH       LOW       OPEN      CLOSE   COUNT  VOLUME
Date

2020-08-14 19:01:00  208.6300  208.5083  208.5500  208.5674    333   21368
2020-08-14 19:02:00  208.5750  208.3550  208.5501  208.3600    513   37270
2020-08-14 19:03:00  208.4923  208.3000  208.3600  208.4000    303   23903
2020-08-14 19:04:00  208.4200  208.3301  208.3901  208.4099    222   15861
2020-08-14 19:05:00  208.4699  208.3600  208.3920  208.4069    235    9569


GOOG.O
                     HIGH       LOW        OPEN       CLOSE    COUNT  VOLUME
Date

2020-08-14 19:01:00  1510.42  1509.3288  1509.5100  1509.8550     47    1577
2020-08-14 19:02:00  1510.30  1508.8000  1509.7559  1508.8647     71    2950
2020-08-14 19:03:00  1510.21  1508.7200  1508.7200  1509.8100     33     603
2020-08-14 19:04:00  1510.21  1508.7200  1509.8800  1509.8299     41     934
2020-08-14 19:05:00  1510.21  1508.7300  1509.5500  1509.6600     30     445
```

❶ 一次就可以檢索出所有股票代碼的資料。

❷ 時間間隔⋯

❸ ⋯大幅縮短。

❹ 這個函式會檢索出各個股票代碼相應的分線資料。

❺ 列印出 Google 公司資料集裡的前五行資料。

❻ 列印出每個 DataFrame 物件的五行資料。

由前面的程式碼就可以看出，Python 透過 Eikon API 檢索出金融時間序列歷史資料有多麼方便。預設情況下，get_times eries() 函式針對間隔時間（interval）這個參數提供了以下的選項：tick、minute（分鐘）、hour（小時）、daily（每日）、weekly（每週）、monthly（每月）、quarterly（每季）、yearly（每年）。這樣可以讓演算法交易擁有極佳的彈性，尤其是搭配 pandas 的重新取樣功能更是好用（如以下程式碼所示）：

```
In [48]: %%time
         data = ek.get_timeseries(symbols[0],
                                  start_date='2020-08-14 15:00:00',    ❶
                                  end_date='2020-08-14 15:30:00',      ❷
                                  interval='tick',    ❸
                                  fields=['*'])
         CPU times: user 257 ms, sys: 17.3 ms, total: 274 ms
         Wall time: 2.31 s

In [49]: data.info()    ❹
         <class 'pandas.core.frame.DataFrame'>
         DatetimeIndex: 47346 entries, 2020-08-14 15:00:00.019000 to 2020-08-14 15:29:59.987000
         Data columns (total 2 columns):
          #   Column  Non-Null Count  Dtype
         ---  ------  --------------  -----
          0   VALUE   47311 non-null  float64
          1   VOLUME  47346 non-null  Int64
         dtypes: Int64(1), float64(1)
         memory usage: 1.1 MB

In [50]: data.head()    ❺
Out[50]:                          VALUE  VOLUME
         Date
         2020-08-14 15:00:00.019  453.2499      60
         2020-08-14 15:00:00.036  453.2294       3
         2020-08-14 15:00:00.146  453.2100       5
         2020-08-14 15:00:00.146  453.2100     100
         2020-08-14 15:00:00.236  453.2100       2
```

```
In [51]: resampled = data.resample('30s', label='right').agg(
                    {'VALUE': 'last', 'VOLUME': 'sum'}) ❻

In [52]: resampled.tail() ❼
Out[52]:                       VALUE   VOLUME
         Date
         2020-08-14 15:28:00  453.9000  29746
         2020-08-14 15:28:30  454.2869  86441
         2020-08-14 15:29:00  454.3900  49513
         2020-08-14 15:29:30  454.7550  98520
         2020-08-14 15:30:00  454.6200  55592
```

❶ 所橫跨的時間區間…

❷ …設為半個小時（由於資料檢索的限制）。

❸ interval（間隔時間）參數設定為 tick。

❹ 針對所橫跨的這段時間，取得了接近 50,000 個 tick 價格資料。

❺ 從這些時間序列資料中可以看出，兩個 tick 之間的間隔時間，具有高度的不規則性（heterogeneous）。

❻ 針對 tick 資料進行重新取樣，間隔時間的長度變成 30 秒（VALUE 取最後的值，VOLUME 則進行加總）…

❼ …新的 DataFrame 物件中，日期時間索引確實反映出 30 秒的間隔時間。

檢索出非結構化歷史資料

透過 Python 使用 Eikon API 的主要優勢，就是可以更輕鬆取得非結構化資料，然後再運用 Python 的自然語言處理（NLP）套件，對資料進行分析與解析。整個處理程序就跟金融時間序列資料的處理方式很類似，既簡單又直接。

隨後的程式碼會針對一段固定的期間，取出其中包含 Apple Inc. 這家公司與「Macbook」這個單詞的新聞標題。最多只會顯示最近五則符合條件的新聞：

```
In [53]: headlines = ek.get_news_headlines(query='R:AAPL.O macbook', ❶
                                            count=5, ❷
                                            date_from='2020-4-1', ❸
                                            date_to='2020-5-1') ❹

In [54]: headlines ❺
Out[54]:                                           versionCreated   \
```

```
            2020-04-20 21:33:37.332 2020-04-20 21:33:37.332000+00:00
            2020-04-20 10:20:23.201 2020-04-20 10:20:23.201000+00:00
            2020-04-20 02:32:27.721 2020-04-20 02:32:27.721000+00:00
            2020-04-15 12:06:58.693 2020-04-15 12:06:58.693000+00:00
            2020-04-09 21:34:08.671 2020-04-09 21:34:08.671000+00:00


                                                                    text  \
            2020-04-20 21:33:37.332  Apple said to launch new AirPods, MacBook Pro ...
            2020-04-20 10:20:23.201  Apple might launch upgraded AirPods, 13-inch M...
            2020-04-20 02:32:27.721  Apple to reportedly launch new AirPods alongsi...
            2020-04-15 12:06:58.693  Apple files a patent for iPhones, MacBook indu...
            2020-04-09 21:34:08.671  Apple rolls out new software update for MacBoo...


                                                                 storyId  \
            2020-04-20 21:33:37.332  urn:newsml:reuters.com:20200420:nNRAble9rq:1
            2020-04-20 10:20:23.201  urn:newsml:reuters.com:20200420:nNRAbl8eob:1
            2020-04-20 02:32:27.721  urn:newsml:reuters.com:20200420:nNRAbl4mfz:1
            2020-04-15 12:06:58.693  urn:newsml:reuters.com:20200415:nNRAbjvsix:1
            2020-04-09 21:34:08.671  urn:newsml:reuters.com:20200409:nNRAbi2nbb:1


                                        sourceCode
            2020-04-20 21:33:37.332  NS:TIMIND
            2020-04-20 10:20:23.201  NS:BUSSTA
            2020-04-20 02:32:27.721  NS:HINDUT
            2020-04-15 12:06:58.693  NS:HINDUT
            2020-04-09 21:34:08.671  NS:TIMIND

In [55]: story = headlines.iloc[0]  ❻

In [56]: story  ❼
Out[56]: versionCreated              2020-04-20 21:33:37.332000+00:00
         text            Apple said to launch new AirPods, MacBook Pro ...
         storyId          urn:newsml:reuters.com:20200420:nNRAble9rq:1
         sourceCode                                         NS:TIMIND
         Name: 2020-04-20 21:33:37.332000, dtype: object

In [57]: news_text = ek.get_news_story(story['storyId'])  ❽

In [58]: from IPython.display import HTML  ❾

In [59]: HTML(news_text)  ❿
Out[59]: <IPython.core.display.HTML object>

NEW DELHI: Apple recently launched its much-awaited affordable smartphone
iPhone SE. Now it seems that the company is gearing up for another launch.
Apple is said to launch the next generation of AirPods and the all-new
```

13-inch MacBook Pro next month.

In February an online report revealed that the Cupertino-based tech giant
is working on AirPods Pro Lite. Now a tweet by tipster Job Posser has
revealed that Apple will soon come up with new AirPods and MacBook Pro.
Jon Posser tweeted, "New AirPods (which were supposed to be at the
March Event) is now ready to go.

Probably alongside the MacBook Pro next month." However, not many details
about the upcoming products are available right now. The company was
supposed to launch these products at the March event along with the iPhone SE.

But due to the ongoing pandemic coronavirus, the event got cancelled.
It is expected that Apple will launch the AirPods Pro Lite and the 13-inch
MacBook Pro just like the way it launched the iPhone SE. Meanwhile,
Apple has scheduled its annual developer conference WWDC to take place in June.

This year the company has decided to hold an online-only event due to
the outbreak of coronavirus. Reports suggest that this year the company
is planning to launch the all-new AirTags and a premium pair of over-ear
Bluetooth headphones at the event. Using the Apple AirTags, users will
be able to locate real-world items such as keys or suitcase in the Find My app.

The AirTags will also have offline finding capabilities that the company
introduced in the core of iOS 13. Apart from this, Apple is also said to
unveil its high-end Bluetooth headphones. It is expected that the Bluetooth
headphones will offer better sound quality and battery backup as compared
to the AirPods.

For Reprint Rights: timescontent.com

❶ 進行檢索操作時，所要採用的 query 查詢參數。

❷ 把符合條件的最大數量設為 5。

❸ 定義所要橫跨的時間區間…

❹ …針對這段期間的新聞標題進行查詢。

❺ 列印出所得到的物件（已精簡過輸出內容）。

❻ 選擇其中一個特定的新聞標題…

❼ …可以看到相應的 story_id。

❽ 這裡會以 html 碼的格式取出相應的新聞文字。

❾ 在 Jupyter Notebook 中，html 程式碼…

❿ …可以呈現出比較容易閱讀的形式。

關於 Refinitiv Eikon Data API 的 Python 包裝套件，相應的說明就到此為止。

更有效儲存金融數據資料

在演算法交易中，資料集管理最常見的一種操作方式就是「一次檢索，多次使用」。如果從輸入輸出（IO）的角度來看，也常有「一次寫入，多次讀取」的情況。譬如我們常會把 Web 服務所檢索出來的資料保存在記憶體內，然後再多次利用這些臨時的資料集副本，對策略進行回測；這就是所謂的「一次檢索，多次使用」。如果我們先把陸續接收到的 tick 資料寫入到磁碟中，隨後的回測程序再多次讀取出這些資料，以進行某些操作（例如進行匯整運算），這就是所謂的「一次寫入，多次讀取」。

本節的假設是，無論從哪個來源（CSV 檔案、Web 服務等）取得資料，當我們把資料存放在記憶體時，都是採用 pandas 的 DataFrame 物件來做為統一的資料結構。

為了提供一組在規模上比較有意義的資料集，本節使用偽隨機數來生成大量的樣本，以做為我們的金融數據資料集。第 86 頁的「Python 腳本」提供了一個 Python 模組，其中有個名為 generate_sample_data() 的函式，就可以完成前述的任務。

原則上，這個函式可以針對任意大小的表格形式，隨機生成一組金融數據資料集樣本（當然，其大小還是會受到記憶體容量的限制）：

```
In [60]: from sample_data import generate_sample_data   ❶

In [61]: print(generate_sample_data(rows=5, cols=4))   ❷
                               No0         No1         No2         No3
     2021-01-01 00:00:00  100.000000  100.000000  100.000000  100.000000
     2021-01-01 00:01:00  100.019641   99.950661  100.052993   99.913841
     2021-01-01 00:02:00   99.998164   99.796667  100.109971   99.955398
     2021-01-01 00:03:00  100.051537   99.660550  100.136336  100.024150
     2021-01-01 00:04:00   99.984614   99.729158  100.210888   99.976584
```

❶ 從 Python 腳本匯入函式。

❷ 列印出金融數據資料集樣本其中五行、四個縱列的資料。

DataFrame 物件的儲存方式

只要使用 pandas 的 HDFStore 包裝函式，就可以根據 HDF5（*http://hdfgroup.org*）這個二進位儲存標準，把 pandas DataFrame 物件裡的資料全部儲存起來。實際上只需要一個步驟，就可以把完整的 DataFrame 物件轉存到檔案型資料庫物件之中。為了說明相應的實作方式，第一個步驟就是先建立一個在規模上有意義的樣本資料集。這裡所生成的 DataFrame 其大小大約為 420 MB：

```
In [62]: %time data = generate_sample_data(rows=5e6, cols=10).round(4)  ❶
         CPU times: user 3.88 s, sys: 830 ms, total: 4.71 s
         Wall time: 4.72 s

In [63]: data.info()
         <class 'pandas.core.frame.DataFrame'>
         DatetimeIndex: 5000000 entries, 2021-01-01 00:00:00 to 2030-07-05 05:19:00
         Freq: T
         Data columns (total 10 columns):
          #   Column  Dtype
         ---  ------  -----
          0   No0     float64
          1   No1     float64
          2   No2     float64
          3   No3     float64
          4   No4     float64
          5   No5     float64
          6   No6     float64
          7   No7     float64
          8   No8     float64
          9   No9     float64
         dtypes: float64(10)
         memory usage: 419.6 MB
```

❶ 生成一組包含 5,000,000 行資料、每行有 10 個縱列的金融數據資料集樣本；整個生成過程需要好幾秒鐘的時間。

第二個步驟就是開啟磁碟裡的 HDFStore 物件（也就是 HDF5 資料庫檔案），然後把 DataFrame 物件寫入其中[1]。所佔用的磁碟空間大約是 440 MB，比記憶體內的 DataFrame 物件稍微大了一點。不過，寫入的速度比在記憶體內生成資料集樣本大約快了五倍左右。

---

1 當然，也可以把多個 DataFrame 物件儲存在單一個 HDFStore 物件之中。

用 Python 來處理 HDF5 資料庫檔案這類的二進位儲存方式，其寫入速度通常可以逼近硬體理論上的最大值 [2]：

```
In [64]: h5 = pd.HDFStore('data/data.h5', 'w')   ❶

In [65]: %time h5['data'] = data   ❷
         CPU times: user 356 ms, sys: 472 ms, total: 828 ms
         Wall time: 1.08 s

In [66]: h5   ❸
Out[66]: <class 'pandas.io.pytables.HDFStore'>
         File path: data/data.h5

In [67]: ls -n data/data.*
         -rw-r--r--@ 1 501  20  440007240 Aug 25 11:48 data/data.h5

In [68]: h5.close()   ❹
```

❶ 這裡會開啟磁碟裡的資料庫檔案以進行寫入（而且會覆蓋掉具有相同名稱的現有檔案）。

❷ 把 DataFrame 物件寫入磁碟只需要不到一秒鐘的時間。

❸ 列印出資料庫檔案的元資訊。

❹ 關閉資料庫檔案。

第三個步驟就是從檔案型 HDFStore 物件讀取資料。讀取的速度通常也很接近理論上的最大速度：

```
In [69]: h5 = pd.HDFStore('data/data.h5', 'r')   ❶

In [70]: %time data_copy = h5['data']   ❷
         CPU times: user 388 ms, sys: 425 ms, total: 813 ms
         Wall time: 812 ms

In [71]: data_copy.info()
         <class 'pandas.core.frame.DataFrame'>
         DatetimeIndex: 5000000 entries, 2021-01-01 00:00:00 to 2030-07-05 05:19:00
         Freq: T
         Data columns (total 10 columns):
          #   Column  Dtype
         ---  ------  -----
          0   No0     float64
```

---

2 這裡所提供的所有值，全都是來自作者的 MacMini，它配備有 Intel i7 六核心處理器（12 個執行緒），32
   GB 的隨機存取記憶體（DDR4 RAM）與 512 GB 的固態磁碟（SSD）。

```
         1    No1      float64
         2    No2      float64
         3    No3      float64
         4    No4      float64
         5    No5      float64
         6    No6      float64
         7    No7      float64
         8    No8      float64
         9    No9      float64
        dtypes: float64(10)
        memory usage: 419.6 MB
```

In [72]: **h5.close()**

In [73]: **rm data/data.h5**

❶ 開啟資料庫檔案以進行讀取。

❷ 讀取時間不到半秒。

把資料從 DataFrame 物件寫入 HDFStore 物件，還有另一種更靈活的做法。我們可以使用
DataFrame 物件的 to_hdf() 方法，並把 format 參數設定為 table（參見 to_hdf API 參考頁
面：*https://oreil.ly/uu0_j*）。這樣就可以把新的資料附加到磁碟裡某個 table 物件的後面，
而且還可以做出其他像是「搜索磁碟中的資料」這樣的操作，這是前一種做法所沒有的
功能。不過所要付出的代價，就是寫入與讀取的速度會比較慢：

```
In [74]: %time data.to_hdf('data/data.h5', 'data', format='table')   ❶
        CPU times: user 3.25 s, sys: 491 ms, total: 3.74 s
        Wall time: 3.8 s

In [75]: ls -n data/data.*
        -rw-r--r--@ 1 501   20   446911563 Aug 25 11:48 data/data.h5

In [76]: %time data_copy = pd.read_hdf('data/data.h5', 'data')   ❷
        CPU times: user 236 ms, sys: 266 ms, total: 502 ms
        Wall time: 503 ms

In [77]: data_copy.info()
        <class 'pandas.core.frame.DataFrame'>
        DatetimeIndex: 5000000 entries, 2021-01-01 00:00:00 to 2030-07-05 05:19:00
        Freq: T
        Data columns (total 10 columns):
         #   Column  Dtype
        ---  ------  -----
         0   No0     float64
```

```
1      No1      float64
2      No2      float64
3      No3      float64
4      No4      float64
5      No5      float64
6      No6      float64
7      No7      float64
8      No8      float64
9      No9      float64
dtypes: float64(10)
memory usage: 419.6 MB
```

❶ 這裡把寫入的格式定義為 table。由於這種格式會造成比較多的開銷，而且還會導致檔案變大，因此寫入的速度會變得比較慢。

❷ 在這樣的做法下，讀取的速度也比較慢。

這種做法在實務上的優點就是可以直接使用磁碟裡的 table_frame 物件，就像使用 PyTables 套件裡的 table 物件一樣。如此一來，就可以直接使用 PyTables（*http://pytables. org*）套件裡某些特定的基本功能（例如把某幾行附加到 table 物件的後面）：

```
In [78]: import tables as tb    ❶

In [79]: h5 = tb.open_file('data/data.h5', 'r')    ❷

In [80]: h5    ❸
Out[80]: File(filename=data/data.h5, title='', mode='r', root_uep='/',
         filters=Filters(complevel=0, shuffle=False, bitshuffle=False,
         fletcher32=False, least_significant_digit=None))
         / (RootGroup) ''
         /data (Group) ''
         /data/table (Table(5000000,)) ''
           description := {
           "index": Int64Col(shape=(), dflt=0, pos=0),
           "values_block_0": Float64Col(shape=(10,), dflt=0.0, pos=1)}
           byteorder := 'little'
           chunkshape := (2978,)
           autoindex := True
           colindexes := {
             "index": Index(6, medium, shuffle, zlib(1)).is_csi=False}

In [81]: h5.root.data.table[:3]    ❹
Out[81]: array([(1609459200000000000, [100.    , 100.    , 100.    , 100.    ,
         100.    , 100.    , 100.    , 100.    , 100.    , 100.    ]),
         (1609459260000000000, [100.0752, 100.1164, 100.0224, 100.0073,
```

```
              100.1142, 100.0474,  99.9329, 100.0254, 100.1009, 100.066 ]),
            (1609459320000000000, [100.1593, 100.1721, 100.0519, 100.0933,
              100.1578, 100.0301,  99.92  , 100.0965, 100.1441, 100.0717])],
            dtype=[('index', '<i8'), ('values_block_0', '<f8', (10,))])

In [82]: h5.close()   ❺

In [83]: rm data/data.h5
```

❶ 匯入 PyTables 套件。

❷ 開啟資料庫檔案以進行讀取。

❸ 顯示資料庫檔案的內容。

❹ 列印出表格的前三行。

❺ 關閉資料庫。

雖然這第二種做法可提供更多的彈性,不過倒也不是 PyTables 套件所有功能全都可以使用。儘管如此,如果你遇到存放在記憶體內**不可變**(*immutable*)的資料集時,本小節所介紹的兩種做法還是既方便又有效率。不過,如今的演算法交易通常必須處理連續且快速增長的資料集(例如股票價格或匯率的 tick 報價資料)。如果想滿足這種情況下的要求,可能還是必須選擇其他的做法。

 只要使用符合 HDF5 二進位儲存標準的 HDFStore 包裝函式,pandas 就有能力以接近硬體最大的速度寫入與讀取金融數據資料。如果匯出成其他的檔案格式(例如 CSV),處理速度上通常就會慢得多。

用 TsTables 儲存資料

PyTables 套件(匯入時用的是 tables 這個名稱)是 HDF5 二進位儲存函式庫的包裝函式,之前提到 pandas 的 HDFStore 實作也有用到這個套件。TsTables 套件(參見相應的 GitHub 的頁面:*https://oreil.ly/VGPas*)則是在 HDF5 二進位儲存函式庫的基礎上,致力於大型金融時間序列資料集的高效處理。它實際上是對 PyTables 套件的強化,並在功能上增加了對時間序列資料的支援。它實作了一種具有層次結構的儲存方式,可以分別根據開始與結束的日期與時間,快速檢索出所要選用的資料子集。TsTables 最主要支援的就是「一次寫入,多次檢索」的情況。

本小節相關說明背後的設定，就是從 Web 網路來源或專業資料提供者等處連續收集資料，並把資料臨時儲存在記憶體內的 DataFrame 物件中。過了一段時間或檢索一定數量的資料點之後，再把所收集的資料儲存到 HDF5 資料庫的 TsTables table 物件中。

首先第一個步驟就是生成一些樣本資料：

```
In [84]: %%time
         data = generate_sample_data(rows=2.5e6, cols=5,
                                     freq='1s').round(4)  ❶
         CPU times: user 915 ms, sys: 191 ms, total: 1.11 s
         Wall time: 1.14 s

In [85]: data.info()
         <class 'pandas.core.frame.DataFrame'>
         DatetimeIndex: 2500000 entries, 2021-01-01 00:00:00 to 2021-01-29 22:26:39
         Freq: S
         Data columns (total 5 columns):
          #   Column  Dtype
         ---  ------  -----
          0   No0     float64
          1   No1     float64
          2   No2     float64
          3   No3     float64
          4   No4     float64
         dtypes: float64(5)
         memory usage: 114.4 MB
```

❶ 這裡會生成一組金融數據資料集樣本，其中包含 2,500,000 行資料，每行都有 5 個縱列，頻率為一秒；樣本資料全都會被四捨五入為四位小數。

第二個步驟，先匯入幾個模組，再建立 TsTables table 物件。其中最主要的就是定義 desc 這個物件類別，它會針對 table 表格物件的資料結構提供相應的描述：

 目前 TsTables 只能與 pandas 0.19 這個舊版本搭配使用。在 *http://github.com/yhilpisch/tstables* 可以找到一個相當友善的 fork 分叉，它可以搭配較新版本的 pandas，只要用以下的方式就可以把它安裝起來：

```
pip install git+https://github.com/yhilpisch/tstables.git
```

```
In [86]: import tstables  ❶

In [87]: import tables as tb  ❷
```

```
In [88]: class desc(tb.IsDescription):
             ''' 描述 TsTables table 表格結構。
             '''
             timestamp = tb.Int64Col(pos=0)  ❸
             No0 = tb.Float64Col(pos=1)  ❹
             No1 = tb.Float64Col(pos=2)
             No2 = tb.Float64Col(pos=3)
             No3 = tb.Float64Col(pos=4)
             No4 = tb.Float64Col(pos=5)


In [89]: h5 = tb.open_file('data/data.h5ts', 'w')  ❺

In [90]: ts = h5.create_ts('/', 'data', desc)  ❻

In [91]: h5  ❼
Out[91]: File(filename=data/data.h5ts, title='', mode='w', root_uep='/',
         filters=Filters(complevel=0, shuffle=False, bitshuffle=False,
         fletcher32=False, least_significant_digit=None))
         / (RootGroup) ''
         /data (Group/Timeseries) ''
         /data/y2020 (Group) ''
         /data/y2020/m08 (Group) ''
         /data/y2020/m08/d25 (Group) ''
         /data/y2020/m08/d25/ts_data (Table(0,)) ''
           description := {
           "timestamp": Int64Col(shape=(), dflt=0, pos=0),
           "No0": Float64Col(shape=(), dflt=0.0, pos=1),
           "No1": Float64Col(shape=(), dflt=0.0, pos=2),
           "No2": Float64Col(shape=(), dflt=0.0, pos=3),
           "No3": Float64Col(shape=(), dflt=0.0, pos=4),
           "No4": Float64Col(shape=(), dflt=0.0, pos=5)}
           byteorder := 'little'
           chunkshape := (1365,)
```

❶ 匯入 TsTables（這裡安裝的是 *https://github.com/yhilpisch/tstables* 的版本）…

❷ …和 PyTables 這兩個模組。

❸ table 的第一個縱列是用 int 整數值來表示的時間戳。

❹ 其他所有資料縱列全都是 float 浮點數值。

❺ 這裡會開啟一個新的資料庫檔案以進行寫入。

❻ 這個 TsTables table 是建立在根（root）節點，其名稱為 data，而且這裡送入了一個描述表格結構的物件類別 desc。

❼ 只要檢查一下資料庫檔案，就可以看出其中年月日層次結構的基本原則。

第三個步驟就是把儲存在 DataFrame 物件中的樣本資料，寫入到磁碟裡的 table 物件。TsTables 最主要的好處之一，就是完成此類操作的便利性，只需簡單的方法調用即可完成。更棒的是，除了便利性之外，還具有非常快的速度。至於資料庫裡的結構，TsTables 會把一整天的資料切分成一組一組的子集合。以這裡的範例來說，由於頻率設為一秒，因此一整天下來就會有 24 x 60 x 60 = 86,400 行的資料：

```
In [92]: %time ts.append(data)  ❶
         CPU times: user 476 ms, sys: 238 ms, total: 714 ms
         Wall time: 739 ms

In [93]: # h5  ❷

File(filename=data/data.h5ts, title='', mode='w', root_uep='/',
        filters=Filters(complevel=0, shuffle=False, bitshuffle=False,
        fletcher32=False, least_significant_digit=None))
/ (RootGroup) ''
/data (Group/Timeseries) ''
/data/y2020 (Group) ''
/data/y2021 (Group) ''
/data/y2021/m01 (Group) ''
/data/y2021/m01/d01 (Group) ''
/data/y2021/m01/d01/ts_data (Table(86400,)) ''
  description := {
  "timestamp": Int64Col(shape=(), dflt=0, pos=0),
  "No0": Float64Col(shape=(), dflt=0.0, pos=1),
  "No1": Float64Col(shape=(), dflt=0.0, pos=2),
  "No2": Float64Col(shape=(), dflt=0.0, pos=3),
  "No3": Float64Col(shape=(), dflt=0.0, pos=4),
  "No4": Float64Col(shape=(), dflt=0.0, pos=5)}
  byteorder := 'little'
  chunkshape := (1365,)
/data/y2021/m01/d02 (Group) ''
/data/y2021/m01/d02/ts_data (Table(86400,)) ''
  description := {
  "timestamp": Int64Col(shape=(), dflt=0, pos=0),
  "No0": Float64Col(shape=(), dflt=0.0, pos=1),
  "No1": Float64Col(shape=(), dflt=0.0, pos=2),
  "No2": Float64Col(shape=(), dflt=0.0, pos=3),
  "No3": Float64Col(shape=(), dflt=0.0, pos=4),
  "No4": Float64Col(shape=(), dflt=0.0, pos=5)}
```

```
  byteorder := 'little'
  chunkshape := (1365,)
/data/y2021/m01/d03 (Group) ''
/data/y2021/m01/d03/ts_data (Table(86400,)) ''
  description := {
  "timestamp": Int64Col(shape=(), dflt=0, pos=0),
      ...
```

❶ 這裡透過一個簡單的方法調用，就把 DataFrame 物件附加進去了。

❷ 在 append() 操作之後，table 物件每天都有 86,400 行的資料。

從 TsTables table 物件讀取資料子集合的速度通常非常快，因為它特別針對此方面進行了優化。從這方面來看，TsTables 對於典型的演算法交易應用（例如回測）可說是提供了相當好的支援。另一個很棒的是 TsTables 送回來的資料本身就是一個 DataFrame 物件，因此通常不需要再進行其他的轉換：

```
In [94]: import datetime

In [95]: start = datetime.datetime(2021, 1, 2)  ❶

In [96]: end = datetime.datetime(2021, 1, 3)  ❷

In [97]: %time subset = ts.read_range(start, end)  ❸
        CPU times: user 10.3 ms, sys: 3.63 ms, total: 14 ms
        Wall time: 12.8 ms

In [98]: start = datetime.datetime(2021, 1, 2, 12, 30, 0)

In [99]: end = datetime.datetime(2021, 1, 5, 17, 15, 30)

In [100]: %time subset = ts.read_range(start, end)
         CPU times: user 28.6 ms, sys: 18.5 ms, total: 47.1 ms
         Wall time: 46.1 ms

In [101]: subset.info()
         <class 'pandas.core.frame.DataFrame'>
         DatetimeIndex: 276331 entries, 2021-01-02 12:30:00 to 2021-01-05 17:15:30
         Data columns (total 5 columns):
          #   Column  Non-Null Count   Dtype
         ---  ------  --------------   -----
          0   No0     276331 non-null  float64
          1   No1     276331 non-null  float64
          2   No2     276331 non-null  float64
          3   No3     276331 non-null  float64
```

```
 4   No4     276331 non-null  float64
dtypes: float64(5)
memory usage: 12.6 MB

In [102]: h5.close()

In [103]: rm data/*
```

❶ 這裡定義了開始日期與…

❷ …結束日期，以進行資料檢索操作。

❸ read_range() 方法會把開始與結束日期當成輸入 —— 這裡的讀取操作只用掉短短的幾毫秒。

如前所述，只要取得了新資料，都可以用 append 的方式附加到 TsTables table 物件之中。因此，這個套件搭配 HDFStore 物件之後，就可以大大擴展 pandas 的能力，即使面對那些隨時間不斷改變的（大型）金融時間序列資料集，還是可以用很有效率的方式來儲存與檢索資料。

用 SQLite3 儲存資料

DataFrame 物件裡的金融時間序列資料，也可以直接寫入到關聯式資料庫（例如 SQLite3）。在實作比較複雜的分析時，如果會用到 SQL 查詢語言，使用關聯式資料庫可能就是很有用的做法。不過，在速度及磁碟使用空間方面，關聯式資料庫就比不上那些採用二進位儲存格式（例如 HDF5）的其他做法了。

DataFrame 物件類別提供了一個 to_sql() 方法（參見 to_sql() API 參考頁面：*https://oreil.ly/ENhoW*），可以把資料寫入到關聯式資料庫的 table 資料表之中。資料所佔用的磁碟空間大小若超過 100 MB，使用關聯式資料庫一定會產生很多額外的開銷：

```
In [104]: %time data = generate_sample_data(1e6, 5, '1min').round(4)  ❶
          CPU times: user 342 ms, sys: 60.5 ms, total: 402 ms
          Wall time: 405 ms

In [105]: data.info()  ❶
          <class 'pandas.core.frame.DataFrame'>
          DatetimeIndex: 1000000 entries, 2021-01-01 00:00:00 to 2022-11-26 10:39:00
          Freq: T
          Data columns (total 5 columns):
           #   Column  Non-Null Count   Dtype
          ---  ------  --------------   -----
           0   No0     1000000 non-null  float64
```

```
      1   No1      1000000 non-null  float64
      2   No2      1000000 non-null  float64
      3   No3      1000000 non-null  float64
      4   No4      1000000 non-null  float64
     dtypes: float64(5)
     memory usage: 45.8 MB
```

In [106]: **import sqlite3 as sq3** ❷

In [107]: **con = sq3.connect('data/data.sql')** ❸

In [108]: **%time data.to_sql('data', con)** ❹
```
          CPU times: user 4.6 s, sys: 352 ms, total: 4.95 s
          Wall time: 5.07 s
```

In [109]: **ls -n data/data.***
```
          -rw-r--r--@ 1 501  20  105316352 Aug 25 11:48 data/data.sql
```

❶ 這個金融數據資料集樣本具有 1,000,000 行資料與 5 個縱列；記憶體使用量約為 46 MB。

❷ 匯入 SQLite3 模組。

❸ 開啟一個連往新資料庫檔案的連結。

❹ 把資料寫入到關聯式資料庫，需要花費好幾秒鐘的時間。

關聯式資料庫其中一項優勢，就是可以用標準化的 SQL 語句（而不必先把所有資料放入記憶體），實作出各種分析任務。舉例來說，考慮下面這個查詢操作，它會針對 No1 這個縱列，選出其值介於 105 到 108 之間的所有資料行：

In [110]: **query = 'SELECT * FROM data WHERE No1 > 105 and No2 < 108'** ❶

In [111]: **%time res = con.execute(query).fetchall()** ❷
```
          CPU times: user 109 ms, sys: 30.3 ms, total: 139 ms
          Wall time: 138 ms
```

In [112]: **res[:5]** ❸
```
Out[112]: [('2021-01-03 19:19:00', 103.6894, 105.0117, 103.9025, 95.8619, 93.6062),
           ('2021-01-03 19:20:00', 103.6724, 105.0654, 103.9277, 95.8915, 93.5673),
           ('2021-01-03 19:21:00', 103.6213, 105.1132, 103.8598, 95.7606, 93.5618),
           ('2021-01-03 19:22:00', 103.6724, 105.1896, 103.8704, 95.7302, 93.4139),
           ('2021-01-03 19:23:00', 103.8115, 105.1152, 103.8342, 95.706, 93.4436)]
```

In [113]: **len(res)** ❹
```
Out[113]: 5035
```

In [114]: con.close()

In [115]: rm data/*

❶ 用 Python 的 str 字串物件來保存 SQL 查詢語句。

❷ 執行查詢，檢索出所有符合條件的資料行。

❸ 列印出前五行結果。

❹ 所得到的 list 列表物件的長度。

當然，如果資料集本來就放在記憶體內，用 pandas 也可以進行這種簡單的查詢。不過，SQL 查詢語言已被證明是一種很有用且功能強大的工具，它應該也是演算法交易者的資料武器庫裡必備的一項武器。

 pandas 也可以透過 SQLAlchemy（多種關聯式資料庫的 Python 抽象層套件）支援資料庫連接（參見 SQLAlchemy 主頁：*http://sqlalchemy.org*）。反過來說，只要透過這個套件，我們就可以輕鬆改用 MySQL（*https://mysql.com*）來做為關聯式資料庫的後端。

結論

本章介紹了金融時間序列資料的處理。內容說明了如何從不同的檔案來源（例如 CSV 檔案）讀取所需的資料。本章也顯示了如何從 Web 服務（例如 Quandl）取得收盤價格、選擇權價格這類的金融數據資料。對於金融領域來說，開放的金融數據資料來源是非常有價值的東西。Quandl 就是在統一 API 的保護下、整合了好幾千種開放資料集的一個平台。

本章所涵蓋的另一個重要主題，則是把完整的 DataFrame 物件（以及這類保存在記憶體內的資料物件）以更有效的方式儲存到磁碟與資料庫之中。本章所使用的資料庫類型，包括了 HDF5 資料庫標準，以及輕量級關聯式資料庫 SQLite3。本章已經為後續章節奠定了良好的基礎；我們在第 4 章將繼續討論「向量化回測」的做法；第 5 章則會介紹如何利用機器學習與深度學習，進行市場的預測；第 6 章還會再討論交易策略的「事件型回測」做法。

參考資料與其他資源

你可以在以下鏈結找到更多關於 Quandl 的資訊：

- *http://quandl.org*

關於可用來檢索資料的套件，則可以在下面找到一些有用的資源：

- Quandl 的 Python 包裝函式頁面（*https://www.quandl.com/tools/python*）
- Quandl 的 Python 包裝函式相應的 GitHub 頁面（*https://github.com/quandl/quandl-python*）

你也應該查閱一下官方文件頁面，以取得本章所使用套件更多的相關資訊：

- pandas 主頁（*http://pandas.pydata.org*）
- PyTables 主頁（*http://pytables.org*）
- TsTables 放在 GitHub 裡的 fork 分叉（*https://github.com/yhilpisch/tstables*）
- SQLite 主頁（*http://sqlite.org*）

本章所引用的書籍與文章：

Hilpisch, Yves. 2018. *Python for Finance: Mastering Data-Driven Finance*（Python 金融分析：掌握金融大數據）. 2nd ed. Sebastopol: O'Reilly.

McKinney, Wes. 2017. *Python for Data Analysis: Data Wrangling with Pandas, NumPy, and IPython*（Python 資料分析：用 Pandas、NumPy、IPython 做資料分析）. 2nd ed. Sebastopol: O'Reilly.

Thomas, Rob. "Bad Election Day Forecasts Deal Blow to Data Science: Prediction Models Suffered from Narrow Data, Faulty Algorithms and Human Foibles.（糟糕的選舉日預測給資料科學帶來了衝擊：窄化的資料、有問題的演算法與人為的錯誤，對於預測模型的傷害）" *Wall Street Journal*, November 9, 2016.

Python 腳本

下面的 Python 腳本會根據幾何布朗運動進行蒙地卡羅模擬，生成一些金融時間序列資料樣本；更多資訊請參見 Hilpisch（2018，第 12 章）的說明：

```python
#
# 此 Python 模組可用來生成
# 金融數據資料集樣本
#
# Python 演算法交易
# (c) Dr. Yves J. Hilpisch
# The Python Quants 有限責任公司
#
import numpy as np
import pandas as pd

r = 0.05  # 固定的短期利率
sigma = 0.5  # 波動率因子


def generate_sample_data(rows, cols, freq='1min'):
    '''
    此函式可生成金融數據資料集樣本。

    參數
    ==========
    rows: int
        所要生成的資料行數
    cols: int
        所要生成的縱列數量
    freq: str
        DatetimeIndex 頻率字串

    送回
    =======
    df: DataFrame
        內含樣本資料的 DataFrame 物件
    '''
    rows = int(rows)
    cols = int(cols)
    # 根據頻率參數，生成一個 DatetimeIndex 物件
    index = pd.date_range('2021-1-1', periods=rows, freq=freq)
    # 計算時間差（以年為單位）
    dt = (index[1] - index[0]) / pd.Timedelta(value='365D')
    # 生成縱列名稱
```

```python
    columns = ['No%d' % i for i in range(cols)]
    # 生成幾何布朗運動的樣本路徑
    raw = np.exp(np.cumsum((r - 0.5 * sigma ** 2) * dt +
                 sigma * np.sqrt(dt) *
                 np.random.standard_normal((rows, cols)), axis=0))
    # 對資料進行歸一化處理，從 100 起算
    raw = raw / raw[0] * 100
    # 生成 DataFrame 物件
    df = pd.DataFrame(raw, index=index, columns=columns)
    return df


if __name__ == '__main__':
    rows = 5  # 橫行數量
    columns = 3  # 縱列數量
    freq = 'D'  # 頻率為一日
    print(generate_sample_data(rows, columns, freq))
```

精通向量化回測

> 人們真是愚蠢至極，竟以為可以用過去預測未來[1]。
>
> ──《經濟學人》

在演算法交易的準備階段，程式的開發構想與假設通常都很有創造性，有時甚至十分有趣。若要進行徹底的測試，則通常更具有技術性，而且非常耗時。本章會介紹好幾種不同演算法交易策略的向量化回測做法。其內容將涵蓋以下幾種類型的策略（另請參閱第14頁「交易策略」一節的內容）：

簡單移動平均（*SMA*）型策略

用 SMA 來生成買賣信號的基本構想，早已存在好幾十年。SMA 其實就是所謂「股價技術分析」其中的一種主要工具。舉例來說，當短期（例如 42 日）均線穿越長期（例如 252 日）均線時，就可以得出一個交易訊號。

動量（*Momentum*）型策略

這類型策略主要是基於以下的假設：最近的表現通常會傾向於繼續維持一段時間。舉例來說，處於下降趨勢的股票，通常可以假設它還要繼續下跌一段更長的時間，這也就是為什麼要放空該股票的理由。

均值回歸（*Mean-Reversion*）型策略

均值回歸型策略背後的理由是，當股票（或其他金融投資工具）價格偏離過多時，價格往往會傾向於回到某個均值水準或某個趨勢水準。

1　資料來源：〈Does the Past Predict the Future?〉（過去能預測未來嗎？）《經濟學人》，2009 年 9 月 23 日。

本章的內容如下。第 91 頁的「善用向量化」介紹向量化（vectorization）的概念，它是制定與回測交易策略十分有用的一種技術做法。第 97 頁的「簡單移動平均型策略」是本章的核心，在某種程度上深入介紹了簡單移動平均型策略的向量回測做法。在 108 頁的「動量型策略」介紹並回測了另一種交易策略，主要是根據股票所謂的時間序列動量（「最近的表現」）。第 117 頁的「均值回歸型策略」在本章最後介紹了均值回歸型策略。最後在第 122 頁的「資料窺探與過度套入」討論的是演算法交易策略在進行回測時，關於資料窺探與過度套入的陷阱。

本章主要的目標就是掌握向量化的實作方法，而像 NumPy 與 pandas 這類的套件，都可以用來做為既有效又快速的回測工具。針對這個目的，我們所提出的做法會有一些簡化的假設，好讓討論能更聚焦於向量化這個主題。

在以下的幾種情況下，都應該考慮進行向量化回測：

簡單的交易策略

向量化回測做法在演算法交易策略模型化方面，顯然存在一定的侷限性。不過有許多很受歡迎的簡單交易策略，都可以用向量化的方式進行回測。

互動式的策略探索

向量化回測可以讓我們針對交易策略及其特性，進行靈活且具有互動性的探索。通常只需幾行程式碼，很快就可以得到初步的結果，而且可以輕鬆測試不同的參數組合。

把視覺化呈現當成主要目標

這樣的做法非常適合以視覺化方式呈現各種資料、統計數字、各種訊號以及策略績效表現的結果。通常只需要幾行 Python 程式碼，就足以生成十分具有吸引力與洞察力的圖形。

全面性的回測程式

一般來說，向量化回測的速度非常快，可以讓使用者在短時間內測試多種參數組合。如果速度非常關鍵，就應該考慮這樣的做法。

善用向量化

向量化（*Vectorization*）也叫做**陣列程式設計**（*array programming*），指的是一種程式設計風格，它會把所有針對純量（即整數或浮點數）的運算，全都通用化為向量、矩陣甚至多維陣列的運算。假設有一個整數向量 $v = (1, 2, 3, 4, 5)^T$，在 Python 中可以用 v = [1, 2, 3, 4, 5] 這樣的列表物件來表示。如果要計算這種向量的純量積，例如要乘上數字 2 的話，在 Python 中可以使用 for 迴圈或類似的做法（例如解析式列表，只是與 for 迴圈的語法稍有不同而已）：

```
In [1]: v = [1, 2, 3, 4, 5]

In [2]: sm = [2 * i for i in v]

In [3]: sm
Out[3]: [2, 4, 6, 8, 10]
```

原則上來說，Python 確實可以讓一個列表物件直接與一個整數相乘，不過在下面的範例中可以看到，Python 的資料模型會送回另一個列表物件，其中所包含的元素數量會變成原始物件的兩倍：

```
In [4]: 2 * v
Out[4]: [1, 2, 3, 4, 5, 1, 2, 3, 4, 5]
```

用 NumPy 進行向量化操作

NumPy 套件可用來進行各式各樣的數值計算（參見 NumPy 主頁：*http://numpy.org*），同時也為 Python 引進了向量化的功能。NumPy 所提供的主要物件類別為 ndarray 物件類別，它代表的就是 *n* 維陣列。我們可以根據像是 v 這樣的列表物件，建立一個 ndarray 的物件實例。如此一來像是之前的純量乘法，或是線性轉換這類的線性代數運算，就會按照預期的方式運作了：

```
In [5]: import numpy as np      ❶

In [6]: a = np.array(v)      ❷

In [7]: a      ❸
Out[7]: array([1, 2, 3, 4, 5])

In [8]: type(a)      ❹
Out[8]: numpy.ndarray

In [9]: 2 * a      ❺
```

```
Out[9]: array([ 2,  4,  6,  8, 10])

In [10]: 0.5 * a + 2  ➏
Out[10]: array([2.5, 3. , 3.5, 4. , 4.5])
```

➊ 匯入 NumPy 套件。

➋ 根據列表物件，建立一個 ndarray 物件實例。

➌ 列印出保存在 ndarray 物件裡的資料。

➍ 查出這個物件的型別。

➎ 以向量化方式實現純量乘法運算。

➏ 以向量化方式實現線性轉換操作。

從一維陣列（向量）過渡到二維陣列（矩陣），做法上也很自然。其實就算是更高的維度，情況也是如此：

```
In [11]: a = np.arange(12).reshape((4, 3))  ➊

In [12]: a
Out[12]: array([[ 0,  1,  2],
                [ 3,  4,  5],
                [ 6,  7,  8],
                [ 9, 10, 11]])

In [13]: 2 * a
Out[13]: array([[ 0,  2,  4],
                [ 6,  8, 10],
                [12, 14, 16],
                [18, 20, 22]])

In [14]: a ** 2  ➋
Out[14]: array([[  0,   1,   4],
                [  9,  16,  25],
                [ 36,  49,  64],
                [ 81, 100, 121]])
```

➊ 建立一維 ndarray 物件，然後把它重新調整為二維。

➋ 以向量化方式計算出物件裡每個元素的平方值。

另外，ndarray 這個物件類別也提供了一些向量化操作方法。這些方法通常都有另一種對應的形式，也就是所謂的 NumPy 通用函式：

```
In [15]: a.mean() ❶
Out[15]: 5.5

In [16]: np.mean(a) ❷
Out[16]: 5.5

In [17]: a.mean(axis=0) ❸
Out[17]: array([4.5, 5.5, 6.5])

In [18]: np.mean(a, axis=1) ❹
Out[18]: array([ 1.,  4.,  7., 10.])
```

❶ 調用方法計算出所有元素的平均值。

❷ 透過通用函式計算出所有元素的平均值。

❸ 沿第一軸計算出相應的平均值。

❹ 沿第二軸計算出相應的平均值。

第 86 頁「Python 腳本」裡的 generate_sample_data() 函式，其實就是向量化的一個金融應用範例，它運用尤拉離散化公式生成了一個幾何布朗運動的樣本路徑。這個實作用到了好幾個不同的向量化操作，而且這些操作全都被整合在一行的程式碼之中。

更多關於如何使用 NumPy 進行向量化操作的詳細訊息，請參見附錄的內容。另外也請參閱 Hilpisch（2018）的著作，以了解向量化在金融環境下的眾多應用。

Python 的標準指令集與資料模型，通常並不接受向量化數值運算。NumPy 則根據一般常規的陣列物件類別 ndarray，引進了強大的向量化技術，讓程式碼變得更加簡潔，也更接近數學符號原本的運算效果（例如向量與矩陣的線性代數相關運算）。

用 pandas 進行向量化操作

pandas 套件與其中最重要的 DataFrame 物件類別，大量使用到 NumPy 與 ndarray 物件類別。因此，NumPy 所運用到的向量化原理，大多可以在 pandas 延續使用。我們最好還是用一個具體的範例，再次說明其機制。一開始，先定義一個二維的 ndarray 物件：

```
In [19]: a = np.arange(15).reshape(5, 3)

In [20]: a
Out[20]: array([[ 0,  1,  2],
                [ 3,  4,  5],
                [ 6,  7,  8],
                [ 9, 10, 11],
                [12, 13, 14]])
```

為了轉換成 DataFrame 物件，我們必須建立一個縱列名稱的列表物件，以及一個 DatetimeIndex 物件，這兩個物件的大小都要與 ndarray 物件相應的大小相匹配：

```
In [21]: import pandas as pd   ❶

In [22]: columns = list('abc')   ❷

In [23]: columns
Out[23]: ['a', 'b', 'c']

In [24]: index = pd.date_range('2021-7-1', periods=5, freq='B')   ❸

In [25]: index
Out[25]: DatetimeIndex(['2021-07-01', '2021-07-02', '2021-07-05', '2021-07-06',
                        '2021-07-07'],
                       dtype='datetime64[ns]', freq='B')

In [26]: df = pd.DataFrame(a, columns=columns, index=index)   ❹

In [27]: df
Out[27]:             a   b   c
         2021-07-01  0   1   2
         2021-07-02  3   4   5
         2021-07-05  6   7   8
         2021-07-06  9  10  11
         2021-07-07 12  13  14
```

❶ 匯入 pandas 套件。

❷ 利用一個 str 物件，建立一個列表物件。

❸ 建立一個 pandas DatetimeIndex 物件，其中頻率設定為「工作日」（B），periods 則設為 5。

❹ 根據 ndarray 物件 a，加上指定的縱列標籤與索引值，建立相應的 DataFrame 物件實例。

原則上來說，向量化的運作方式，與 ndarray 物件很類似。其中一個差別就是預設的匯整
（aggregation）操作，會變成沿著縱列來計算結果：

```
In [28]: 2 * df  ❶
Out[28]:            a   b   c
         2021-07-01  0   2   4
         2021-07-02  6   8  10
         2021-07-05 12  14  16
         2021-07-06 18  20  22
         2021-07-07 24  26  28

In [29]: df.sum()  ❷
Out[29]: a    30
         b    35
         c    40
         dtype: int64

In [30]: np.mean(df)  ❸
Out[30]: a    6.0
         b    7.0
         c    8.0
         dtype: float64
```

❶ 計算出 DataFrame 物件（視為一個矩陣）的純量積。

❷ 計算出「每個縱列」的加總和。

❸ 計算出「每個縱列」的平均值。

我們可藉由引用相應縱列名稱的方式（可使用中括號或點號），針對縱列方向的資料實
作出相應的操作：

```
In [31]: df['a'] + df['c']  ❶
Out[31]: 2021-07-01     2
         2021-07-02     8
         2021-07-05    14
         2021-07-06    20
         2021-07-07    26
         Freq: B, dtype: int64

In [32]: 0.5 * df.a + 2 * df.b - df.c  ❷
Out[32]: 2021-07-01     0.0
         2021-07-02     4.5
         2021-07-05     9.0
         2021-07-06    13.5
         2021-07-07    18.0
         Freq: B, dtype: float64
```

❶ 計算出 a 與 c 這兩個縱列裡每個相應元素的加總和。

❷ 計算出三個縱列進行線性轉換的結果。

根據類似的邏輯，只要運用條件式運算，就可以生成布林結果向量，而根據這樣的條件向量，也可以輕易實作出類似 SQL 的條件式篩選功能：

```
In [33]: df['a'] > 5  ❶
Out[33]: 2021-07-01    False
         2021-07-02    False
         2021-07-05    True
         2021-07-06    True
         2021-07-07    True
         Freq: B, Name: a, dtype: bool

In [34]: df[df['a'] > 5]  ❷
Out[34]:             a    b    c
         2021-07-05  6    7    8
         2021-07-06  9    10   11
         2021-07-07  12   13   14
```

❶ 在 a 這個縱列中，哪幾個元素大於 5？

❷ 把縱列 a 元素值大於 5 的所有資料行全部挑選出來。

以交易策略的向量化回測來說，在兩個或多個縱列之間進行比較，是一種十分常見的操作：

```
In [35]: df['c'] > df['b']  ❶
Out[35]: 2021-07-01    True
         2021-07-02    True
         2021-07-05    True
         2021-07-06    True
         2021-07-07    True
         Freq: B, dtype: bool

In [36]: 0.15 * df.a + df.b > df.c  ❷
Out[36]: 2021-07-01    False
         2021-07-02    False
         2021-07-05    False
         2021-07-06    True
         2021-07-07    True
         Freq: B, dtype: bool
```

❶ 究竟有哪幾個日期，縱列 c 的元素值大於縱列 b 的元素值？

❷ 縱列 a 與 b 的線性組合，與縱列 c 進行比較的結果。

pandas 向量化是一個很強大的概念，尤其對於金融演算法的實作與向量化回測而言更是如此，本章其餘部分還會進行更多的說明。更多關於如何使用 pandas 進行向量化操作的基礎知識與金融範例，請參閱 Hilpisch（2018，第 5 章）的內容。

 雖然 NumPy 把可通用的向量化做法帶入 Python 數值計算的世界，但 pandas 更進一步讓各種隨時間變化的時間序列資料也能進行向量化操作。這對於金融演算法的實作與演算法交易策略的回測來說，確實很有幫助。原本標準的 Python 程式碼只能採用 for 迴圈與類似的慣用做法，來完成特定的工作，但你只要改用向量化的做法，就可以讓程式碼變得更簡潔，執行速度也會變得更快。

「簡單移動平均」型策略

根據簡單移動平均線（SMA）進行交易，是一種早已存在好幾十年的老策略，它起源於股票技術分析領域。Brock 等人（1992）就曾以系統化的方式，對這種策略進行過實證研究。他們寫道：

> 「技術分析」一詞是無數交易技術的總稱…在這篇論文中，我們探討了兩種最簡單、最受歡迎的技術規則：移動平均交叉與交易區間突破（阻力與支撐）。在第一種方法中，買入與賣出信號都是由兩條移動平均線所生成，其中一條是長線，一條是短線…我們的研究表明，技術分析有助於預測股票的變動。

入門基礎

本小節將針對那些運用到兩條 SMA（簡單移動平均線）的交易策略，重點介紹如何進行回測的基礎。這個範例會採用歐元 / 美元匯率（EUR/USD）的每日收盤價格資料（可直接下載 EOD 資料檔案所提供的 *csv* 檔案：*https://oreil.ly/AzE-p*）。資料集裡的資料全都是來自 Refinitiv Eikon Data API，它可針對各種金融投資工具（RIC）提供相應的每日收盤價格。

```
In [37]: raw = pd.read_csv('http://hilpisch.com/pyalgo_eikon_eod_data.csv',
                           index_col=0, parse_dates=True).dropna()  ❶

In [38]: raw.info()  ❷
         <class 'pandas.core.frame.DataFrame'>
         DatetimeIndex: 2516 entries, 2010-01-04 to 2019-12-31
         Data columns (total 12 columns):
```

```
 #   Column  Non-Null Count   Dtype
---  ------  --------------   -----
 0   AAPL.O  2516 non-null    float64
 1   MSFT.O  2516 non-null    float64
 2   INTC.O  2516 non-null    float64
 3   AMZN.O  2516 non-null    float64
 4   GS.N    2516 non-null    float64
 5   SPY     2516 non-null    float64
 6   .SPX    2516 non-null    float64
 7   .VIX    2516 non-null    float64
 8   EUR=    2516 non-null    float64
 9   XAU=    2516 non-null    float64
10   GDX     2516 non-null    float64
11   GLD     2516 non-null    float64
dtypes: float64(12)
memory usage: 255.5 KB
```

In [39]: **data = pd.DataFrame(raw['EUR='])** ❸

In [40]: **data.rename(columns={'EUR=': 'price'}, inplace=True)** ❹

In [41]: **data.info()** ❺
```
        <class 'pandas.core.frame.DataFrame'>
        DatetimeIndex: 2516 entries, 2010-01-04 to 2019-12-31
        Data columns (total 1 columns):
         #   Column  Non-Null Count   Dtype
        ---  ------  --------------   -----
         0   price   2516 non-null    float64
        dtypes: float64(1)
        memory usage: 39.3 KB
```

❶ 從遠端所保存的 CSV 檔案中讀取資料。

❷ 顯示 DataFrame 物件的元資訊。

❸ 把 Series 物件轉換成 DataFrame 物件。

❹ 把唯一的縱列重新命名為 price（價格）。

❺ 顯示新的 DataFrame 物件相應的元資訊。

這裡採用 rolling() 方法，結合延遲（deferred）計算的運算方式，來簡化 SMA 的計算：

```
In [42]: data['SMA1'] = data['price'].rolling(42).mean()   ❶
```

```
In [43]: data['SMA2'] = data['price'].rolling(252).mean()   ❷
```

```
In [44]: data.tail()   ❸
Out[44]:          price     SMA1      SMA2
         Date
         2019-12-24  1.1087  1.107698  1.119630
         2019-12-26  1.1096  1.107740  1.119529
         2019-12-27  1.1175  1.107924  1.119428
         2019-12-30  1.1197  1.108131  1.119333
         2019-12-31  1.1210  1.108279  1.119231
```

❶ 建立一個 42 日 SMA 值的縱列。前 41 個值都會是 NaN。

❷ 建立一個 252 日 SMA 值的縱列。前 251 個值都會是 NaN。

❸ 列印出資料集的最後五行。

把原始的時間序列資料與這些 SMA 結合起來之後，再以視覺化方式把結果呈現出來，就是最好的示範說明（參見圖 4-1）：

```
In [45]: %matplotlib inline
         from pylab import mpl, plt
         plt.style.use('seaborn')
         mpl.rcParams['savefig.dpi'] = 300
         mpl.rcParams['font.family'] = 'serif'
```

```
In [46]: data.plot(title='EUR/USD | 42 & 252 days SMAs',
                    figsize=(10, 6));
```

下一步就是根據兩個 SMA 之間的關係來生成信號，或者更確切地說，就是決定所要建立的市場部位。規則就是，*只要短線 SMA 穿越到長線 SMA 的上面，就選擇做多，反之則做空*。針對我們的目的，我們用 1 來表示多頭部位，用 –1 來表示空頭部位。

圖 4-1　EUR/USD 匯率及兩條相應的 SMA 均線

我們可以直接比較 DataFrame 物件裡的兩個縱列，讓這個規則的實作只需要動到一行程式碼。隨著時間的推移，所要建立的部位如圖 4-2 所示：

```
In [47]: data['position'] = np.where(data['SMA1'] > data['SMA2'],
                                      1, -1)  ❶
```

```
In [48]: data.dropna(inplace=True)  ❷
```

```
In [49]: data['position'].plot(ylim=[-1.1, 1.1],
                               title='Market Positioning',
                               figsize=(10, 6));  ❸
```

❶ 以向量化的方式實作出交易規則。np.where() 裡的條件式判斷結果若為 True，相應那行就會是 +1，如果結果為 False，相應那行就會是 -1。

❷ 如果整行資料至少包含有一個 NaN 值，就從資料集刪除掉該行。

❸ 繪製出部位隨時間的變化。

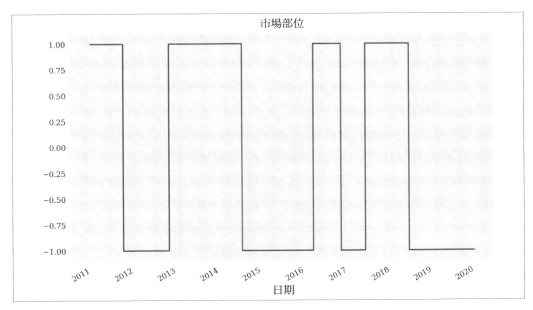

圖 4-2　策略以兩條 SMA 為基礎，相應的市場部位狀況

如果要計算策略的績效表現，接下來必須根據原始金融時間序列計算出相應的對數報酬。由於採用了向量化的做法，因此執行此操作的程式碼還是非常簡潔。圖 4-3 顯示的就是對數報酬的直方圖：

```
In [50]: data['returns'] = np.log(data['price'] / data['price'].shift(1))  ❶
```

```
In [51]: data['returns'].hist(bins=35, figsize=(10, 6));  ❷
```

❶ 針對 price（價格）縱列，以向量化方式計算出對數報酬。

❷ 把對數報酬繪製為直方圖（頻率分佈）。

為了計算出策略的報酬，我們必須讓 position（部位）這個縱列（要先平移一個交易日）與 returns（報酬）這個縱列進行相乘。由於對數報酬可直接累加，因此只要分別計算 returns 與 strategy 這兩個縱列的加總和，就可以分別針對「持續持有投資工具」與「根據策略調整部位」這兩種操作方式，快速比較兩者的績效表現。

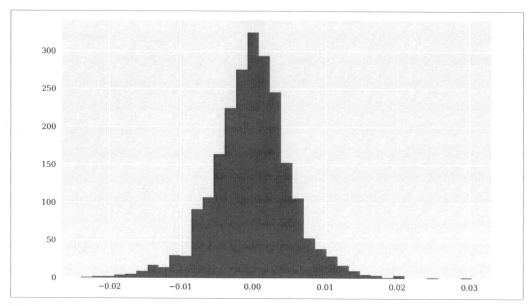

圖 4-3　EUR/USD 對數報酬的頻率分佈

比較過報酬就知道，這個策略的績效表現勝過了被動投資比較基準的表現：

```
In [52]: data['strategy'] = data['position'].shift(1) * data['returns']  ❶
```

```
In [53]: data[['returns', 'strategy']].sum()  ❷
Out[53]: returns    -0.176731
         strategy    0.253121
         dtype: float64
```

```
In [54]: data[['returns', 'strategy']].sum().apply(np.exp)  ❸
Out[54]: returns    0.838006
         strategy    1.288039
         dtype: float64
```

❶ 根據部位狀況與市場報酬，推導出這個策略的對數報酬。

❷ 分別針對股票本身與策略操作，把相應的對數報酬值加總起來（僅供示範之用）。

❸ 把指數函式套用到對數報酬加總值，就可以計算出總體績效表現（*gross performance*）。

如果改用 cumsum 計算出隨時間累計的加總和，然後在這個基礎上，再套用指數函式 np.exp() 以得出累計報酬，這樣就可以針對此策略與比較基準兩者之間的績效表現隨時間的變化，獲得更全面的理解。圖 4-4 以圖形方式把資料呈現出來，並針對這個特定的範例，說明了此策略傑出的表現：

```
In [55]: data[['returns', 'strategy']].cumsum(
                ).apply(np.exp).plot(figsize=(10, 6));
```

圖 4-4　EUR/USD 與 SMA 型策略總體績效表現的比較

股票本身與策略操作的年化平均風險報酬統計數字，計算起來也很容易：

```
In [56]: data[['returns', 'strategy']].mean() * 252    ❶
Out[56]: returns    -0.019671
         strategy    0.028174
         dtype: float64

In [57]: np.exp(data[['returns', 'strategy']].mean() * 252) - 1    ❶
Out[57]: returns    -0.019479
         strategy    0.028575
         dtype: float64

In [58]: data[['returns', 'strategy']].std() * 252 ** 0.5    ❷
Out[58]: returns     0.085414
         strategy    0.085405
```

```
              dtype: float64

In [59]: (data[['returns', 'strategy']].apply(np.exp) - 1).std() * 252 ** 0.5  ❷
Out[59]: returns     0.085405
         strategy    0.085373
         dtype: float64
```

❶ 分別計算出年平均對數報酬與年平均報酬。

❷ 分別計算出對數報酬與報酬的相應年化標準差。

在交易策略的表現方面,還有其他幾個需要特別關注的風險統計數字,分別是**回檔最大跌幅**(*maximum drawdown*)與**回檔最長持續時間**(*longest drawdown period*)。以這裡的例子來說,我們可以把 cummax() 方法套用到策略的累計總體績效表現,計算出累計總體績效表現的最大值。圖 4-5 顯示的就是 SMA 型策略相應的兩個時間序列:

```
In [60]: data['cumret'] = data['strategy'].cumsum().apply(np.exp)  ❶

In [61]: data['cummax'] = data['cumret'].cummax()  ❷

In [62]: data[['cumret', 'cummax']].dropna().plot(figsize=(10, 6));  ❸
```

❶ 定義一個新的縱列 cumret,用以存放總體績效表現隨時間變化的相應值。

❷ 定義另一個縱列 cummax,用以存放總體績效表現到目前為止的最大值。

❸ 繪製出 DataFrame 物件這兩個新縱列相應的圖形。

然後,只要計算出這兩個縱列之間最大的差值,就可以簡單計算出回檔最大跌幅。在這裡的範例中,回檔最大跌幅約為 18 個百分點:

```
In [63]: drawdown = data['cummax'] - data['cumret']  ❶

In [64]: drawdown.max()  ❷
Out[64]: 0.17779367070195917
```

❶ 計算兩個縱列之間每個元素的差值。

❷ 從所有的差值中,選出最大的差值。

圖 4-5　SMA 型策略的總體績效表現，以及累計總體績效表現的最大值

如果要計算回檔最長持續時間，則會牽涉到更多的東西。我們必須先找出總體績效表現等於其累計最大值的那些日期（也就是創新高的那幾天）。這個資訊會被保存在一個臨時的物件中。然後針對所有這些創新高的日期，計算出下一次創新高的間隔天數，再找出其中最長的時間差值。這樣的時間差值有可能是 1 天，也有可能超過 100 天。以這裡的例子來說，回檔最長持續時間為 596 天——這可說是相當長的一段時間[2]：

```
In [65]: temp = drawdown[drawdown == 0]    ❶

In [66]: periods = (temp.index[1:].to_pydatetime() -
                    temp.index[:-1].to_pydatetime())    ❷

In [67]: periods[12:15]
Out[67]: array([datetime.timedelta(days=1), datetime.timedelta(days=1),
                datetime.timedelta(days=10)], dtype=object)

In [68]: periods.max()    ❸
Out[68]: datetime.timedelta(days=596)
```

2　更多關於 datetime 與 timedelta 物件的訊息，請參見 Hilpisch（2018）的附錄 C。

❶ 有哪幾行資料的相差值等於零？

❷ 計算出每一個索引與下一個索引之間的時間差 timedelta 值。

❸ 選出其中最大的 timedelta 值。

由於 pandas 套件與主要的 DataFrame 物件類別本身具有很強大的能力，因此用 pandas 來進行向量化回測，通常可以達到相當好的效果。不過，如果想實作出更大型的回測程式（例如 SMA 型策略的參數最佳化），目前為止所採用的互動式做法恐怕就不敷使用了。針對這樣的情況，我們建議採用更通用化的做法。

 事實證明，pandas 確實是交易策略向量化分析的強大工具。一般來說，只要用一行或幾行程式碼，就可以計算出許多有趣的統計數字（例如對數報酬、累計報酬、年化報酬與波動率、回檔最大跌幅與回檔最長持續時間）。另一個好處就是，只要調用簡單的方法，就可以用視覺化方式呈現各種結果。

通用化做法

第 127 頁的「簡單移動平均回測物件類別」提供了一段 Python 程式碼，其中包含一個可針對 SMA 交易策略進行向量化回測的物件類別。從某種意義上來說，它就是前一小節所介紹做法的通用化版本。只要提供以下的參數，就可以定義 SMAVectorBacktester 物件類別的實例：

• symbol：所要使用的 RIC 代碼

• SMA1：短線 SMA 的時間視窗，以天為單位

• SMA2：長線 SMA 的時間視窗，以天為單位

• start：所選擇的資料開始日期

• end：所選擇的資料結束日期

以互動式 session 來使用這個物件類別，就是對其應用方式本身最好的說明。這個範例會先複製我們之前根據 EUR/USD 匯率資料所實作出來的回測方法。然後它會最佳化 SMA 的參數，以取得最大的總體績效表現。最後根據最佳參數，繪製出這個策略的總體績效表現，再與同時間段內投資工具本身的績效表現進行比較：

```
In [69]: import SMAVectorBacktester as SMA    ❶

In [70]: smabt = SMA.SMAVectorBacktester('EUR=', 42, 252,
                                          '2010-1-1', '2019-12-31')    ❷

In [71]: smabt.run_strategy()    ❸
Out[71]: (1.29, 0.45)

In [72]: %%time
         smabt.optimize_parameters((30, 50, 2),
                                   (200, 300, 2))    ❹
         CPU times: user 3.76 s, sys: 15.8 ms, total: 3.78 s
         Wall time: 3.78 s

Out[72]: (array([ 48., 238.]), 1.5)

In [73]: smabt.plot_results()    ❺
```

❶ 匯入模組，並以 SMA 做為其別名。

❷ 建立一個主要物件類別的實例。

❸ 針對之前建立實例時所給定的參數，對這個 SMA 型策略進行回測。

❹ optimize_parameters() 這個方法可設定輸入參數的範圍與每次變動的幅度（step size），然後透過窮舉的方式，得出最佳的參數組合。

❺ 根據目前所儲存的參數值（這裡就是最佳化程序所得出的參數值），用 plot_results() 方法繪製出投資工具本身與策略兩者之間績效表現的比較結果。

使用原始參數時，策略的總體績效表現為 1.29（或 129%）。如果採用 SMA1 = 48 和 SMA2 = 238 的參數組合，這個最佳化策略的絕對報酬則為 1.50（或 150%）。圖 4-6 以圖形顯示了這個策略總體績效表現隨時間的變化，而且再次與投資工具本身的績效表現進行了比較。

圖 4-6　EUR/USD 與最佳化 SMA 策略的總體績效表現

「動量」型策略

動量型策略有兩種基本的類型。第一種是所謂的**橫截面**（*cross-sectional*）動量型策略。
這種類型的策略會從大量的投資工具中進行挑選，然後買進那些相對於相同產業（或某
個比較基準）來說、最近表現特別出色的投資工具，然後賣出績效表現特別不好的另
一些投資工具。其背後的基本構想就是，如果某個投資工具表現優於大盤或弱於大盤，
之後還是會繼續維持其表現——這樣的情況至少會持續一段時間。Jegadeesh 與 Titman
（1993，2001）與 Chan 等人（1996）研究過這類的交易策略，以及相應的潛在利潤
來源。傳統上來說，橫截面動量型策略執行起來效果相當不錯。Jegadeesh 與 Titman
（1993）寫道：

> 本論文記錄了一種策略，這種策略會買進過去表現良好的股票，並賣出過去表
> 現不佳的股票，這樣的策略在 3 到 12 個月的持有期內，可創造出相當明顯的正
> 向報酬。

第二種類型是**時間序列**（*time series*）動量型策略。這種策略會在投資工具近期表現良好時買進，並在近期表現較差時賣出。在這樣的情況下，其比較基準就是投資工具本身過去的報酬。Moskowitz 等人（2012）曾針對廣泛的市場範圍，詳細分析了這類的動量型策略。他們寫道：

> 時間序列動量型策略並不是著眼於不同證券在某個橫截面的相對報酬，而是純粹著眼於證券本身過去的報酬⋯⋯我們發現，實際上時間序列動量型策略在我們所研究的每種投資工具中，似乎都在挑戰著「隨機漫步」假說；這個假說最基本的形式是，即使知道過去的價格漲跌，還是無法知道它未來的價格會漲還是跌。

入門基礎

考慮一下以美元計價的黃金每日收盤價格（XAU=）：

```
In [74]: data = pd.DataFrame(raw['XAU='])
```

```
In [75]: data.rename(columns={'XAU=': 'price'}, inplace=True)
```

```
In [76]: data['returns'] = np.log(data['price'] / data['price'].shift(1))
```

最簡單的時間序列動量型策略，就是只看前一次的報酬；前一次報酬為正就買進股票，前一次報酬為負則賣出股票。只要使用 NumPy 與 pandas，很容易就可以把這樣的策略化為具體的形式——只要根據前一次報酬的正負號，決定買進或賣出市場部位即可。圖 4-7 顯示的就是此策略的績效表現。這個策略的表現明顯比不上原投資工具本身的表現：

```
In [77]: data['position'] = np.sign(data['returns'])    ❶
```

```
In [78]: data['strategy'] = data['position'].shift(1) * data['returns']    ❷
```

```
In [79]: data[['returns', 'strategy']].dropna().cumsum(
                 ).apply(np.exp).plot(figsize=(10, 6));    ❸
```

❶ 用相關對數報酬的正負號（也就是 1 或 –1）定義一個新欄位；結果所得到的值就代表所要建立的市場部位（多頭或空頭）。

❷ 根據所建立的市場部位，計算出策略的對數報酬。

❸ 畫出策略績效表現的圖形，並與投資工具本身這個比較基準進行比較。

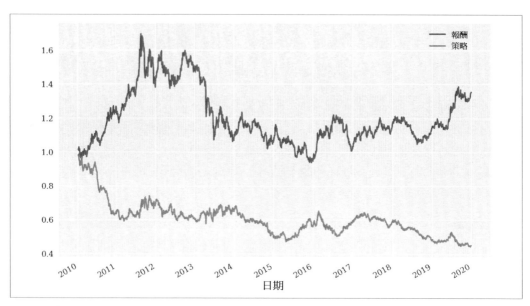

圖 4-7　黃金價格（美元）與動量型策略（只根據前一次報酬）的總體績效表現

只要改用滾動的（rolling）時間視窗，而不是只根據前一次的報酬，這樣就可以讓時間序列動量型策略更具有通用性。舉例來說，我們也可以用前三次報酬的平均值來做為建立市場部位的依據。圖 4-8 顯示，在同樣的例子中，這樣的策略無論是本身的表現或相對於投資工具，其表現都好得多了：

```
In [80]: data['position'] = np.sign(data['returns'].rolling(3).mean())  ❶

In [81]: data['strategy'] = data['position'].shift(1) * data['returns']

In [82]: data[['returns', 'strategy']].dropna().cumsum(
             ).apply(np.exp).plot(figsize=(10, 6));
```

❶ 這次採用的是三天滾動視窗的平均報酬。

不過，時間視窗的參數非常敏感，對策略的表現有很大的影響。舉例來說，如果選擇的是前兩次而不是前三次報酬，績效表現就會大幅降低，如圖 4-9 所示。

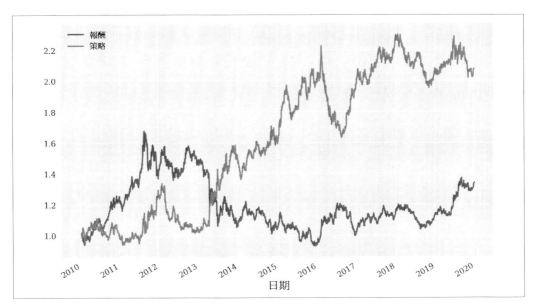

圖 4-8　黃金價格（美元）與動量型策略（根據前三次報酬）的總體績效表現

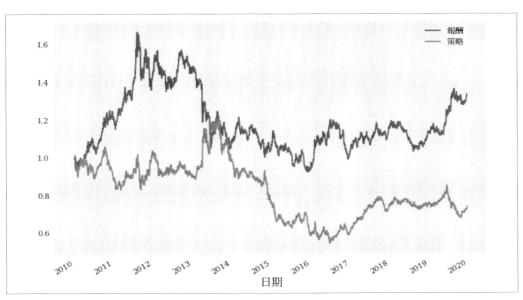

圖 4-9　黃金價格（美元）與動量型策略（根據前兩次報酬）的總體績效表現

在盤中交易時，也可以運用時間序列動量型策略。實際上，一般認為動量的概念在盤中交易的線型中，比在每日線型中更加明顯。圖 4-10 分別顯示的是根據前一次、前三次、前五次、前七次、前九次報酬，總共五個時間序列的動量型策略，相應的總體績效表現。所使用的資料是從 Eikon Data API 所取得的 Apple 公司盤中股價資料。這張圖根據的是以下的程式碼。基本上，每一個策略在這個盤中交易時段的表現，全都超過了股票本身的表現，不過其中一些策略只稍微好一點點而已：

```
In [83]: fn = '../data/AAPL_1min_05052020.csv'   ❶
         # fn = '../data/SPX_1min_05052020.csv'   ❶

In [84]: data = pd.read_csv(fn, index_col=0, parse_dates=True)   ❶

In [85]: data.info()   ❶
         <class 'pandas.core.frame.DataFrame'>
         DatetimeIndex: 241 entries, 2020-05-05 16:00:00 to 2020-05-05 20:00:00
         Data columns (total 6 columns):
          #   Column  Non-Null Count  Dtype
         ---  ------  --------------  -----
          0   HIGH    241 non-null    float64
          1   LOW     241 non-null    float64
          2   OPEN    241 non-null    float64
          3   CLOSE   241 non-null    float64
          4   COUNT   241 non-null    float64
          5   VOLUME  241 non-null    float64
         dtypes: float64(6)
         memory usage: 13.2 KB

In [86]: data['returns'] = np.log(data['CLOSE'] / data['CLOSE'].shift(1))   ❷

In [87]: to_plot = ['returns']   ❸

In [88]: for m in [1, 3, 5, 7, 9]:
             data['position_%d' % m] = np.sign(data['returns'].rolling(m).mean())   ❹
             data['strategy_%d' % m] = (data['position_%d' % m].shift(1) * data['returns'])   ❺
             to_plot.append('strategy_%d' % m)   ❻

In [89]: data[to_plot].dropna().cumsum().apply(np.exp).plot(
             title='AAPL intraday 05. May 2020',
             figsize=(10, 6), style=['-', '--', '--', '--', '--', '--']);   ❼
```

❶ 從 CSV 檔案中讀取盤中資料。

❷ 計算盤中對數報酬。

❸ 定義一個列表物件，用來選取隨後所要繪製的縱列。

❹ 根據動量型策略的參數，得出所要建立的部位。

❺ 計算出相應策略的對數報酬。

❻ 把縱列名稱附加到列表物件的最後面。

❼ 畫出所有相關的縱列，讓各個策略與投資工具本身的績效表現可以進行比較。

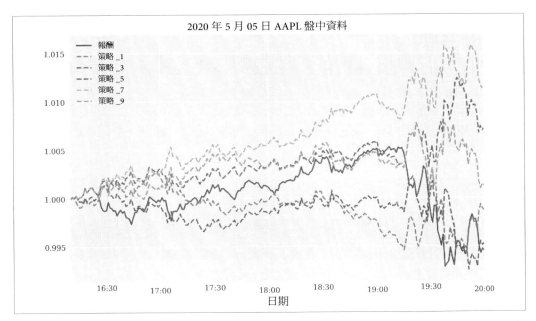

圖 4-10　Apple 股票盤中價格與五種動量型策略（根據前一次、前三次、前五次、前七次、前九次報酬）的總體績效表現

圖 4-11 是把同樣的五種策略運用到 S&P 500 指數所得到的績效表現。同樣的，五種策略的表現全都勝過指數本身，而且都獲得了正報酬（未扣除交易成本）。

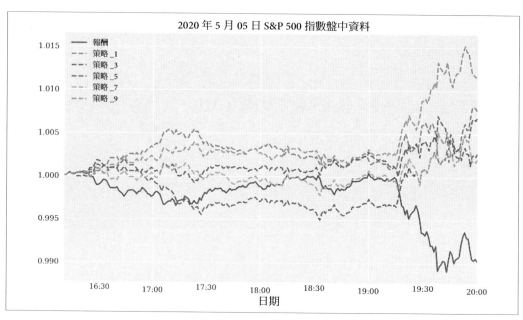

圖 4-11　S&P 500 指數的盤中資料與五種動量型策略（根據前一次、前三次、前五次、前九次報酬）的總體績效表現

通用化做法

第 130 頁 的「 動 量 回 測 物 件 類 別 」 提 供 了 一 個 Python 模 組， 其 中 有 一 個 MomVectorBacktester 物件類別，可針對動量型策略進行標準化回測。這個物件類別具有以下的屬性：

- symbol：所使用投資工具的 RIC

- start：所選擇的資料開始日期

- end：所選擇的資料結束日期

- amount：所投資的初始金額

- tc：每一筆交易的交易成本比例

相較於 SMAVectorBacktester 物件類別，這個物件類別引入了兩個重要的通用化做法：在回測階段一開始所要投入的固定初始金額，以及一定比例的交易成本，這樣的做法可以在成本上更接近市場的實際情況。具體來說，由於動量型策略經常會隨著時間推移進行頻繁的交易，在這樣的背景下，把交易成本考慮進來是非常重要的。

應用的方式就和之前一樣，相當簡單明瞭。在這個範例中，我們首先複製之前互動式 session 的結果，不過這一次的初始投資金額為 10,000 美元。這個策略是取前三次報酬的平均值，來決定建立部位的信號，圖 4-12 則以視覺化方式呈現了此策略的績效表現。第二次我們則嘗試在每一筆交易中，引入 0.1% 的交易成本。如圖 4-13 所示，即使是很小的交易成本，也會明顯拉低策略的績效表現。造成這種現象的主要因素，就是因為這種策略相對較高的交易頻率：

```
In [90]: import MomVectorBacktester as Mom    ❶

In [91]: mombt = Mom.MomVectorBacktester('XAU=', '2010-1-1',
                                         '2019-12-31', 10000, 0.0)    ❷

In [92]: mombt.run_strategy(momentum=3)    ❸
Out[92]: (20797.87, 7395.53)

In [93]: mombt.plot_results()
In [94]: mombt = Mom.MomVectorBacktester('XAU=', '2010-1-1',
                                         '2019-12-31', 10000, 0.001)    ❹

In [95]: mombt.run_strategy(momentum=3)    ❺
Out[95]: (10749.4, -2652.93)

In [96]: mombt.plot_results()
```

❶ 匯入模組並以 Mom 做為其別名

❷ 建立一個回測物件類別的物件實例，其中初始資本金額定義為 10,000 美元，交易成本的比例值為零。

❸ 針對 3 日時間視窗的動量型策略進行回測：這個策略的表現優於被動投資的比較基準。

❹ 第二次嘗試時，我們假設每一筆交易的交易成本比例為 0.1%。

❺ 在這樣的情況下，策略基本上就會喪失掉所有績效上的優勢。

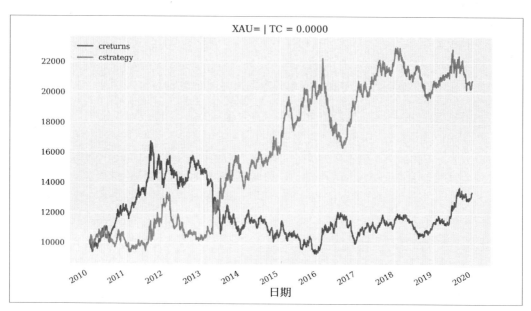

圖 4-12　黃金價格（美元）與動量型策略（根據前三次報酬、無交易成本）的總體績效表現

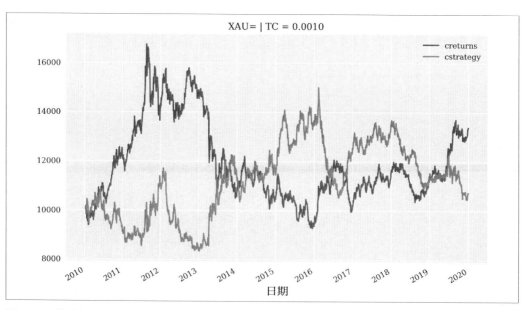

圖 4-13　黃金價格（美元）與動量型策略（根據前三次報酬、交易成本為 0.1%）的總體績效表現

「均值回歸」型策略

如果用比較粗略的方式來劃分，均值回歸型策略正好是與動量型策略相反的推理方式。如果有某個金融投資工具相對於趨勢來說呈現出「太好」的表現，就應該進行放空操作；反之亦然。換句話說，（時間序列）動量型策略假設報酬之間為正相關，而均值回歸型策略則假設報酬之間為負相關。Balvers 等人（2000）曾寫道：

> 均值回歸指的是資產價格會有一種往趨勢路徑折返的傾向。

如果我們以 EUR/USD 匯率為例，用簡單移動平均線（SMA）來代表所謂的「趨勢路徑」，就可以針對均值回歸型策略進行回測，而回測的方式其實很類似我們之前回測 SMA 策略及動量型策略的做法。我們的想法是，先針對目前股價與 SMA 之間的偏離距離定義一個門檻值，再把它用來做為我們判斷做多或放空部位的信號。

入門基礎

以下範例牽涉到兩種不同的金融投資工具，但由於兩者都是以黃金價格做為其基礎，因此我們預期可以看到明顯的均值回歸狀況：

- GLD 是 SPDR Gold Shares 的交易代碼，它有黃金實物支持、是目前規模最大的一個黃金 ETF （參見 SPDR Gold Shares 首頁：*http://spdrgoldshares.com*）。

- GDX 是 VanEck Vectors Gold Miners ETF 的交易代碼，它是藉由投資股票的方式來緊盯紐約證交所的 Arca Gold Miners 指數（參見 VanEck Vectors Gold Miners 簡介頁面：*https://oreil.ly/CmPBA*）。

我們的範例首先從 GDX 開始，根據 25 日 SMA 與 3.5 的門檻值，實作出一個均值回歸型策略；如果目前價格偏離 SMA 的絕對偏差值超過門檻值，就發出一個建立部位的信號。圖 4-14 顯示的就是 GDX 目前價格與 SMA 之間的差值，以及用來生成買賣信號的正負門檻值：

```
In [97]: data = pd.DataFrame(raw['GDX'])

In [98]: data.rename(columns={'GDX': 'price'}, inplace=True)

In [99]: data['returns'] = np.log(data['price'] / data['price'].shift(1))

In [100]: SMA = 25    ❶

In [101]: data['SMA'] = data['price'].rolling(SMA).mean()    ❷
```

```
In [102]: threshold = 3.5  ❸

In [103]: data['distance'] = data['price'] - data['SMA']  ❹

In [104]: data['distance'].dropna().plot(figsize=(10, 6), legend=True)  ❺
          plt.axhline(threshold, color='r')
          plt.axhline(-threshold, color='r')
          plt.axhline(0, color='r');
```

❶ 定義 SMA 參數…

❷ …然後計算出相應的簡單移動平均（代表「趨勢路徑」）。

❸ 定義信號生成的門檻值。

❹ 計算出每個時間點所偏離的距離（distance）。

❺ 畫出所有偏離距離（distance）的值。

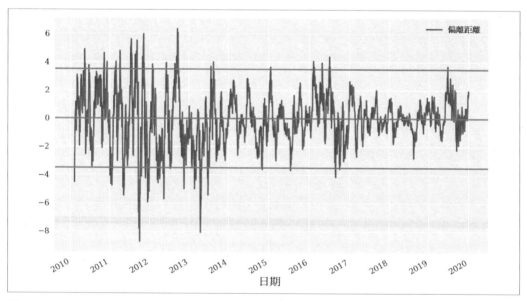

圖 4-14　GDX 目前價格與 SMA 之間的差值，以及生成均值回歸信號的門檻值

根據差值與固定的門檻值，我們就可以再次以向量化方式推導出所要建立的部位。圖 4-15 顯示的就是所得出的部位狀況：

```
In [105]: data['position'] = np.where(data['distance'] > threshold,
                                       -1, np.nan)  ❶

In [106]: data['position'] = np.where(data['distance'] < -threshold,
                                       1, data['position'])  ❷

In [107]: data['position'] = np.where(data['distance'] *
                            data['distance'].shift(1) < 0, 0, data['position'])  ❸

In [108]: data['position'] = data['position'].ffill().fillna(0)  ❹

In [109]: data['position'].iloc[SMA:].plot(ylim=[-1.1, 1.1],
                                       figsize=(10, 6));  ❺
```

❶ 如果距離值大於門檻值，就進行放空（position 這個新欄位設定為 –1），否則就設為 NaN。

❷ 如果距離值小於負的門檻值，就進行做多（position 這個欄位設定為 1），否則就維持不變。

❸ 如果距離值的正負號改變，就保持市場中立（position 這個欄位設定為 0），否則就保持不變。

❹ 所有 position 為 NaN 的值，全部改填入前一個值；接著如果還有 NaN 的值，就全部替換為 0。

❺ 從 SMA 的值所相應的位置開始，畫出所計算出來的部位狀況。

最後一個步驟是計算出策略的報酬，如圖 4-16 所示。雖然因為某種參數化的原因，導致策略長期處於中立的看法（不是看多也沒有看空），但這個策略的績效表現還是比 GDX ETF 本身要好得多。

圖 4-16 策略曲線其中那幾段平坦的部分，反映的就是市場中立的看法：

```
In [110]: data['strategy'] = data['position'].shift(1) * data['returns']

In [111]: data[['returns', 'strategy']].dropna().cumsum(
                  ).apply(np.exp).plot(figsize=(10, 6));
```

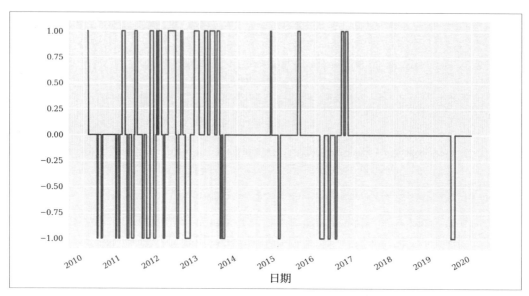

圖 4-15　均值回歸型策略，針對 GDX 所生成的部位訊號

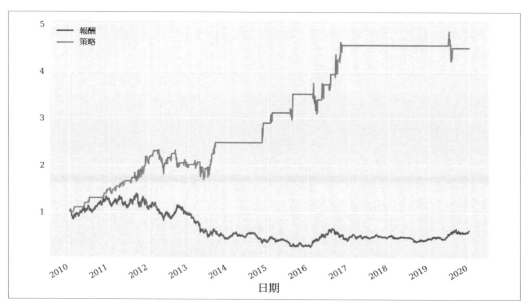

圖 4-16　GDX ETF 與均值回歸型策略（SMA = 25，門檻值 = 3.5）的總體績效表現

通用化做法

和之前一樣,運用一個相應的 Python 物件類別來實作向量化回測,是一種比較有效率的做法。第 132 頁「均值回歸回測物件類別」裡的 MRVectorBacktester 物件類別,其實是繼承自 MomVectorBacktester 物件類別,只不過替換掉了其中的 run_strategy() 方法,以對應均值回歸型策略相應的細節。

接下來的這個範例使用的是 GLD,而且把交易成本的比例值設定為 0.1%。初始投資金額同樣設定為 10,000 美元。這次的 SMA 設為 43 日,門檻值則設為 7.5。圖 4-17 顯示的就是這個均值回歸型策略與 GLD ETF 相比之下的績效表現結果:

```
In [112]: import MRVectorBacktester as MR    ❶

In [113]: mrbt = MR.MRVectorBacktester('GLD', '2010-1-1', '2019-12-31',
                                        10000, 0.001)    ❷

In [114]: mrbt.run_strategy(SMA=43, threshold=7.5)    ❸
Out[114]: (13542.15, 646.21)

In [115]: mrbt.plot_results()    ❹
```

❶ 匯入模組,並以 MR 做為其別名。

❷ 以 10,000 美元做為初始資本金額,並設定每筆交易會有 0.1% 的交易成本,然後建立一個 MRVectorBacktester 物件類別的物件實例;在這樣的設定下,策略的績效表現還是優於投資工具本身這個比較基準。

❸ 採用 43 日 SMA 與 7.5 的門檻值,然後針對這個均值回歸型策略進行回測。

❹ 畫出此策略與投資工具本身的累計績效表現。

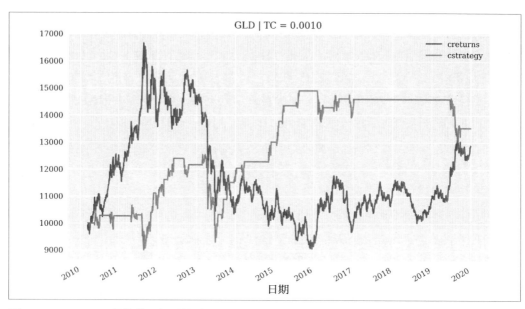

圖 4-17　GLD ETF 與均值回歸型策略（SMA = 43，門檻值 = 7.5，交易成本為 0.1%）的總體績效
表現

資料窺探與過度套入

本章的重點（也是本書其餘部分的重點）就是針對演算法交易的一些重要概念，運用
Python 進行技術上的實作。我們所使用的策略、參數、資料集與演算法，有時候是隨意
選擇的，有時則會根據特定目的進行選擇，以得出某些特定的觀點。毫無疑問的是，在
討論各種可應用於金融投資的技術方法時，可以取得「美好結果」的範例往往更讓人感
到興奮、更能夠激勵人心，不過那樣的範例很有可能並不能通用於其他金融投資工具或
不同的時間區間。

如果想在範例中得到美好的結果，通常就必須付出資料窺探（*data snooping*）的代價。
根據 White（2000）的說法，資料窺探（data snooping）可定義如下：

> 如果因為推論或挑選模型的目的，而去多次使用同一組給定的資料，這樣就會
> 產生「資料窺探」的問題。

換句話說，也就是多次套用某種特定的做法，或甚至多次套用相同的資料集，只為了得到令人滿意的數字與圖形。在進行交易策略的研究時，如果從理智上來說，這當然不是一種誠實的做法，因為這等於是先假裝交易策略具有一定的經濟潛力，但這樣的假設在現實世界中很有可能根本就不切實際。因為本書的重點是運用 Python 做為演算法交易的程式語言，因此所採用的範例可能會有資料窺探的問題，這也不是很奇怪的事。這就好比在數學教科書中，經常會用一些例子來說明某個方程式，而對於那些例子來說，方程式的唯一解好像都很容易就可以計算出來。不過在真正的數學求解過程中，像那種很輕鬆就可以求解的情況並不常見，老實說反而比較像是例外的情況；雖然如此，但基於教學的目的，我們還是經常看到那樣的例子。

除此之外，還有另一個問題，就是所謂的**過度套入**（*overfitting*）。在交易的領域中，「過度套入」可描述如下（請參見《*the Man Institute on Overfitting*》（著手處理過度套入的人）：*https://oreil.ly/uYIGs*）：

> 如果模型所描述的是雜訊而非信號，那就是出現了所謂「過度套入」的問題。面對測試資料時，模型或許有很好的表現，但面對未來的新資料時，模型的預測能力卻很差，或甚至完全沒有預測能力。過度套入也可以說是找到了一種實際上並不存在的特定模式。過度套入的問題會帶來一定的成本——因為過度套入的策略在未來的表現肯定不如預期。

即使是很簡單的策略，例如只用到兩個參數值的 SMA 策略，我們還是可以針對好幾千種不同的參數組合進行回測。幾乎可以肯定的是，這些參數組合其中一定有某幾個組合，可以得出非常良好的績效表現結果。如 Bailey 等人（2015）所進行的詳細討論所述，這樣的做法很容易導致回測出現過度套入的問題，而通常負責回測的人甚至都不會意識到這個問題。他們指出：

> 由於演算法研究與高效能計算的最新進展，現在若想針對有限的金融時間序列資料，測試數以億計的各種投資策略，這種做法幾乎已成為一點都不困難的事，因為只要運用高效的運算能力，不斷修正投資策略的參數，就能最大化策略的績效表現。不過，由於訊號雜訊比（*S/N ratio*）實在太弱了，因此這種修正參數的做法最後通常都只是從過去的雜訊中得出獲利的參數組合，而無法在未來的市場中找出有用的獲利訊號。之所以會有這樣的結果，其實就是回測時出現過度套入的問題。

從統計意義上來看，這種由經驗得出結果的做法在有效性方面的問題，當然並不只侷限於金融投資策略的回測。

Ioannidis（2005）就曾提到，在醫學出版領域，如果要判斷研究結果的可重現性與有效性，往往會特別強調機率與統計上的考量：

越來越多人擔心，在現代的研究中，「找出錯誤」很可能已經在各種已發表的研究主張中，佔了多數甚至是絕大多數的比例。不過，這並不奇怪。大多數所主張的研究結果，都有可能被證明是錯誤的……如前所述，研究結果確實正確的機率，取決於研究對象（在進行研究之前）確實為真的先驗機率、研究本身在統計上的傾向、以及統計結果顯著性的程度。

在這樣的背景下，各位一定要特別留意，如果本書某個交易策略針對某組特定的資料集、特定的參數組合或特定的機器學習演算法，顯現出良好的績效表現，這不但不足以代表這組特別的設定可做為投資的建議，也不代表我們可以用此策略相應的品質與表現，得出更具通用性的結論。

當然，我們鼓勵你使用本書所提供的程式碼與範例，探索一下你自己的演算法交易策略構想，並根據你自己的回測結果、驗證與結論，在實務中實作出你自己的投資策略。畢竟在金融市場中，真正能夠帶來優勢的是勤奮與適當的策略研究，而不是靠蠻力所驅動的資料窺探與過度套入做法。

結論

在科學計算與金融分析領域、尤其是演算法交易策略的回測方面，向量化可說是十分強大的一個概念。本章介紹了 NumPy 與 pandas 的向量化做法，並用它來回測三種交易策略：簡單移動平均型策略、動量型策略、均值回歸型策略。本章確實做了許多簡化的假設，而且針對交易策略進行嚴格的回測時，一定要考慮更多在實務中會影響交易成功的因素，例如資料問題、策略選擇問題、如何避免過度套入、或是市場微觀結構裡的若干要素。不過，本章主要的目標就是從技術與實作的角度，聚焦於向量化的概念，並瞭解它在演算法交易中的作用。關於本章所呈現的所有具體範例與結果，都必須考慮資料窺探、過度套入與統計顯著性的問題。

參考資料與其他資源

關於如何使用 NumPy 與 pandas 進行向量化操作，相應的基礎知識請參見以下書籍：

McKinney, Wes. 2017. *Python for Data Analysis*（Python 資料分析）. 2nd ed. Sebastopol: O'Reilly.

VanderPlas, Jake. 2016. *Python Data Science Handbook*（Python 資料科學學習手冊）. Sebastopol: O'Reilly.

關於在金融投資領域中，如何使用 NumPy 與 pandas 的相關訊息，請參見以下書籍：

Hilpisch, Yves. 2015. *Derivatives Analytics with Python: Data Analysis, Models, Simulation, Calibration, and Hedging*（Python 衍生性金融商品分析：資料分析、模型化、模型化、校正與避險）. Wiley Finance.

Hilpisch, Yves. 2017. *Listed Volatility and Variance Derivatives: A Python-Based Guide*（波動率指數與各種不同的衍生性金融商品：Python 指南）. Wiley Finance.

Hilpisch, Yves. 2018. *Python for Finance: Mastering Data-Driven Finance*（Python 金融分析：掌握金融大數據）. 2nd ed. Sebastopol: O'Reilly.

關於資料窺探與過度套入的主題，請參見以下論文：

Bailey, David, Jonathan Borwein, Marcos Lopez de Prado, and Qiji Jim Zhu. 2015. "The Probability of Backtest Overfitting.（回測時出現過度套入的機率）" *Journal of Computational Finance* 20, (4): 39-69. *https://oreil.ly/sOHlf*.

Ioannidis, John. 2005. "Why Most Published Research Findings Are False（為什麼大多數已發表的研究結果都是錯誤的）." *PLoS Medicine* 2, (8): 696-701.

White, Halbert. 2000. "A Reality Check for Data Snooping（資料窺探檢查的務實做法）." *Econometrica* 68, (5): 1097-1126.

關於簡單移動平均型交易策略更多的背景資訊與經驗結果，請參見以下資料來源：

Brock, William, Josef Lakonishok, and Blake LeBaron. 1992. "Simple Technical Trading Rules and the Stochastic Properties of Stock Returns（簡單的技術交易規則與股票報酬的隨機特性）." *Journal of Finance* 47, (5): 1731-1764.

Droke, Clif. 2001. *Moving Averages Simplified*（簡化的移動平均）. Columbia: Marketplace Books.

Ernest Chan 所著的書籍詳細介紹了動量型與均值回歸型交易策略。這本書也是討論交易策略回測陷阱很好的一個資料來源：

Chan, Ernest. 2013. *Algorithmic Trading: Winning Strategies and Their Rationale*（演算法交易：贏家策略及其原理）. Hoboken et al: John Wiley & Sons.

下面這些研究論文針對橫截面動量型策略（傳統的動量型交易做法），分析了相應的特性及其獲利來源：

Chan, Louis, Narasimhan Jegadeesh, and Josef Lakonishok. 1996. "Momentum Strategies（動量型策略）." *Journal of Finance* 51, (5): 1681-1713.

Jegadeesh, Narasimhan, and Sheridan Titman. 1993. "Returns to Buying Winners and Selling Losers: Implications for Stock Market Efficiency（「買進表現好的、賣出表現差的」相應的報酬：股票市場效率的影響）." *Journal of Finance* 48, (1): 65-91.

Jegadeesh, Narasimhan, and Sheridan Titman. 2001. "Profitability of Momentum Strategies: An Evaluation of Alternative Explanations（動量型策略的獲利能力：另一種解釋的評價）." *Journal of Finance* 56, (2): 599-720.

Moskowitz 等人的論文，針對所謂的時間序列動量型策略，提供了相應的分析：

Moskowitz, Tobias, Yao Hua Ooi, and Lasse Heje Pedersen. 2012. "Time Series Momentum（時間序列的動量）." *Journal of Financial Economics* 104: 228-250.

下面這些論文從經驗上分析了資產價格回歸均值的現象：

Balvers, Ronald, Yangru Wu, and Erik Gilliland. 2000. "Mean Reversion across National Stock Markets and Parametric Contrarian Investment Strategies（全國股票市場回歸均值的現象與參數化反向投資策略）." *Journal of Finance* 55, (2): 745-772.

Kim, Myung Jig, Charles Nelson, and Richard Startz. 1991. "Mean Reversion in Stock Prices? A Reappraisal of the Empirical Evidence（股票價格均值回歸？經驗證據的重新評估）." *Review of Economic Studies* 58: 515-528.

Spierdijk, Laura, Jacob Bikker, and Peter van den Hoek. 2012. "Mean Reversion in International Stock Markets: An Empirical Analysis of the 20th Century（國際股票市場的均值回歸現象：二十世紀經驗分析）." *Journal of International Money and Finance* 31: 228-249.

Python 腳本

本節介紹的是本章所參考運用的 Python 腳本。

簡單移動平均回測物件類別

下面提供了一段 Python 程式碼，其中的物件類別可針對**簡單移動平均型**策略進行向量化回測：

```python
#
# 此 Python 模組內的物件類別
# 可以用向量化的方式回測
# SMA 簡單移動平均型策略
#
# Python 演算法交易
# (c) Dr. Yves J. Hilpisch
# The Python Quants 有限責任公司
#
import numpy as np
import pandas as pd
from scipy.optimize import brute


class SMAVectorBacktester(object):
    ''' SMA 簡單移動平均型交易策略向量化回測物件類別。

    屬性
    ==========
    symbol: str
        所要處理的 RIC 代碼
    SMA1: int
        短線 SMA 的時間視窗（以日為單位）
    SMA2: int
        長線 SMA 的時間視窗（以日為單位）
    start: str
        資料檢索的開始日期
    end: str
        資料檢索的結束日期

    方法
    =======
    get_data:
        基礎資料集的檢索與準備
    set_parameters:
        設定一或兩個新的 SMA 參數
```

```
run_strategy:
    針對 SMA 型策略執行回測
plot_results:
    畫出策略的績效表現，並與原投資工具本身進行比較
update_and_run:
    更新 SMA 參數，然後送回絕對績效表現（的負值）
optimize_parameters:
    實作出一個窮舉式的最佳化做法，找出 2 個 SMA 的最佳參數
'''

def __init__(self, symbol, SMA1, SMA2, start, end):
    self.symbol = symbol
    self.SMA1 = SMA1
    self.SMA2 = SMA2
    self.start = start
    self.end = end
    self.results = None
    self.get_data()

def get_data(self):
    ''' 資料的檢索與準備。
    '''
    raw = pd.read_csv('http://hilpisch.com/pyalgo_eikon_eod_data.csv',
                    index_col=0, parse_dates=True).dropna()
    raw = pd.DataFrame(raw[self.symbol])
    raw = raw.loc[self.start:self.end]
    raw.rename(columns={self.symbol: 'price'}, inplace=True)
    raw['return'] = np.log(raw / raw.shift(1))
    raw['SMA1'] = raw['price'].rolling(self.SMA1).mean()
    raw['SMA2'] = raw['price'].rolling(self.SMA2).mean()
    self.data = raw

def set_parameters(self, SMA1=None, SMA2=None):
    ''' 更新 SMA 參數與相應的時間序列。
    '''
    if SMA1 is not None:
        self.SMA1 = SMA1
        self.data['SMA1'] = self.data['price'].rolling(
            self.SMA1).mean()
    if SMA2 is not None:
        self.SMA2 = SMA2
        self.data['SMA2'] = self.data['price'].rolling(self.SMA2).mean()

def run_strategy(self):
    ''' 回測交易策略。
    '''
```

```python
        data = self.data.copy().dropna()
        data['position'] = np.where(data['SMA1'] > data['SMA2'], 1, -1)
        data['strategy'] = data['position'].shift(1) * data['return']
        data.dropna(inplace=True)
        data['creturns'] = data['return'].cumsum().apply(np.exp)
        data['cstrategy'] = data['strategy'].cumsum().apply(np.exp)
        self.results = data
        # 策略的總體績效表現
        aperf = data['cstrategy'].iloc[-1]
        # 相較於原投資工具，此策略表現更好 / 更差的程度
        operf = aperf - data['creturns'].iloc[-1]
        return round(aperf, 2), round(operf, 2)

    def plot_results(self):
        ''' 畫出交易策略的累積績效表現，並與原投資工具本身進行比較。
        '''
        if self.results is None:
            print('No results to plot yet. Run a strategy.')
        title = '%s | SMA1=%d, SMA2=%d' % (self.symbol,
                                           self.SMA1, self.SMA2)
        self.results[['creturns', 'cstrategy']].plot(title=title,
                                                     figsize=(10, 6))

    def update_and_run(self, SMA):
        ''' 更新 SMA 參數，並送回絕對績效表現的負值（因為會採用求取最小值的演算法）。

        參數
        ==========
        SMA: tuple
            SMA 參數 tuple 元組
        '''
        self.set_parameters(int(SMA[0]), int(SMA[1]))
        return -self.run_strategy()[0]

    def optimize_parameters(self, SMA1_range, SMA2_range):
        ''' 根據所給定的 SMA 參數範圍，找出整體最大值。

        參數
        ==========
        SMA1_range, SMA2_range: tuple
            這幾個 tuple 元組的形式為（開始，結束，間隔長度）
        '''
        opt = brute(self.update_and_run, (SMA1_range, SMA2_range), finish=None)
        return opt, -self.update_and_run(opt)
```

```
if __name__ == '__main__':
    smabt = SMAVectorBacktester('EUR=', 42, 252,
                                '2010-1-1', '2020-12-31')
    print(smabt.run_strategy())
    smabt.set_parameters(SMA1=20, SMA2=100)
    print(smabt.run_strategy())
    print(smabt.optimize_parameters((30, 56, 4), (200, 300, 4)))
```

動量回測物件類別

下面的 Python 程式碼提供了一個物件類別，可針對時間序列動量型策略進行向量化回測：

```
#
# 此 Python 模組內的物件類別
# 可以用向量化的方式回測
# 動量型策略
#
# Python 演算法交易
# (c) Dr. Yves J. Hilpisch
# The Python Quants 有限責任公司
#
import numpy as np
import pandas as pd


class MomVectorBacktester(object):
    ''' 此物件類別可以用向量化的方式回測動量型交易策略。

    屬性
    =========
    symbol: str
        所要處理的金融投資工具 RIC 代碼
    start: str
        所選資料的開始日期
    end: str
        所選資料的結束日期
    amount: int, float
        一開始所要投入的資本金額
    tc: float
        交易成本在每一筆交易中所佔的比例（例如，0.5% = 0.005）

    方法
    =======
    get_data:
```

基礎資料集的檢索與準備
```
run_strategy:
```
針對動量型策略執行回測
```
plot_results:
```
畫出策略的績效表現，並與原投資工具本身進行比較
```
'''

    def __init__(self, symbol, start, end, amount, tc):
        self.symbol = symbol
        self.start = start
        self.end = end
        self.amount = amount
        self.tc = tc
        self.results = None
        self.get_data()

    def get_data(self):
        ''' 資料的檢索與準備。
        '''
        raw = pd.read_csv('http://hilpisch.com/pyalgo_eikon_eod_data.csv',
                        index_col=0, parse_dates=True).dropna()
        raw = pd.DataFrame(raw[self.symbol])
        raw = raw.loc[self.start:self.end]
        raw.rename(columns={self.symbol: 'price'}, inplace=True)
        raw['return'] = np.log(raw / raw.shift(1))
        self.data = raw

    def run_strategy(self, momentum=1):
        ''' 回測交易策略。
        '''
        self.momentum = momentum
        data = self.data.copy().dropna()
        data['position'] = np.sign(data['return'].rolling(momentum).mean())
        data['strategy'] = data['position'].shift(1) * data['return']
        # 判斷何時該進行交易
        data.dropna(inplace=True)
        trades = data['position'].diff().fillna(0) != 0
        # 進行交易時，要先從報酬中扣除掉交易成本
        data['strategy'][trades] -= self.tc
        data['creturns'] = self.amount * data['return'].cumsum().apply(np.exp)
        data['cstrategy'] = self.amount * \
            data['strategy'].cumsum().apply(np.exp)
        self.results = data
        # 策略的絕對績效表現
        aperf = self.results['cstrategy'].iloc[-1]
        # 相較於原投資工具，此策略表現更好 / 更差的程度
```

```
        operf = aperf - self.results['creturns'].iloc[-1]
        return round(aperf, 2), round(operf, 2)


    def plot_results(self):
        ''' 畫出交易策略的累積績效表現，並與原投資工具本身進行比較。
        '''
        if self.results is None:
            print('No results to plot yet. Run a strategy.')
        title = '%s | TC = %.4f' % (self.symbol, self.tc)
        self.results[['creturns', 'cstrategy']].plot(title=title,
                                                      figsize=(10, 6))



if __name__ == '__main__':
    mombt = MomVectorBacktester('XAU=', '2010-1-1', '2020-12-31',
                                10000, 0.0)
    print(mombt.run_strategy())
    print(mombt.run_strategy(momentum=2))
    mombt = MomVectorBacktester('XAU=', '2010-1-1', '2020-12-31',
                                10000, 0.001)
    print(mombt.run_strategy(momentum=2))
```

均值回歸回測物件類別

下面的 Python 程式碼提供了一個物件類別，可針對**均值回歸**型策略進行向量化回測。

```
#
# 此 Python 模組內的物件類別
# 可以用向量化的方式回測
# 均值回歸型策略
#
# Python 演算法交易
# (c) Dr. Yves J. Hilpisch
# The Python Quants 有限責任公司
#
from MomVectorBacktester import *


class MRVectorBacktester(MomVectorBacktester):
    ''' 此物件類別可以用向量化的方式回測均值回歸型交易策略。

    屬性
    =========
    symbol: str
        所要處理的 RIC 代碼
    start: str
```

資料檢索的開始日期
end: str
　　資料檢索的結束日期
amount: int, float
　　一開始所要投入的資本金額
tc: float
　　交易成本在每一筆交易中所佔的比例（例如，0.5% = 0.005）

方法
=======
get_data:
　　基礎資料集的檢索與準備
run_strategy:
　　針對均值回歸型策略執行回測
plot_results:
　　畫出策略的績效表現，並與原投資工具本身進行比較
'''


```python
def run_strategy(self, SMA, threshold):
    ''' 回測交易策略。
    '''
    data = self.data.copy().dropna()
    data['sma'] = data['price'].rolling(SMA).mean()
    data['distance'] = data['price'] - data['sma']
    data.dropna(inplace=True)
    # 賣出信號
    data['position'] = np.where(data['distance'] > threshold,
                                -1, np.nan)
    # 買進信號
    data['position'] = np.where(data['distance'] < -threshold,
                                1, data['position'])
    # 目前的價格穿過 SMA 均線（distance 為 0）
    data['position'] = np.where(data['distance'] *
                                data['distance'].shift(1) < 0,
                                0, data['position'])
    data['position'] = data['position'].ffill().fillna(0)
    data['strategy'] = data['position'].shift(1) * data['return']
    # 判斷何時該進行交易
    trades = data['position'].diff().fillna(0) != 0
    # 進行交易時，要先從報酬中扣除掉交易成本
    data['strategy'][trades] -= self.tc
    data['creturns'] = self.amount * \
        data['return'].cumsum().apply(np.exp)
    data['cstrategy'] = self.amount * \
        data['strategy'].cumsum().apply(np.exp)
    self.results = data
```

```python
        # 策略的絕對績效表現
        aperf = self.results['cstrategy'].iloc[-1]
        # 相較於原投資工具，此策略表現更好 / 更差的程度
        operf = aperf - self.results['creturns'].iloc[-1]
        return round(aperf, 2), round(operf, 2)


if __name__ == '__main__':
    mrbt = MRVectorBacktester('GDX', '2010-1-1', '2020-12-31',
                              10000, 0.0)
    print(mrbt.run_strategy(SMA=25, threshold=5))
    mrbt = MRVectorBacktester('GDX', '2010-1-1', '2020-12-31',
                              10000, 0.001)
    print(mrbt.run_strategy(SMA=25, threshold=5))
    mrbt = MRVectorBacktester('GLD', '2010-1-1', '2020-12-31',
                              10000, 0.001)
    print(mrbt.run_strategy(SMA=42, threshold=7.5))
```

## 第五章

運用機器學習預測市場動向

> 天網開始以幾何速度學習。美國東部時間 8 月 29 日上午 2:14，它開始擁有自我
> 意識。
>
> ——終結者（取自電影《魔鬼終結者 2》）

近年來，機器學習、深度學習與人工智慧領域取得了巨大的進展。整個金融行業，尤其是全球的演算法交易商，全都想從這些進展的技術中受益。

本章打算介紹一些統計相關技術（例如**線性迴歸**）與機器學習的技術（例如**邏輯迴歸**），然後根據過去的報酬來預測未來的價格走勢。我們也會說明如何使用**神經網路**來預測股市動向。當然，本章的內容並不能做為機器學習的全面性介紹，不過我們會從專業工作者的角度，展示如何把特定的技術，具體應用到價格預測的問題中。關於更多詳細訊息，請參見 Hilpisch（2020）的著作[1]。

本章內容涵蓋以下幾種交易策略：

線性迴歸型策略

此類策略會使用線性迴歸，來推斷出市場趨勢或金融投資工具未來價格的走向。

---

[1] Guido 與 Müller（2016）和 VanderPlas（2016）的著作，也針對 Python 機器學習提供了相當實用的一般性介紹。

機器學習型策略

演算法交易通常可以預測出金融投資工具的移動方向，但很難預測出移動的絕對幅度。在這樣的前提下，基本上可以把預測問題歸結成「判斷接下來會往上或往下移動」這樣的分類問題。目前已經開發出好幾種不同的機器學習演算法，可用來解決這種分類問題。本章會介紹邏輯迴歸的做法，以做為其他不同分類演算法的參考基準。

深度學習型策略

在 Facebook 等技術巨頭努力的推廣下，深度學習的概念如今已相當普及。與機器學習演算法很類似的是，以神經網路為基礎的深度學習演算法，同樣也可以讓人們用來處理金融市場預測時所面臨的分類問題。

本章的內容架構如下。第 136 頁的「運用線性迴歸預測市場動向」介紹線性迴歸的技術，以預測指數與價格變動的方向。第 152 頁的「運用機器學習預測市場動向」重點在於介紹機器學習，並且在線性迴歸的基礎上，介紹 scikit-learn 的用法。這裡主要是以邏輯迴歸來做為另一種線性模型，然後再以明確的方式套用到分類問題中。第 167 頁的「運用深度學習預測市場動向」會介紹 Keras，利用神經網路演算法來預測股票市場動向。

本章主要的目的是提供實用的做法，以便根據過去的報酬預測金融市場未來的價格動向。其背後的基本假設是，效率市場這個假說應該無法普遍適用，而針對股價圖表進行技術分析這類的推理方式，也許可以讓我們從歷史中得出一些關於未來的見解，因此我們可以使用統計的技術，從資料中挖掘出這樣的見解。換句話說，我們假設金融市場中的某些特定模式會重複出現，因此可以善用對過去的觀察，來預測出未來的價格動向。關於這些概念，Hilpisch（2020）的著作中包含了更多詳細的說明。

運用線性迴歸預測市場動向

普通最小平方法（OLS；或普通最小二乘法）與線性迴歸，在統計領域已經是存在好幾十年的老技術，而且在許多不同的應用領域中，都已被證明是很有用的技術。本節就是打算使用線性迴歸，來進行價格預測。不過我們會先快速回顧一下基礎的知識，並簡介一下基本的做法。

線性迴歸快速回顧

在應用線性迴歸的做法之前,先利用一些隨機資料來快速檢視一下這個技術,應該是很有幫助的做法。下面這段範例程式碼先透過 NumPy,用一組自變數 x 的資料生成一個 ndarray 物件。然後根據這組資料,再搭配隨機資料(「雜訊資料」)生成因變數 y。NumPy 提供了 polyfit 與 polyval 這兩個函式,可以很方便實作出單項式的 OLS 迴歸。以線性迴歸來說,這裡所要使用的單項式最高次方就是 1。圖 5-1 顯示的就是相應資料與迴歸線的圖形:

```
In [1]: import os
        import random
        import numpy as np      ❶
        from pylab import mpl, plt      ❷
        plt.style.use('seaborn')
        mpl.rcParams['savefig.dpi'] = 300
        mpl.rcParams['font.family'] = 'serif'
        os.environ['PYTHONHASHSEED'] = '0'

In [2]: x = np.linspace(0, 10)      ❸

In [3]: def set_seeds(seed=100):
            random.seed(seed)
            np.random.seed(seed)
        set_seeds()      ❹

In [4]: y = x + np.random.standard_normal(len(x))      ❺

In [5]: reg = np.polyfit(x, y, deg=1)      ❻

In [6]: reg      ❼
Out[6]: array([0.94612934, 0.22855261])

In [7]: plt.figure(figsize=(10, 6))      ❽
        plt.plot(x, y, 'bo', label='data')      ❾
        plt.plot(x, np.polyval(reg, x), 'r', lw=2.5, label='linear regression')      ❿
        plt.legend(loc=0);      ⓫
```

❶ 匯入 NumPy。

❷ 匯入 matplotlib。

❸ 以均勻間隔的方式在 0 到 10 之間生成 x 浮點數值。

❹ 所有相關的隨機數生成器，都採用固定的 seed 值。

❺ 生成隨機的 y 值資料。

❻ 進行 1 次方的 OLS 迴歸（即線性迴歸）。

❼ 顯示最佳參數值。

❽ 建立一個新的 figure 圖形物件。

❾ 把原始資料畫成一個一個的資料點。

❿ 畫出迴歸線。

⓫ 建立圖例說明。

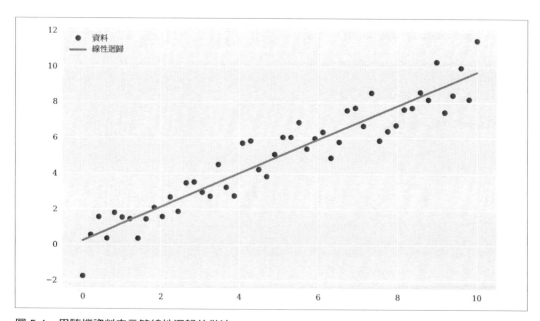

圖 5-1　用隨機資料來示範線性迴歸的做法

在這裡自變數 x 所橫跨的區間就是 $x \in [0, 10]$。不過就算擴大此區間（譬如 $x \in [0, 20]$），
我們還是可以根據最佳迴歸參數，以外推的方式「預測」出因變數 y 在原本資料範圍之
外所對應的值。圖 5-2 顯示的就是以外推方式進行預測的結果：

```
In [8]: plt.figure(figsize=(10, 6))
        plt.plot(x, y, 'bo', label='data')
        xn = np.linspace(0, 20)  ❶
```

```
plt.plot(xn, np.polyval(reg, xn), 'r', lw=2.5, label='linear regression')
plt.legend(loc=0);
```

❶ 擴大 x 值的範圍。

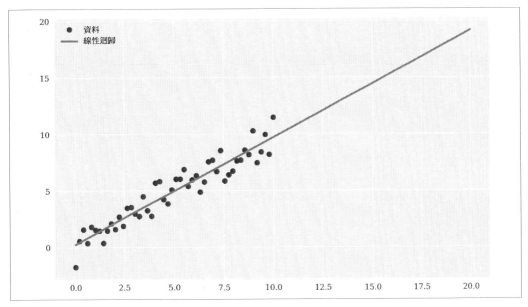

圖 5-2　根據線性迴歸（以外推的方式）進行預測

價格預測的基本構想

如果要針對時間序列資料進行價格預測，必須先做好一件事：讓資料按照時間順序排列。以線性迴歸的應用方式來說，資料的順序通常並不重要。在前一節第一個範例中，只要 x 與 y 的對應關係保持不變，就算以完全不同的資料順序執行線性迴歸，還是可以得到相同的結果。資料的順序並不會有任何影響，最後所得到的最佳迴歸參數都是相同的。

不過，如果想預測明天指數的高低，先以正確順序排列指數的歷史資料，似乎又是至關重要的事。舉個例子來說，我們往往是根據今天、昨天、前天等指數水準的資料，嘗試預測出明天的指數水準。我們用來做為判斷依據的輸入資料，其中往前所取的天數，通常可稱之為「滯後量（lag）」。如果採用的是今天與之前兩天指數水準的資料，就可以說是採用了三個滯後量。

下一個範例會把這樣的想法，再次對應到一個相對簡單的情況。這個範例所使用的資料，是介於 0 到 11 的一些數字：

```
In [9]: x = np.arange(12)

In [10]: x
Out[10]: array([ 0,  1,  2,  3,  4,  5,  6,  7,  8,  9, 10, 11])
```

假設迴歸採用了三個滯後量。也就是說，迴歸有三個自變數與一個因變數。更具體地說，如果 0、1、2 是自變數的值，3 就是因變數相應的值。如果（在時間維度上）往後移動一步，自變數的值就變成 1、2、3，而因變數就變成 4。這樣的關係其中最後一組就是 8、9、10 與 11。因此，這個問題就是把我們的想法，化為 $A \cdot x = b$ 線性方程式的形式，其中 A 是一個矩陣，x 和 b 則為向量：

```
In [11]: lags = 3  ❶

In [12]: m = np.zeros((lags + 1, len(x) - lags))  ❷

In [13]: m[lags] = x[lags:]  ❸
         for i in range(lags):  ❹
             m[i] = x[i:i - lags]  ❺

In [14]: m.T  ❻
Out[14]: array([[ 0.,  1.,  2.,  3.],
                [ 1.,  2.,  3.,  4.],
                [ 2.,  3.,  4.,  5.],
                [ 3.,  4.,  5.,  6.],
                [ 4.,  5.,  6.,  7.],
                [ 5.,  6.,  7.,  8.],
                [ 6.,  7.,  8.,  9.],
                [ 7.,  8.,  9., 10.],
                [ 8.,  9., 10., 11.]])
```

❶ 定義滯後量的個數。

❷ 建立一個適當維度的 ndarray 物件實例。

❸ 定義目標值（target value，也就是因變數）。

❹ 從 0 到 (lags - 1) 對數字進行迭代。

❺ 定義基礎向量（basis vector，也就是自變數）

❻ 以轉置的方式把 ndarray 物件 m 顯示出來。

轉置後的 ndarray 物件 m，其中前三縱列包含的是三個自變數的值。它們共同構成了矩陣 A。第四縱列（也就是最後一縱列）代表的是向量 b。以結果來說，線性迴歸的目的就是要得出這裡看不到的向量 x。由於現在有比較多的自變數，因此就無法再使用 polyfit 與 polyval 了。不過，NumPy 有一個線性代數子套件（linalg），其中有個函式 lstsq 可用來解決一般的最小平方法問題。在所得出的結果陣列中，我們只會用到其中第一個元素，因為這個元素裡頭放的就是最佳迴歸參數：

```
In [15]: reg = np.linalg.lstsq(m[:lags].T, m[lags], rcond=None)[0]  ❶
```

```
In [16]: reg  ❷
Out[16]: array([-0.66666667,  0.33333333,  1.33333333])
```

```
In [17]: np.dot(m[:lags].T, reg)  ❸
Out[17]: array([ 3.,  4.,  5.,  6.,  7.,  8.,  9., 10., 11.])
```

❶ 執行線性 OLS 迴歸。

❷ 列印出最佳參數。

❸ 用點積計算出預測結果。

這個基本構想很容易就可以轉移到現實世界的金融時間序列資料之中。

預測指數水準

下一個步驟就是把前面這個基本的做法，套用到金融投資工具真正的時間序列資料中（例如 EUR/USD 匯率）：

```
In [18]: import pandas as pd  ❶
```

```
In [19]: raw = pd.read_csv('http://hilpisch.com/pyalgo_eikon_eod_data.csv',
                           index_col=0, parse_dates=True).dropna()  ❷
```

```
In [20]: raw.info()  ❷
         <class 'pandas.core.frame.DataFrame'>
         DatetimeIndex: 2516 entries, 2010-01-04 to 2019-12-31
         Data columns (total 12 columns):
          #   Column  Non-Null Count  Dtype
         ---  ------  --------------  -----
          0   AAPL.O  2516 non-null   float64
          1   MSFT.O  2516 non-null   float64
          2   INTC.O  2516 non-null   float64
          3   AMZN.O  2516 non-null   float64
          4   GS.N    2516 non-null   float64
```

```
 5   SPY     2516 non-null    float64
 6   .SPX    2516 non-null    float64
 7   .VIX    2516 non-null    float64
 8   EUR=    2516 non-null    float64
 9   XAU=    2516 non-null    float64
10   GDX     2516 non-null    float64
11   GLD     2516 non-null    float64
dtypes: float64(12)
memory usage: 255.5 KB
```

In [21]: symbol = 'EUR='

In [22]: data = pd.DataFrame(raw[symbol])   ❸

In [23]: data.rename(columns={symbol: 'price'}, inplace=True)   ❹

❶ 匯入 pandas 套件。

❷ 取得每日收盤（EOD）資料，然後把它儲存在 DataFrame 物件中。

❸ 根據所指定的投資工具代碼，從原始的 DataFrame 中挑選出相應的時間序列資料。

❹ 把單一縱列重新命名為 price（價格）。

從形式上來說，之前那個簡單範例中實作迴歸預測的 Python 程式碼，幾乎不需要進行修改。實際上只要替換掉 data 資料物件就可以了：

In [24]: lags = 5

In [25]: cols = []
         for lag in range(1, lags + 1):
             col = f'lag_{lag}'
             data[col] = data['price'].shift(lag)   ❶
             cols.append(col)
         data.dropna(inplace=True)

In [26]: reg = np.linalg.lstsq(data[cols], data['price'], rcond=None)[0]

In [27]: reg
Out[27]: array([0.98635864, 0.02292172, -0.04769849, 0.05037365, -0.01208135])

❶ 取得 price（價格）這個縱列，再逐一根據 lag 的值進行平移操作。

這組最佳迴歸參數似乎可用來說明一般所謂的「隨機漫步假說」（*random walk hypothesis*）。根據這個假說的觀點，舉個例子來說，如果股票價格或匯率遵循隨機漫步的假設，那麼針對明天的價格所能做出的最佳預測，就是今天的價格。這裡所得出的最佳參數，似乎就支持這樣的假設，因為我們幾乎可以用每天當日的價格，來預測隔日的價格。而其他四個值所佔的權重，幾乎都只有微不足道的影響力。

圖 5-3 顯示的就是 EUR/USD 匯率與預測值的圖形。由於橫跨多年的資料量非常龐大，因此在這個圖中實在難以區分出這兩個時間序列：

```
In [28]: data['prediction'] = np.dot(data[cols], reg)    ❶
```

```
In [29]: data[['price', 'prediction']].plot(figsize=(10, 6));    ❷
```

❶ 用點積來計算出預測值。

❷ 畫出 price（價格）與 prediction（預測）這兩個縱列的值。

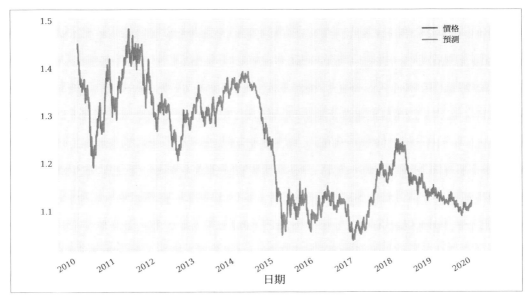

圖 5-3　EUR/USD 匯率與線性迴歸所得出的預測值（採用五個滯後量）

如果用比較短的時間視窗來繪製結果，就會有局部放大的效果，可以更容易區分出兩個時間序列。圖 5-4 顯示的就是時間視窗設為三個月的結果。從這個圖中可以看到，隔天匯率的預測值大致上就等於今天的匯率值。這個預測結果或多或少就是原始匯率向右平移一個交易日的結果：

```
In [30]: data[['price', 'prediction']].loc['2019-10-1':].plot(figsize=(10, 6));
```

 把 OLS 線性迴歸的做法應用到 EUR/USD 的歷史匯率，所預測出來的結果可做為隨機漫步假說的一種支持證據。數值樣本經過最小平方法的處理之後，從結果來看，當天的匯率就是隔天匯率的最佳預測值。

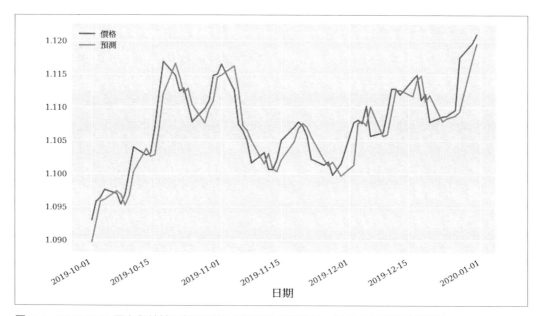

圖 5-4　EUR/USD 匯率與線性迴歸預測值（採用五個滯後量，只考慮三個月的情況）

預測未來報酬

到目前為止，我們分析的都是匯率或價格的絕對值。不過對於此類統計應用來說，（對數）報酬有可能是更好的選擇；譬如其中有一個好處是，報酬時間序列資料有一種特性，就是它的數值會比較穩定。如果想把線性迴歸套用到報酬的資料，程式碼幾乎和之前完全相同。不過這次迴歸結果的性質完全不同，隔天的報酬預測值已經不再只是與當天的報酬有密切的關係了：

```
In [31]: data['return'] = np.log(data['price'] / data['price'].shift(1))  ❶

In [32]: data.dropna(inplace=True)  ❷

In [33]: cols = []
         for lag in range(1, lags + 1):
             col = f'lag_{lag}'
             data[col] = data['return'].shift(lag)  ❸
             cols.append(col)
         data.dropna(inplace=True)

In [34]: reg = np.linalg.lstsq(data[cols], data['return'], rcond=None)[0]

In [35]: reg
Out[35]: array([-0.015689  ,  0.00890227, -0.03634858,  0.01290924, -0.00636023])
```

❶ 計算對數報酬。

❷ 刪除帶有 NaN 值的每一行資料。

❸ 根據 lag 的值，針對 returns（報酬）縱列進行平移操作。

圖 5-5 顯示的就是報酬資料與相應的預測值。如圖所示，線性迴歸的結果顯然在很大程度上無法預測未來報酬的大小：

```
In [36]: data['prediction'] = np.dot(data[cols], reg)

In [37]: data[['return', 'prediction']].iloc[lags:].plot(figsize=(10, 6));
```

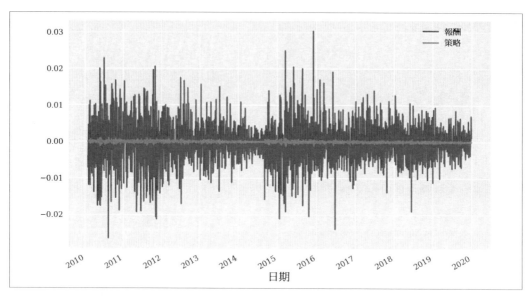

圖 5-5　EUR/USD 對數報酬與線性迴歸的預測值（採用五個滯後量）

從交易的角度來看，可能有人會爭辯說，重要的並不是報酬大小的預測，而是市場變動方向的預測是否正確。針對這一點，只要簡單的計算就可以瞭解大概的狀況。如果線性迴歸預測出正確的方向，就表示所預測的報酬正負號是正確的，如此一來市場報酬與預測報酬的乘積就會是正值，否則就會是負值。

在這個範例中，預測共有 1,250 次正確與 1,242 次錯誤，這也就表示命中率約為 49.9%，或者說幾乎恰好就是 50%：

```
In [38]: hits = np.sign(data['return'] * data['prediction']).value_counts()  ❶

In [39]: hits  ❷
Out[39]: 1.0    1250
         -1.0   1242
         0.0      13
         dtype: int64

In [40]: hits.values[0] / sum(hits)  ❸
Out[40]: 0.499001996007984
```

❶ 計算市場報酬與預測報酬的乘積，然後取結果的正負號，再計算正負值各自的數量。

❷ 列印出幾種可能值各自的數量。

❸ 計算命中率，其定義就是正確的預測在所有預測中所佔的比例。

預測未來市場動向

接下來浮現的問題是，我們可否只採用對數報酬的正負號做為因變數，然後直接套用線性迴歸，藉此來提高命中率。至少從理論上來說，這樣的做法簡化了問題，從原本要預測報酬的絕對值，變成只需要預測報酬的正負號。Python 程式碼實作此推理時唯一需要變動之處，就是在迴歸步驟中改用正負號的值（也就是只用 1.0 或 -1.0）。這樣的做法確實提高了命中的次數（1,301），命中率達到 51.9% 左右，提高了兩個百分點：

```
In [41]: reg = np.linalg.lstsq(data[cols], np.sign(data['return']), rcond=None)[0]  ❶

In [42]: reg
Out[42]: array([-5.11938725, -2.24077248, -5.13080606, -3.03753232, -2.14819119])

In [43]: data['prediction'] = np.sign(np.dot(data[cols], reg))  ❷

In [44]: data['prediction'].value_counts()
Out[44]:  1.0    1300
         -1.0    1205
         Name: prediction, dtype: int64

In [45]: hits = np.sign(data['return'] * data['prediction']).value_counts()

In [46]: hits
Out[46]:  1.0    1301
         -1.0    1191
          0.0      13
         dtype: int64

In [47]: hits.values[0] / sum(hits)
Out[47]: 0.5193612774451097
```

❶ 這裡直接使用報酬的正負號，讓迴歸進行預測。

❷ 同樣的，在預測步驟中，我們只在意正負號。

迴歸型策略的向量化回測

到目前為止，線性迴歸型交易策略在經濟上具有什麼樣的潛力，只看命中率似乎還不夠。大家都知道，在一段期間內市場表現最好與最差的十天，往往對於投資的整體績效有極大的影響[2]。在理想的世界中，多空兩頭都會進行操作的交易者，當然會嘗試根據適當的市場時機指標，分別針對最好與最差的日子進行做多與放空的操作，藉以獲得最大的利益。如果轉換成這裡的情況，就表示除了命中率之外，掌握市場時機的品質也很重要。因此，如果可以按照第 4 章的做法進行回測，應該就能更進一步了解迴歸型預測的價值。

根據目前的資料，向量化回測可歸結成兩行 Python 程式碼（包括視覺化呈現）。這是因為目前的預測值，實際上已經可以直接反映所要建立的市場部位（做多或放空）。圖 5-6顯示，以樣本內的情況來說，在目前的假設下，這個策略的表現明顯優於市場（忽略交易成本等其他因素）：

```
In [48]: data.head()
Out[48]:              price      lag_1     lag_2     lag_3     lag_4     lag_5 \
         Date
         2010-01-20  1.4101  -0.005858 -0.008309 -0.000551  0.001103 -0.001310
         2010-01-21  1.4090  -0.013874 -0.005858 -0.008309 -0.000551  0.001103
         2010-01-22  1.4137  -0.000780 -0.013874 -0.005858 -0.008309 -0.000551
         2010-01-25  1.4150   0.003330 -0.000780 -0.013874 -0.005858 -0.008309
         2010-01-26  1.4073   0.000919  0.003330 -0.000780 -0.013874 -0.005858

                     prediction    return
         Date
         2010-01-20         1.0 -0.013874
         2010-01-21         1.0 -0.000780
         2010-01-22         1.0  0.003330
         2010-01-25         1.0  0.000919
         2010-01-26         1.0 -0.005457

In [49]: data['strategy'] = data['prediction'] * data['return']     ❶

In [50]: data[['return', 'strategy']].sum().apply(np.exp)            ❷
Out[50]: return      0.784026
         strategy    1.654154
         dtype: float64

In [51]: data[['return', 'strategy']].dropna().cumsum(
             ).apply(np.exp).plot(figsize=(10, 6));                  ❸
```

2　舉例來說，可參見《The Tale of 10 Days》（10 天的故事，*https://oreil.ly/KRH78*）裡的討論。

❶ 把預測值（代表所要建立的部位）與市場報酬相乘。

❷ 分別針對策略與投資工具本身，計算出相應的總體績效表現。

❸ 畫出投資工具本身與策略隨時間變化的總體績效表現（只考慮樣本內的情況，無交易成本）。

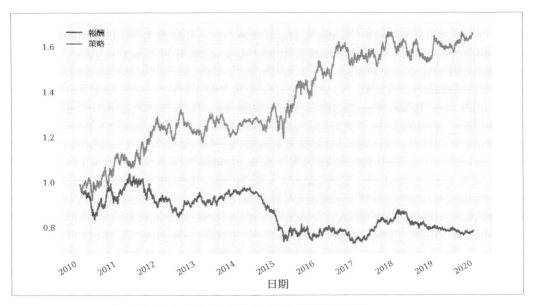

圖 5-6　EUR/USD 與迴歸型策略（採用五個滯後量）的總體績效表現

 在考慮策略整體表現時，策略的預測命中率只是其中的一個面向。另一個面向就是，此策略能否正確掌握到市場時機。即使命中率低於 50%，如果策略能正確預測出某段時間內表現最好與最差的日子，最後還是有可能贏過市場的表現。另一方面來說，即使是命中率遠高於 50% 的策略，如果在罕見的市場大變動時做出錯誤的預測，最後還是有可能輸給投資工具本身的表現。

通用化做法

第 181 頁的「線性迴歸回測物件類別」提供了一個 Python 模組，其中包含一個遵循第 4 章的精神、可針對迴歸型交易策略進行向量化回測的物件類別。除了可以針對任意數量的投資、設定交易成本比例之外，它還可以讓線性迴歸模型**進行樣本內套入與樣本外評估**。這也就表示，迴歸模型可根據資料集其中的一部分資料（例如 2010 年至 2015 年的資料）進行套入，然後再用資料集的另一部分（例如 2016 年與 2019 年的資料）進行評估。只要是牽涉到最佳化或套入步驟的策略，都可以靠這樣的做法，讓我們對策略的實際表現獲得更真實的體認，因為這樣可以有助於避免資料窺探與模型過度套入所引起的問題（另請參見第 122 頁的「資料窺探與過度套入」）。

圖 5-7 顯示，採用五個滯後量的迴歸型策略在未計交易成本的情況下，其樣本外的表現確實也是優於 EUR/USD 這個投資工具本身的表現：

```
In [52]: import LRVectorBacktester as LR   ❶

In [53]: lrbt = LR.LRVectorBacktester('EUR=', '2010-1-1', '2019-12-31',
                                       10000, 0.0)   ❷

In [54]: lrbt.run_strategy('2010-1-1', '2019-12-31',
                           '2010-1-1', '2019-12-31', lags=5)   ❸
Out[54]: (17166.53, 9442.42)

In [55]: lrbt.run_strategy('2010-1-1', '2017-12-31',
                           '2018-1-1', '2019-12-31', lags=5)   ❹
Out[55]: (10160.86, 791.87)

In [56]: lrbt.plot_results()   ❺
```

❶ 匯入模組，並以 LR 做為別名。

❷ 建立 LRVectorBacktester 物件類別的物件實例。

❸ 用相同的資料集進行策略的訓練與評估。

❹ 用兩組不同的資料進行訓練與評估。

❺ 畫出策略的樣本外績效表現，並與市場表現做比較。

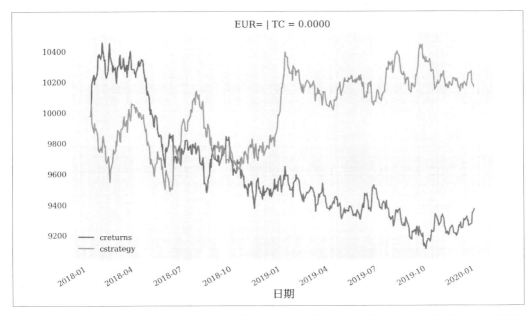

圖 5-7　EUR/USD 與迴歸型策略（採用五個滯後量，考慮樣本外的情況，未計交易成本）的總體績
　　　　效表現

接著考慮一下 GDX ETF。在我們所選擇的策略設定下，針對樣本外的情況，即使考慮了
交易成本，依然得出了相當優異的績效表現（參見圖 5-8）：

```
In [57]: lrbt = LR.LRVectorBacktester('GDX', '2010-1-1', '2019-12-31',
                                       10000, 0.002)  ❶

In [58]: lrbt.run_strategy('2010-1-1', '2019-12-31',
                           '2010-1-1', '2019-12-31', lags=7)
Out[58]: (23642.32, 17649.69)

In [59]: lrbt.run_strategy('2010-1-1', '2014-12-31',
                           '2015-1-1', '2019-12-31', lags=7)
Out[59]: (28513.35, 14888.41)

In [60]: lrbt.plot_results()
```

❶ 換成 GDX 的時間序列資料。

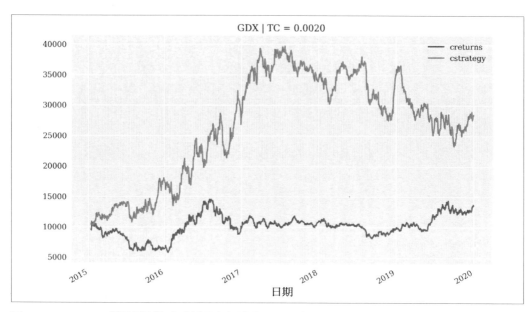

圖 5-8　GDX ETF 與迴歸型策略（採用七個滯後量，考慮樣本外的情況，計入交易成本）的總體績效表現

運用機器學習預測市場動向

如今，Python 的整個生態體系提供了許多機器學習領域相關的套件。其中最受歡迎的就是 scikit-learn（參見 scikit-learn 的主頁：*http://scikit-learn.org*），它也是文件最完整、維護最完善的套件之一。本節會先介紹與線性迴歸相關的套件 API，重新複製一次前一節的結果。接著我們會改用邏輯迴歸做為分類演算法，來解決未來市場動向預測的問題。

運用 scikit-learn 進行線性迴歸

在介紹 scikit-learn API 之前，我們可以先重新檢視一下本章介紹過的預測方法背後的基本構想。資料準備的部分，與之前使用 NumPy 的做法是一樣的：

```
In [61]: x = np.arange(12)

In [62]: x
Out[62]: array([ 0,  1,  2,  3,  4,  5,  6,  7,  8,  9, 10, 11])
```

```
In [63]: lags = 3

In [64]: m = np.zeros((lags + 1, len(x) - lags))

In [65]: m[lags] = x[lags:]
         for i in range(lags):
             m[i] = x[i:i - lags]
```

如果要改用 scikit-learn 來達到相同的目的，主要會有三個步驟：

1. 模型選擇：選擇要進行實例化的模型。

2. 模型套入：把手中的資料套入模型。

3. 預測：根據已套入過的模型進行預測。

為了套用線性迴歸，下面的程式碼會使用 linear_model 這個子套件，導入一個更具有通用性的線性模型（參見 scikit-learn 線性模型頁面：*https://oreil.ly/5XoG1*）。預設情況下，LinearRegression 模型套入訓練資料後，會得出一個截距（intercept）值：

```
In [66]: from sklearn import linear_model  ❶

In [67]: lm = linear_model.LinearRegression()  ❷

In [68]: lm.fit(m[:lags].T, m[lags])  ❸
Out[68]: LinearRegression()

In [69]: lm.coef_  ❹
Out[69]: array([0.33333333, 0.33333333, 0.33333333])

In [70]: lm.intercept_  ❺
Out[70]: 2.0

In [71]: lm.predict(m[:lags].T)  ❻
Out[71]: array([ 3.,  4.,  5.,  6.,  7.,  8.,  9., 10., 11.])
```

❶ 匯入通用化線性模型物件類別。

❷ 建立線性迴歸模型實例。

❸ 把資料套入模型中。

❹ 列印出最佳迴歸參數。

❺ 列印出截距值。

❻ 把值送入已套入過的模型，然後預測出相應的值。

只要把參數 fit_intercept 設定為 False，就可以取得我們之前用 NumPy 與 polyfit() 所得出完全相同的迴歸結果：

```
In [72]: lm = linear_model.LinearRegression(fit_intercept=False)  ❶

In [73]: lm.fit(m[:lags].T, m[lags])
Out[73]: LinearRegression(fit_intercept=False)

In [74]: lm.coef_
Out[74]: array([-0.66666667,  0.33333333,  1.33333333])

In [75]: lm.intercept_
Out[75]: 0.0

In [76]: lm.predict(m[:lags].T)
Out[76]: array([ 3.,  4.,  5.,  6.,  7.,  8.,  9., 10., 11.])
```

❶ 在不使用截距值的情況下，強制進行套入。

這個範例已經很清楚說明，如何把 scikit-learn 應用到預測問題的做法。由於 API 的設計具有一致性，因此這樣的基本做法也可以套用到其他模型中。

一個簡單的分類問題

在分類問題中，我們必須在數量有限的幾個類別之中，逐一判斷每一個新觀測值屬於哪一個類別。機器學習有個經常被拿來研究的經典問題，就是識別 0 到 9 的手寫數字。經過識別之後，就有可能得出正確的結果（例如 3）。不過，也有可能得出錯誤的結果（例如 6 或 8）；無論得出哪一個錯誤的結果，全都屬於錯誤的判斷。如果想在金融市場預測出某個投資工具的價格，所得到的數值結果有可能與正確數值相差甚遠，也有可能非常接近。但如果只是預測明天的市場動向，就只會得出正確或錯誤的結果。後面這個例子就屬於分類（*classification*）問題，其分類結果只會是「上 / 下」、「+1 / -1」或「1 / 0」這種數量有限的幾個類別。相對來說，前面預測價格是多少的例子，就屬於估值（*estimation*）問題。

在維基百科邏輯迴歸的頁面（*https://oreil.ly/zg8gW*）中，可以找到一個分類問題的簡單範例。這個資料集把許多學生為了準備考試而用功學習的小時數，以及每個學生最後考試是否及格的成功率，兩者做了關聯。雖然用功學習的小時數是一個實數（*浮點數物件*），但考試是否及格只有 True（真）或 False（假）兩種結果（也就是數字的 1 或 0）。圖 5-9 用圖形的方式把資料呈現了出來：

```
In [77]: hours = np.array([0.5, 0.75, 1., 1.25, 1.5, 1.75, 1.75, 2.,
                           2.25, 2.5, 2.75, 3., 3.25, 3.5, 4., 4.25,
                           4.5, 4.75, 5., 5.5])  ❶
```

```
In [78]: success = np.array([0, 0, 0, 0, 0, 0, 1, 0, 1, 0, 1, 0, 1,
                             0, 1, 1, 1, 1, 1, 1])  ❷
```

```
In [79]: plt.figure(figsize=(10, 6))
         plt.plot(hours, success, 'ro')  ❸
         plt.ylim(-0.2, 1.2);  ❹
```

❶ 不同學生用功學習的小時數（順序很重要）。

❷ 每個學生考試是否及格的結果（順序很重要）。

❸ 以小時數為 x 值，考試結果為 y 值，畫出整個資料集。

❹ 調整 y 軸的顯示範圍。

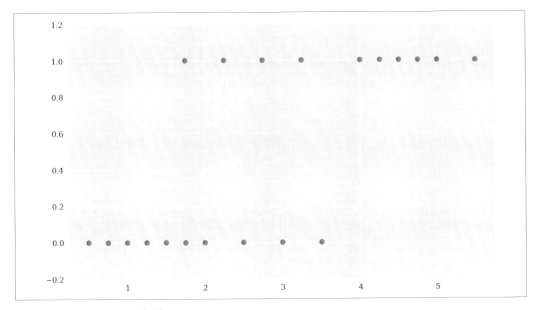

圖 5-9　分類問題的範例資料

在這種情況下，我們通常會提出一個基本的問題：如果知道某個學生花了多少時間用功學習，能否知道他的考試會不會及格？（這個學生的資料並不在資料集內。）線性迴歸能給出什麼樣的答案呢？如圖 5-10 所示的結果，可能不大令人滿意。因為如果給定不同

的用功學習小時數，線性迴歸所給出的（預測）值主要會落在 0 與 1 之間，數值上只會有低一點與高一點的差別。但是，考試的結果只有及格（*success*）或不及格（*failure*）這兩種可能：

```
In [80]: reg = np.polyfit(hours, success, deg=1)  ❶
```

```
In [81]: plt.figure(figsize=(10, 6))
         plt.plot(hours, success, 'ro')
         plt.plot(hours, np.polyval(reg, hours), 'b')  ❷
         plt.ylim(-0.2, 1.2);
```

❶ 對資料集進行線性迴歸。

❷ 除了畫出資料集裡的資料，同時畫出迴歸線。

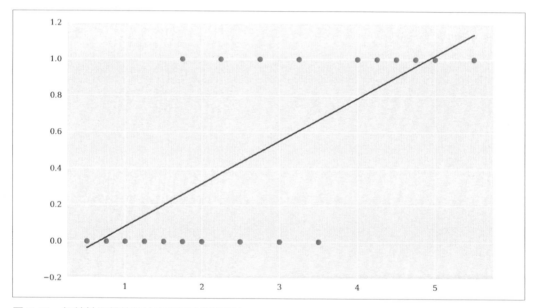

圖 5-10　把線性迴歸的做法套用到分類問題中

這就是分類演算法（例如邏輯迴歸與支撐向量機）可以發揮作用之處。以示範的目的來說，這裡只要採用邏輯迴歸的做法就已經很足夠了（參見 James 等人（2013，第 4 章）的內容，以瞭解更多背景資訊）。我們也可以在 linear_model 這個子套件中找到相應的物件類別。圖 5-11 顯示的就是下面的 Python 程式碼所得出的結果。這次，每個不同輸入值都有一個明確的（預測）值。根據這個模型的預測，如果學生只用功學習 0 到 2 個小時，結果就會不及格。如果是等於或高於 2.75 小時，這個模型就預測學生考試會及格：

```
In [82]: lm = linear_model.LogisticRegression(solver='lbfgs')  ❶

In [83]: hrs = hours.reshape(1, -1).T  ❷

In [84]: lm.fit(hrs, success)  ❸
Out[84]: LogisticRegression()

In [85]: prediction = lm.predict(hrs)  ❹

In [86]: plt.figure(figsize=(10, 6))
         plt.plot(hours, success, 'ro', label='data')
         plt.plot(hours, prediction, 'b', label='prediction')
         plt.legend(loc=0)
         plt.ylim(-0.2, 1.2);
```

❶ 建立邏輯迴歸模型實例。

❷ 重新調整一維 ndarray 物件的形狀,把它轉換成兩維(因應 scikit-learn 的需要)。

❸ 實作套入步驟。

❹ 根據已套入過的模型,實作出預測步驟。

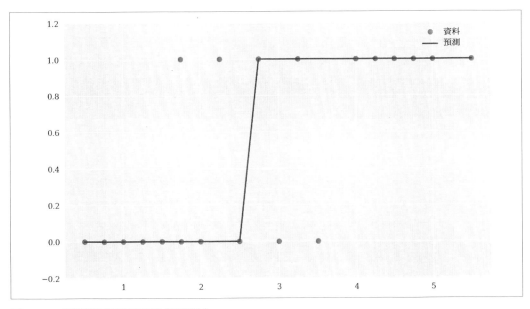

圖 5-11 把邏輯迴歸套用到分類問題中

不過，如圖 5-11 所示，即使學習超過 2.75 個小時以上，也無法保證考試一定及格。花了那麼多小時用功學習，只能說考試「比較有可能」及格，而不及格的可能性只是比較低而已。這種機率性的推論，同樣也可以用相同的模型實例來進行分析，或是以視覺化的方式予以呈現，如以下程式碼所示。圖 5-12 中的虛線顯示的就是及格的機率（單調遞增）。點虛線顯示的則是不及格的機率（單調遞減）：

```
In [87]: prob = lm.predict_proba(hrs)  ❶
```

```
In [88]: plt.figure(figsize=(10, 6))
         plt.plot(hours, success, 'ro')
         plt.plot(hours, prediction, 'b')
         plt.plot(hours, prob.T[0], 'm--', label='$p(h)$ for zero')  ❷
         plt.plot(hours, prob.T[1], 'g-.', label='$p(h)$ for one')  ❸
         plt.ylim(-0.2, 1.2)
         plt.legend(loc=0);
```

❶ 分別預測及格與不及格的機率。

❷ 畫出及格的機率。

❸ 畫出不及格的機率。

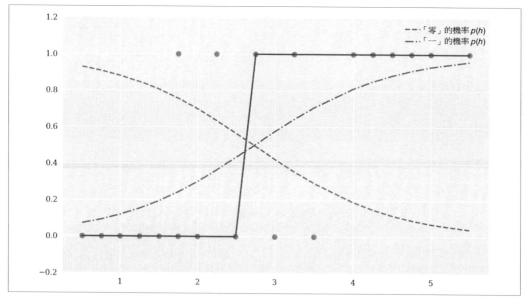

圖 5-12　用邏輯迴歸分別得出及格與不及格的機率

scikit-learn 可以讓我們以一種統一的方式使用多種機器學習模型，在這方面它確實做得很好。從許多範例中可以看到，套用邏輯迴歸所用到的 API，與採用線性迴歸時並沒有什麼不同。因此，scikit-learn 非常適合在一定的應用場景下，用來測試多種可能適合的機器學習模型，而不需要對 Python 程式碼做出非常多的修改。

有了這些基礎知識之後，下一步就是把邏輯迴歸應用到預測市場動向的問題。

運用邏輯迴歸預測市場動向

在介紹迴歸時，有所謂「具有解釋性的」（explanatory）自變數這樣的概念，而在機器學習領域中，大家通常會採用特徵（feature）這樣的說法。在之前的簡單分類範例中，只具有一個特徵：用功學習的小時數。實際上，在分類時經常會用到不只一種以上的特徵。譬如本章之前介紹過的預測方法，我們就用好幾個滯後量（lag）來做為特徵。因此，如果在時間序列資料中使用到三個滯後量，就表示採用了三個特徵。而最後的結果（或類別）只有兩種可能，分別是代表向上的 +1 與向下的 -1。也許措辭上可能會有些不同，但形式上卻還是沒什麼改變，尤其是在矩陣的推導方面（現在這個矩陣可以叫做特徵矩陣）。

下面的程式碼呈現的就是另一種替代性做法，用一個 pandas DataFrame 來做為「特徵矩陣」，而之前所提到的三個步驟在這裡同樣可以順利套用——如果不很要求符合 Python 風格的話。現在的特徵矩陣，變成了原始資料集其中幾個縱列所構成的子集合：

```
In [89]: symbol = 'GLD'

In [90]: data = pd.DataFrame(raw[symbol])

In [91]: data.rename(columns={symbol: 'price'}, inplace=True)

In [92]: data['return'] = np.log(data['price'] / data['price'].shift(1))

In [93]: data.dropna(inplace=True)

In [94]: lags = 3

In [95]: cols = []                                    ❶
         for lag in range(1, lags + 1):
             col = 'lag_{}'.format(lag)                ❷
             data[col] = data['return'].shift(lag)     ❸
```

```
            cols.append(col)    ❹

In [96]: data.dropna(inplace=True)    ❺
```

❶ 建立一個空的列表物件實例，以收集縱列的名稱。

❷ 為縱列名稱建立一個 str 字串物件。

❸ 把相應的滯後量資料添加到 DataFrame 物件的新縱列之中。

❹ 把縱列名稱添加到列表物件之中。

❺ 去除掉不完整的資料，以確保資料集內的資料全都是完整的。

相較於線性迴歸，邏輯迴歸的做法可以把命中率提高一個百分點以上，達到 53.4% 左右。圖 5-13 顯示的是採用邏輯迴歸型策略進行預測的績效表現。除了命中率比較高之外，其績效表現也不比線性迴歸差：

```
In [97]: from sklearn.metrics import accuracy_score

In [98]: lm = linear_model.LogisticRegression(C=1e7, solver='lbfgs',
                                               multi_class='auto',
                                               max_iter=1000)    ❶

In [99]: lm.fit(data[cols], np.sign(data['return']))    ❷
Out[99]: LogisticRegression(C=10000000.0, max_iter=1000)

In [100]: data['prediction'] = lm.predict(data[cols])    ❸

In [101]: data['prediction'].value_counts()    ❹
Out[101]:  1.0    1983
          -1.0     529
          Name: prediction, dtype: int64

In [102]: hits = np.sign(data['return'].iloc[lags:] *
                         data['prediction'].iloc[lags:]
                         ).value_counts()    ❺

In [103]: hits
Out[103]:  1.0    1338
          -1.0    1159
           0.0      12
          dtype: int64

In [104]: accuracy_score(data['prediction'], np.sign(data['return']))    ❻
Out[104]: 0.5338375796178344
```

```
In [105]: data['strategy'] = data['prediction'] * data['return']   ❼
```

```
In [106]: data[['return', 'strategy']].sum().apply(np.exp)   ❼
Out[106]: return     1.289478
          strategy   2.458716
          dtype: float64
```

```
In [107]: data[['return', 'strategy']].cumsum().apply(np.exp).plot(figsize=(10, 6));   ❽
```

❶ 在建立模型物件實例時，可以設定一個 C 值，讓正則化項得到比較小的權重（請參見「通用化線性模型」頁面：*https://oreil.ly/D819h*）。

❷ 把我們所要預測的報酬正負號，套入到模型之中。

❸ 在 DataFrame 物件中建立一個新的縱列，然後把預測值寫入其中。

❹ 針對所得到的結果，分別顯示其中看多與看空的次數。

❺ 分別計算出預測正確與錯誤的次數。

❻ 在這個例子中，準確度（命中率）為 53.4%。

❼ 除此之外，這個策略的總體績效表現…

❽ …相較於被動投資這個比較基準還是高出蠻多的。

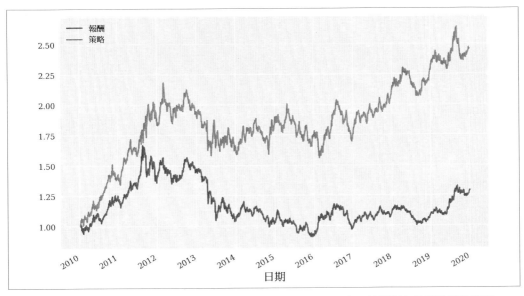

圖 5-13　GLD ETF 與邏輯迴歸型策略（採用 3 個滯後量，考慮樣本內的情況）的總體績效表現

如果把所使用的滯後量個數從 3 增加到 5，雖然會降低命中率，不過某種程度上還可以再拉高策略的總體績效表現（考慮樣本內的情況，未計交易成本）。圖 5-14 顯示的就是相應的績效表現：

```
In [108]: data = pd.DataFrame(raw[symbol])

In [109]: data.rename(columns={symbol: 'price'}, inplace=True)

In [110]: data['return'] = np.log(data['price'] / data['price'].shift(1))

In [111]: lags = 5

In [112]: cols = []
          for lag in range(1, lags + 1):
              col = 'lag_%d' % lag
              data[col] = data['price'].shift(lag)     ❶
              cols.append(col)

In [113]: data.dropna(inplace=True)

In [114]: lm.fit(data[cols], np.sign(data['return']))     ❷
Out[114]: LogisticRegression(C=10000000.0, max_iter=1000)

In [115]: data['prediction'] = lm.predict(data[cols])

In [116]: data['prediction'].value_counts()     ❸
Out[116]:  1.0    2047
          -1.0     464
          Name: prediction, dtype: int64

In [117]: hits = np.sign(data['return'].iloc[lags:] *
                         data['prediction'].iloc[lags:]
                         ).value_counts()

In [118]: hits
Out[118]:  1.0    1331
          -1.0    1163
           0.0      12
          dtype: int64

In [119]: accuracy_score(data['prediction'], np.sign(data['return']))     ❹
Out[119]: 0.5312624452409399

In [120]: data['strategy'] = data['prediction'] * data['return']     ❺

In [121]: data[['return', 'strategy']].sum().apply(np.exp)     ❺
```

```
Out[121]: return      1.283110
          strategy    2.656833
          dtype: float64
```

```
In [122]: data[['return', 'strategy']].cumsum().apply(np.exp).plot(figsize=(10, 6));
```

❶ 把滯後量個數增加到 5 個。

❷ 套入採用五個滯後量的模型。

❸ 現在新的參數讓放空部位的次數明顯增加。

❹ 準確度（命中率）降到了 53.1%。

❺ 累計的績效表現明顯提高了。

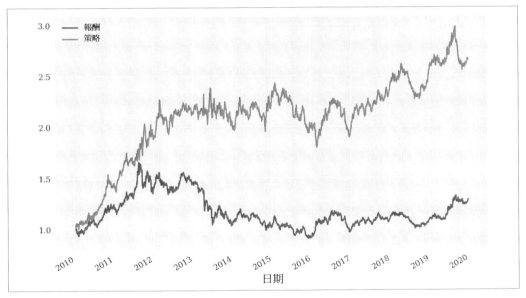

圖 5-14　GLD ETF 與邏輯迴歸型策略（採用 5 個滯後量，考慮樣本內的情況）的總體績效表現

你一定要小心，別落入過度套入的陷阱。你可以使用訓練資料（也就是樣本內資料）來進行模型套入，然後使用測試資料（也就是樣本外資料）來評估策略的績效，這樣的做法應該可以獲得更具有可信度的結果。下一節我們就會用 Python 物件類別的形式，進一步把這樣的做法予以通用化。

通用化做法

第 184 頁的「分類演算法回測物件類別」提供了一個 Python 模組，其中包含一個物件類別，可用來針對 scikit-learn 線性模型策略進行向量化回測。雖然我們只實作了線性迴歸與邏輯迴歸，但如果要增加模型的數量也很簡單。原則上，ScikitVectorBacktester 物件類別可以從 LRVectorBacktester 繼承一些選定的方法，不過它本身也可以獨立運作。這樣一來我們就可以更輕鬆強化這個物件類別的功能，而且可以在實際應用中重複使用。

因為我們是以 ScikitBacktesterClass 為基礎，因此如果要針對邏輯迴歸型策略進行樣本外評估，應該是沒有問題的。下面這個範例就是用 EUR/USD 匯率來做為基礎投資工具。

圖 5-15 說明的就是這個策略在樣本外期間（跨越 2019 年）優於投資工具本身的表現，不過這裡並沒有像之前一樣把交易成本列入考慮：

```
In [123]: import ScikitVectorBacktester as SCI

In [124]: scibt = SCI.ScikitVectorBacktester('EUR=',
                                              '2010-1-1', '2019-12-31',
                                              10000, 0.0, 'logistic')

In [125]: scibt.run_strategy('2015-1-1', '2019-12-31',
                             '2015-1-1', '2019-12-31', lags=15)
Out[125]: (12192.18, 2189.5)

In [126]: scibt.run_strategy('2016-1-1', '2018-12-31',
                             '2019-1-1', '2019-12-31', lags=15)
Out[126]: (10580.54, 729.93)

In [127]: scibt.plot_results()
```

再舉一個例子，我們把同樣的策略套用到 GDX ETF，圖 5-16 顯示的就是樣本外（2018年）的績效表現（未計交易成本）：

```
In [128]: scibt = SCI.ScikitVectorBacktester('GDX',
                                              '2010-1-1', '2019-12-31',
                                              10000, 0.00, 'logistic')

In [129]: scibt.run_strategy('2013-1-1', '2017-12-31',
                             '2018-1-1', '2018-12-31', lags=10)
Out[129]: (12686.81, 4032.73)

In [130]: scibt.plot_results()
```

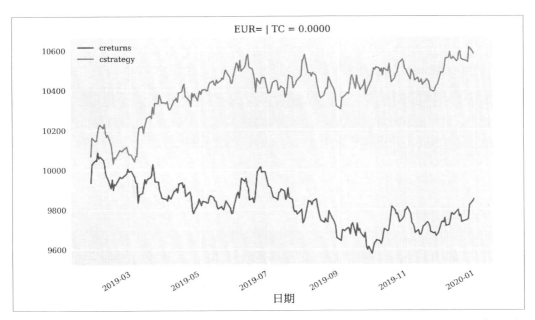

圖 5-15 S&P 500 指數與樣本外邏輯迴歸型策略（採用 15 個滯後量，未計交易成本）的總體績效
表現

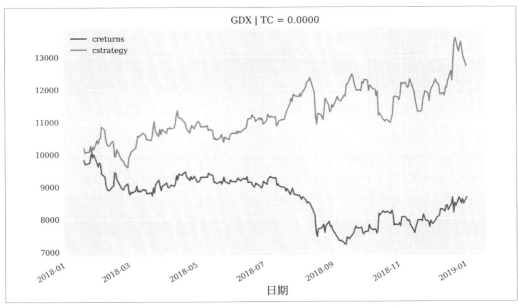

圖 5-16 GDX ETF 與邏輯迴歸型策略（採用 10 個滯後量，考慮樣本外的情況，未計交易成本）的
總體績效表現

圖 5-17 顯示的是維持所有其他參數不變的情況下，考慮交易成本之後總體績效表現降低（甚至導致淨虧損）的情況：

```
In [131]: scibt = SCI.ScikitVectorBacktester('GDX',
                                             '2010-1-1', '2019-12-31',
                                             10000, 0.0025, 'logistic')

In [132]: scibt.run_strategy('2013-1-1', '2017-12-31',
                             '2018-1-1', '2018-12-31', lags=10)
Out[132]: (9588.48, 934.4)

In [133]: scibt.plot_results()
```

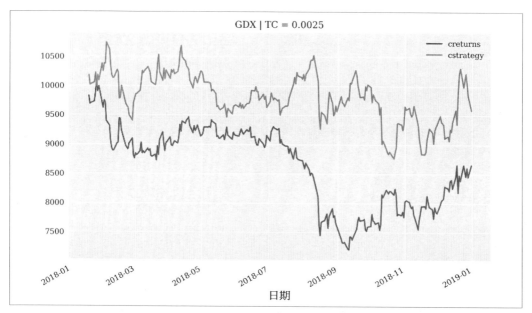

圖 5-17　GDX ETF 與邏輯迴歸型策略（採用 10 個滯後量，考慮樣本外的情況，計入交易成本）的總體績效表現

把複雜的機器學習技術應用到股票市場預測，通常一開始都可以得到還不錯的結果。在前面的好幾個範例中，策略針對樣本內所進行的回測結果明顯都優於投資工具本身的表現。但如此出色的表現通常是因為各種簡化的假設，以及預測模型的過度套入所致。舉例來說，如果用樣本外的資料取代樣本內的資料，並考慮交易成本之後（這兩種做法都可以讓結果更具有可信度），再對相同的策略進行測試，我們經常就會看到策略的表現「突然」落後於投資工具本身的表現，甚至變成淨虧損的結果。

運用深度學習預測市場動向

深度學習函式庫 TensorFlow（*http://tensorflow.org*）就是因為 Google 的發表與開源，才引起人們極大的興趣，並得到廣泛的應用。我們在前一節把 scikit-learn 應用到分類問題模型，藉以預測股票市場走勢，本節則會以同樣的方式，把 TensorFlow 應用到同樣的做法中。不過，我們並不是直接使用 TensorFlow，而是透過同樣受歡迎的 Keras（*http://keras.io*）深度學習套件來加以運用。我們可以把 Keras 視為一種讓 TensorFlow 套件更容易理解與使用的 API，它提供了更高層次的抽象類別。

安裝這些函式庫最好的方式就是 `pip install tensorflow` 與 `pip install keras`。scikit-learn 也提供了一些物件類別，可以把神經網路應用到分類問題中。

更多關於深度學習與 Keras 的背景資訊，請參見 Goodfellow 等人（2016）與 Chollet（2017）的著作。

再次探討簡單的分類問題

為了說明如何把神經網路應用到分類問題的基本做法，我們會再次用到之前介紹過的簡單分類問題：

```
In [134]: hours = np.array([0.5, 0.75, 1., 1.25, 1.5, 1.75, 1.75, 2.,
                            2.25, 2.5, 2.75, 3., 3.25, 3.5, 4., 4.25,
                            4.5, 4.75, 5., 5.5])

In [135]: success = np.array([0, 0, 0, 0, 0, 0, 1, 0, 1, 0, 1, 0, 1,
                              0, 1, 1, 1, 1, 1, 1])

In [136]: data = pd.DataFrame({'hours': hours, 'success': success})  ❶

In [137]: data.info()  ❷
          <class 'pandas.core.frame.DataFrame'>
          RangeIndex: 20 entries, 0 to 19
          Data columns (total 2 columns):
           #   Column   Non-Null Count   Dtype
          ---  ------   --------------   -----
           0   hours    20 non-null      float64
           1   success  20 non-null      int64
          dtypes: float64(1), int64(1)
          memory usage: 448.0 bytes
```

❶ 把兩組資料合併儲存到 DataFrame 物件中。

❷ 列印出 DataFrame 物件的元資訊。

做好這些準備工作之後，就可以匯入 scikit-learn 裡的 MLPClassifier 並直接予以套用 [3]。「MLP」在這裡代表的是「多層感知器」（*multi-layer perceptron*），它是稠密神經網路（DNN；*dense neural network*）的另一種表示形式。和之前一樣，scikit-learn 套用神經網路的 API 基本上是相同的：

```
In [138]: from sklearn.neural_network import MLPClassifier  ❶
```

```
In [139]: model = MLPClassifier(hidden_layer_sizes=[32],
                                 max_iter=1000, random_state=100)  ❷
```

❶ 從 scikit-learn 匯入 MLPClassifier 物件。

❷ 建立 MLPClassifier 物件實例。

以下程式碼會把資料套入模型、生成預測，並畫出結果，如圖 5-18 所示：

```
In [140]: model.fit(data['hours'].values.reshape(-1, 1), data['success'])  ❶
Out[140]: MLPClassifier(hidden_layer_sizes=[32], max_iter=1000, random_state=100)
```

```
In [141]: data['prediction'] = model.predict(data['hours'].values.reshape(-1, 1))  ❷
```

```
In [142]: data.tail()
Out[142]:     hours  success  prediction
          15   4.25        1           1
          16   4.50        1           1
          17   4.75        1           1
          18   5.00        1           1
          19   5.50        1           1
```

```
In [143]: data.plot(x='hours', y=['success', 'prediction'],
                     style=['ro', 'b-'], ylim=[-.1, 1.1],
                     figsize=(10, 6));  ❸
```

❶ 把資料套入分類神經網路。

❷ 根據已套入過的模型生成預測值。

❸ 畫出原始資料與預測值。

從這個簡單的範例可以看到，套用深度學習的做法與採用 scikit-learn 和 LogisticRegression 模型物件的做法非常相似。API 基本是相同的；只有參數不同而已。

---

3 更多詳細訊息，請參見 *https://oreil.ly/hOwsE*。

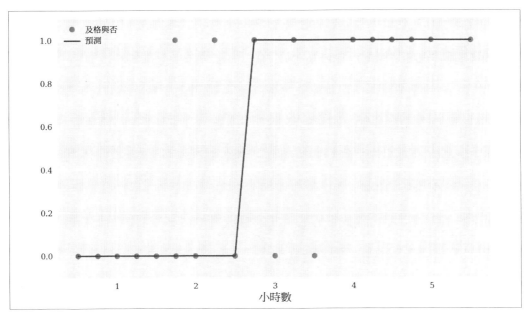

圖 5-18　原始資料以及運用 MLPClassifier 進行基本分類的預測結果

運用深度神經網路預測市場動向

下一個步驟就是針對金融時間序列的對數報酬形式，把這個做法套用到股市資料中。首先要準備好所需的資料：

```
In [144]: symbol = 'EUR='   ❶

In [145]: data = pd.DataFrame(raw[symbol])   ❷

In [146]: data.rename(columns={symbol: 'price'}, inplace=True)   ❸

In [147]: data['return'] = np.log(data['price'] / data['price'].shift(1))   ❹

In [148]: data['direction'] = np.where(data['return'] > 0, 1, 0)   ❹

In [149]: lags = 5


In [150]: cols = []
          for lag in range(1, lags + 1):   ❺
              col = f'lag_{lag}'
              data[col] = data['return'].shift(lag)   ❻
```

```
              cols.append(col)
          data.dropna(inplace=True)  ❼
```

```
In [151]: data.round(4).tail()  ❽
Out[151]:
                 price   return  direction   lag_1    lag_2    lag_3    lag_4    lag_5
          Date
          2019-12-24  1.1087  0.0001          1  0.0007  -0.0038  0.0008  -0.0034  0.0006
          2019-12-26  1.1096  0.0008          1  0.0001   0.0007  -0.0038  0.0008  -0.0034
          2019-12-27  1.1175  0.0071          1  0.0008   0.0001   0.0007  -0.0038  0.0008
          2019-12-30  1.1197  0.0020          1  0.0071   0.0008   0.0001   0.0007  -0.0038
          2019-12-31  1.1210  0.0012          1  0.0020   0.0071   0.0008   0.0001   0.0007
```

❶ 先從 CSV 檔案中讀取資料。

❷ 挑選出我們感興趣的單一時間序列縱列。

❸ 把唯一的縱列重新命名為 price（價格）。

❹ 計算對數報酬，並把 direction（市場動向）定義為二元縱列。

❺ 建立滯後量資料。

❻ 分別根據不同 lag 值平移對數報酬，然後保存到新建立的 DataFrame 縱列中。

❼ 刪除掉其中包含 NaN 值的資料行。

❽ 列印出最後五行資料；在這五個特徵縱列中，應該隱含著某種特定的「模式」。

下面的程式碼透過 Keras 套件[4]，運用稠密神經網路（DNN）建立分類器模型，然後定義了訓練組與測試組資料，再把資料套入到模型中。其實 Keras 會在後端運用 TensorFlow 套件來完成任務。圖 5-19 顯示的就是 DNN 分類器在訓練過程中面對訓練組與驗證組資料時，相應的準確度變化的情況。這裡會從訓練資料取出其中 20%（未打亂）來做為驗證組資料：

```
In [152]: import tensorflow as tf  ❶
          from keras.models import Sequential  ❷
          from keras.layers import Dense  ❸
          from keras.optimizers import Adam, RMSprop
```

```
In [153]: optimizer = Adam(learning_rate=0.0001)
```

```
In [154]: def set_seeds(seed=100):
              random.seed(seed)
```

---

4 更多詳細訊息，請參見 *https://keras.io/layers/core/*。

```
            np.random.seed(seed)
            tf.random.set_seed(100)

In [155]: set_seeds()
          model = Sequential()  ❹
          model.add(Dense(64, activation='relu', input_shape=(lags,)))  ❺
          model.add(Dense(64, activation='relu'))  ❺
          model.add(Dense(1, activation='sigmoid'))  ❺
          model.compile(optimizer=optimizer,
                        loss='binary_crossentropy',
                        metrics=['accuracy'])  ❻

In [156]: cutoff = '2017-12-31'  ❼

In [157]: training_data = data[data.index < cutoff].copy()  ❽

In [158]: mu, std = training_data.mean(), training_data.std()  ❾

In [159]: training_data_ = (training_data - mu) / std  ❾

In [160]: test_data = data[data.index >= cutoff].copy()  ❽

In [161]: test_data_ = (test_data - mu) / std  ❾

In [162]: %%time
          model.fit(training_data[cols],
                    training_data['direction'],
                    epochs=50, verbose=False,
                    validation_split=0.2, shuffle=False)  ❿
          CPU times: user 4.86 s, sys: 989 ms, total: 5.85 s
          Wall time: 3.34 s

Out[162]: <tensorflow.python.keras.callbacks.History at 0x7f996a0a2880>

In [163]: res = pd.DataFrame(model.history.history)

In [164]: res[['accuracy', 'val_accuracy']].plot(figsize=(10, 6), style='--');
```

❶ 匯入 TensorFlow 套件。

❷ 從 Keras 匯入所需的模型物件。

❸ 從 Keras 匯入相關的 layer 層物件。

❹ 建立一個 Sequential 模型實例。

❺ 定義隱藏層與輸出層。

❻ 對這個 Sequential 模型物件進行編譯，以便進行分類。

❼ 定義一個切分日期，用以切分訓練組與測試組資料。

❽ 定義訓練組與測試組資料。

❾ 運用高斯歸一化的做法，對特徵資料進行歸一化操作。

❿ 把訓練資料集套入到模型中。

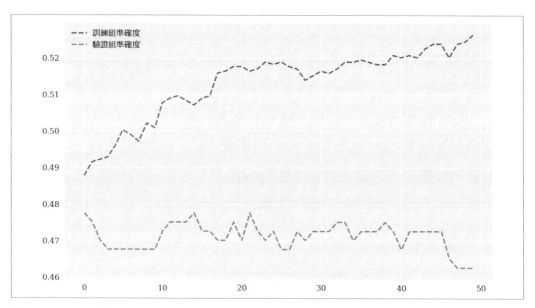

圖 5-19　DNN 分類器在面對訓練組與驗證組資料時，每個訓練步驟相應的準確度變化

資料套入這個分類器模型之後，就可以用它來針對訓練組資料生成相應的預測。圖 5-20 顯示的就是這個策略相較於投資工具本身（樣本內）的總體績效表現：

```
In [165]: model.evaluate(training_data_[cols], training_data['direction'])
          63/63 [==============================] - 0s 586us/step - loss: 0.7556 -
          accuracy: 0.5152

Out[165]: [0.7555528879165649, 0.5151968002319336]

In [166]: pred = np.where(model.predict(training_data_[cols]) > 0.5, 1, 0)  ❶

In [167]: pred[:30].flatten()  ❶
Out[167]: array([0, 0, 0, 0, 0, 1, 1, 1, 1, 0, 0, 0, 1, 1, 1, 0, 0, 0, 1, 1,
          0, 0, 0, 1, 0, 1, 0, 1, 0, 0])
```

```
In [168]: training_data['prediction'] = np.where(pred > 0, 1, -1)  ❷
```

```
In [169]: training_data['strategy'] = (training_data['prediction'] * training_data['return'])  ❸
```

```
In [170]: training_data[['return', 'strategy']].sum().apply(np.exp)
Out[170]: return      0.826569
          strategy    1.317303
          dtype: float64
```

```
In [171]: training_data[['return', 'strategy']].cumsum(
                         ).apply(np.exp).plot(figsize=(10, 6));  ❹
```

❶ 針對樣本內的資料，預測市場動向。

❷ 把預測轉換成多空部位值 +1 與 -1。

❸ 根據部位值計算出策略報酬。

❹ 畫出策略與比較基準（樣本內）的績效表現，以便進行比較。

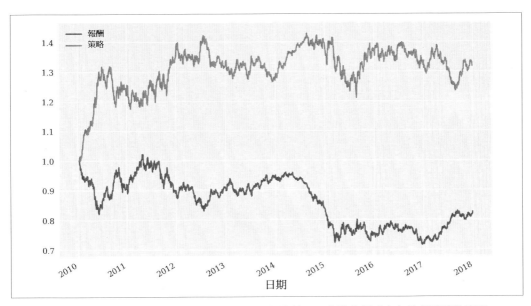

圖 5-20　EUR/USD 與深度學習型策略（考慮樣本內的情況，未計交易成本）的總體績效表現

以訓練組資料來說，這個策略（考慮樣本內的情況，未計交易成本）似乎比投資工具本身的表現好一點。不過更令人感興趣的其實是面對測試組資料（樣本外）時的表現。雖然一開始有些搖擺不定，但這個策略在面對樣本外的資料時，還是優於投資工具本身的表現，如圖 5-21 所示。不過實際上這個分類器模型在面對測試組資料時，其準確度只稍微高過 50% 而已：

```
In [172]: model.evaluate(test_data_[cols], test_data['direction'])
          16/16 [==============================] - 0s 676us/step - loss: 0.7292 -
          accuracy: 0.5050

Out[172]: [0.7292129993438721, 0.5049701929092407]

In [173]: pred = np.where(model.predict(test_data_[cols]) > 0.5, 1, 0)

In [174]: test_data['prediction'] = np.where(pred > 0, 1, -1)

In [175]: test_data['prediction'].value_counts()
Out[175]: -1    368
           1    135
          Name: prediction, dtype: int64

In [176]: test_data['strategy'] = (test_data['prediction'] * test_data['return'])

In [177]: test_data[['return', 'strategy']].sum().apply(np.exp)
Out[177]: return      0.934478
          strategy    1.109065
          dtype: float64

In [178]: test_data[['return', 'strategy']].cumsum().apply(np.exp).plot(figsize=(10, 6));
```

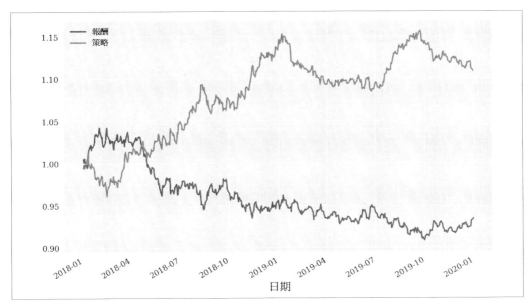

圖 5-21　EUR/USD 與深度學習型策略（考慮樣本外的狀況，未計交易成本）的總體績效表現

添加不同類型的特徵

目前為止，我們的分析主要是直接聚焦於對數報酬。不過，我們不只可以把資料區分成更多的類別，當然也可以加入更多其他類型的特徵（例如**動量**、**波動率**，或是**距離**等等各類型的特徵）。下面的程式碼衍生出好幾個不同類型的特徵，而且我們也把這幾個特徵直接添加到資料集：

```
In [179]: data['momentum'] = data['return'].rolling(5).mean().shift(1)   ❶
```

```
In [180]: data['volatility'] = data['return'].rolling(20).std().shift(1)   ❷
```

```
In [181]: data['distance'] = (data['price'] - data['price'].rolling(50).mean()).shift(1)   ❸
```

```
In [182]: data.dropna(inplace=True)
```

```
In [183]: cols.extend(['momentum', 'volatility', 'distance'])
```

```
In [184]: print(data.round(4).tail())
```

	price	return	direction	lag_1	lag_2	lag_3	lag_4	lag_5
Date								
2019-12-24	1.1087	0.0001	1	0.0007	-0.0038	0.0008	-0.0034	0.0006
2019-12-26	1.1096	0.0008	1	0.0001	0.0007	-0.0038	0.0008	-0.0034
2019-12-27	1.1175	0.0071	1	0.0008	0.0001	0.0007	-0.0038	0.0008
2019-12-30	1.1197	0.0020	1	0.0071	0.0008	0.0001	0.0007	-0.0038
2019-12-31	1.1210	0.0012	1	0.0020	0.0071	0.0008	0.0001	0.0007

	momentum	volatility	distance
Date			
2019-12-24	-0.0010	0.0024	0.0005
2019-12-26	-0.0011	0.0024	0.0004
2019-12-27	-0.0003	0.0024	0.0012
2019-12-30	0.0010	0.0028	0.0089
2019-12-31	0.0021	0.0028	0.0110

❶ 動量型特徵。

❷ 波動率型特徵。

❸ 距離型特徵。

下一個步驟就是重新定義訓練組與測試組資料，然後對特徵資料進行歸一化操作，再對
模型進行更新，以便能夠讓新的特徵縱列反映到模型之中：

```
In [185]: training_data = data[data.index < cutoff].copy()

In [186]: mu, std = training_data.mean(), training_data.std()

In [187]: training_data_ = (training_data - mu) / std

In [188]: test_data = data[data.index >= cutoff].copy()

In [189]: test_data_ = (test_data - mu) / std

In [190]: set_seeds()
          model = Sequential()
          model.add(Dense(32, activation='relu', input_shape=(len(cols),)))   ❶
          model.add(Dense(32, activation='relu'))
          model.add(Dense(1, activation='sigmoid'))
          model.compile(optimizer=optimizer,
                        loss='binary_crossentropy',
                        metrics=['accuracy'])
```

❶ 調整 input_shape 參數，以便能夠反映新的特徵數量。

有了這個更豐富的特徵組合，我們就可以重新訓練分類器模型了。這個策略針對樣本內的績效表現比之前好很多，如圖 5-22 所示：

```
In [191]: %%time
          model.fit(training_data_[cols], training_data['direction'],
                    verbose=False, epochs=25)
          CPU times: user 2.32 s, sys: 577 ms, total: 2.9 s
          Wall time: 1.48 s

Out[191]: <tensorflow.python.keras.callbacks.History at 0x7f996d35c100>

In [192]: model.evaluate(training_data_[cols], training_data['direction'])
          62/62 [==============================] - 0s 649us/step - loss: 0.6816 -
           accuracy: 0.5646

Out[192]: [0.6816270351409912, 0.5646397471427917]

In [193]: pred = np.where(model.predict(training_data_[cols]) > 0.5, 1, 0)

In [194]: training_data['prediction'] = np.where(pred > 0, 1, -1)

In [195]: training_data['strategy'] = (training_data['prediction'] * training_data['return'])

In [196]: training_data[['return', 'strategy']].sum().apply(np.exp)
Out[196]: return      0.901074
          strategy    2.703377
          dtype: float64

In [197]: training_data[['return', 'strategy']].cumsum(
                          ).apply(np.exp).plot(figsize=(10, 6));
```

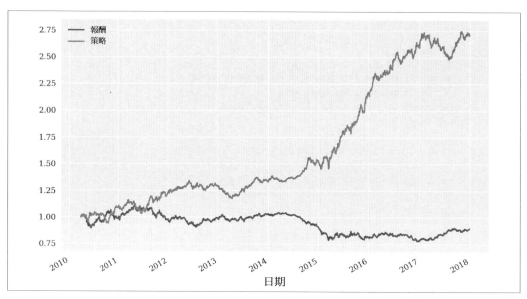

圖 5-22　EUR/USD 與深度學習型策略（考慮樣本內的情況，並採用額外的特徵）的總體績效表現

最後一個步驟就是要針對這個分類器模型進行評估，得出策略在樣本外的績效表現。在其他條件不變的情況下，相較於沒有採用額外特徵的模型，這個分類器模型的表現明顯更好一些。和之前一樣的是，一開始也顯得有些不穩定（請參見圖 5-23）：

```
In [198]: model.evaluate(test_data_[cols], test_data['direction'])
          16/16 [==============================] - 0s 800us/step - loss: 0.6931 -
          accuracy: 0.5507

Out[198]: [0.6931276321411133, 0.5506958365440369]

In [199]: pred = np.where(model.predict(test_data_[cols]) > 0.5, 1, 0)

In [200]: test_data['prediction'] = np.where(pred > 0, 1, -1)

In [201]: test_data['prediction'].value_counts()
Out[201]: -1    335
           1    168
          Name: prediction, dtype: int64

In [202]: test_data['strategy'] = (test_data['prediction'] * test_data['return'])

In [203]: test_data[['return', 'strategy']].sum().apply(np.exp)
Out[203]: return      0.934478
```

```
          strategy    1.144385
          dtype: float64
```

In [204]: **test_data[['return', 'strategy']].cumsum(**
).apply(np.exp).plot(figsize=(10, 6));

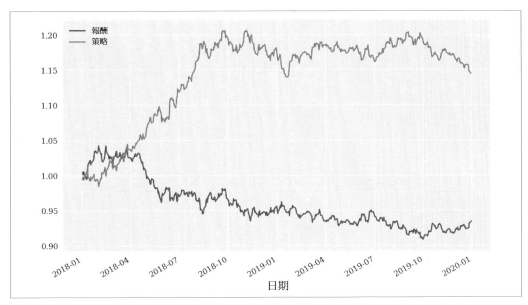

圖 5-23　EUR/USD 與深度學習型策略（考慮樣本外的情況，並採用額外的特徵）的總體績效表現

Keras 套件在後端結合了 TensorFlow 套件，讓我們可以把深度學習最新的進展（例如 DNN 深度神經網路分類器）運用到演算法交易之中。應用的方式其實與 scikit-learn 應用其他機器學習模型一樣簡單。而且本節所說明的做法，只要搭配運用一些不同類型的特徵，很容易就可以獲得增強的效果。

 其實各位可以嘗試編寫出一個 Python 物件類別（可參考第 181 頁「線性迴歸回測物件類別」與第 184 頁「分類演算法回測物件類別」的做法），以更具有系統性、更實際的方式運用 Keras 套件，針對各種交易策略進行金融市場的預測與回測；這應該是一個很值得嘗試的練習。

結論

預測未來的市場動向，可說是金融業的聖杯。因為，這也就表示找到了所謂的真理。同時，這也表示打破了效率市場的假設。如果能夠很明確做到這一點，所帶來的成果就是巨大的投資回報。本章所介紹的是源自傳統的統計學、機器學習與深度學習領域相關的一些統計技術，根據過去的報酬或其他類似的金融數據，預測出未來的市場動向。不管是線性迴歸或邏輯迴歸，一開始針對樣本內的結果看起來都還蠻有看頭。不過在評估此類策略時，還是要針對樣本外的情況並考慮交易成本，才能得到真正可靠的看法。

本章的目的並不是主張我們找到了聖杯。我們只是提供一些在尋找聖杯過程中被證明過可能有用的技術。scikit-learn 統一的 API 可以讓我們把某個線性模型輕鬆替換成另一種模型。從這個角度來說，ScikitBacktesterClass 可以用來做為一個起點，讓我們開始探索更多機器學習模型，然後把模型應用到金融時間序列的預測工作之中。

本章一開始引述 1991 年的電影《魔鬼終結者 2》（*Terminator 2*）裡的台詞，針對電腦在多大程度上有可能學會甚至擁有所謂的意識，在這方面給出了相當樂觀的看法。無論你是否相信，在我們生活中大多數的領域，電腦究竟會不會取代人類，或是有那麼一天開始擁有自我意識，至少現在電腦已被證明對人類真的很有用，幾乎可以在生活中任何領域給我們提供支援。像是機器學習、深度學習或人工智慧所運用到的演算法，至少可以說很有希望在不久的將來，逐漸成為更好的演算法交易者。關於這些主題與想法的詳細內容，請參見 Hilpisch（2020）的著作。

參考資料與其他資源

Guido、Müller（2016）與 VanderPlas（2016）的著作針對如何運用 Python 與 scikit-learn 來進行機器學習，提供了很實用的介紹。Hilpisch（2020）的著作則專門研究如何應用機器學習與深度學習演算法，透過演算法交易的方式，找出統計上低效率與經濟上低效率的情況：

Guido, Sarah, and Andreas Muller. 2016. *Introduction to Machine Learning with Python: A Guide for Data Scientists*（Python 機器學習入門：資料科學家指南）. Sebastopol: O'Reilly.

Hilpisch, Yves. 2020. *Artificial Intelligence in Finance: A Python-Based Guide*（人工智慧在金融方面的應用：Python 指南）. Sebastopol: O'Reilly.

VanderPlas, Jake. 2016. *Python Data Science Handbook: Essential Tools for Working with Data*（Python 資料科學學習手冊：資料處理不可或缺的工具）. Sebastopol: O'Reilly.

Hastie 等人（2008）與 James 等人 (2013) 的著作針對很受歡迎的一些機器學習技術與演算法，提供了一個很詳盡的數學概論：

Hastie, Trevor, Robert Tibshirani, and Jerome Friedman. 2008. *The Elements of Statistical Learning*（統計學習的要素）. 2nd ed. New York: Springer.

James, Gareth, Daniela Witten, Trevor Hastie, and Robert Tibshirani. 2013. *Introduction to Statistical Learning*（統計學習簡介）. New York: Springer.

關於深度學習與 Keras 更多的背景資訊，請參閱以下書籍：

Chollet, Francois. 2017. *Deep Learning with Python*（Python 深度學習）. Shelter Island: Manning.

Goodfellow, Ian, Yoshua Bengio, and Aaron Courville. 2016. *Deep Learning*（深度學習）. Cambridge: MIT Press. *http://deeplearningbook.org*.

Python 腳本

本節介紹的是本章所參考運用的 Python 腳本。

線性迴歸回測物件類別

下面提供了一段 Python 程式碼，其中的物件類別可針對**線性迴歸型**策略進行向量化回測；我們可以用這樣的策略來預測市場的動向：

```
#
# 此 Python 模組內的物件類別
# 可以用向量化的方式回測
# 線性迴歸型策略
#
# Python 演算法交易
# (c) Dr. Yves J. Hilpisch
# The Python Quants 有限責任公司
#
import numpy as np
import pandas as pd


class LRVectorBacktester(object):
    ''' 此物件類別可以用向量化的方式回測線性迴歸型交易策略

    屬性
    ==========
```

symbol: str
    所要處理的金融投資工具 RIC 代碼
start: str
    所選資料的開始日期
end: str
    所選資料的結束日期
amount: int, float
    一開始所要投入的資本金額
tc: float
    交易成本在每一筆交易中所佔的比例（例如，0.5% = 0.005）

方法
=======
get_data:
    基礎資料集的檢索與準備
select_data:
    選出一組子集合資料
prepare_lags:
    準備好迴歸所需的滯後量資料
fit_model:
    實作迴歸步驟
run_strategy:
    針對策略執行回測
plot_results:
    畫出策略的績效表現，並與原投資工具本身進行比較
'''

```python
def __init__(self, symbol, start, end, amount, tc):
    self.symbol = symbol
    self.start = start
    self.end = end
    self.amount = amount
    self.tc = tc
    self.results = None
    self.get_data()

def get_data(self):
    ''' 資料的檢索與準備。
    '''
    raw = pd.read_csv('http://hilpisch.com/pyalgo_eikon_eod_data.csv',
                    index_col=0, parse_dates=True).dropna()
    raw = pd.DataFrame(raw[self.symbol])
    raw = raw.loc[self.start:self.end]
    raw.rename(columns={self.symbol: 'price'}, inplace=True)
    raw['returns'] = np.log(raw / raw.shift(1))
    self.data = raw.dropna()
```

```python
def select_data(self, start, end):
    ''' 選出一組金融數據資料的子集合。
    '''
    data = self.data[(self.data.index >= start) &
                     (self.data.index <= end)].copy()
    return data

def prepare_lags(self, start, end):
    ''' 針對迴歸與預測步驟，準備好滯後量資料。
    '''
    data = self.select_data(start, end)
    self.cols = []
    for lag in range(1, self.lags + 1):
        col = f'lag_{lag}'
        data[col] = data['returns'].shift(lag)
        self.cols.append(col)
    data.dropna(inplace=True)
    self.lagged_data = data

def fit_model(self, start, end):
    ''' 實作迴歸步驟。
    '''
    self.prepare_lags(start, end)
    reg = np.linalg.lstsq(self.lagged_data[self.cols],
                          np.sign(self.lagged_data['returns']),
                          rcond=None)[0]
    self.reg = reg

def run_strategy(self, start_in, end_in, start_out, end_out, lags=3):
    ''' 回測交易策略。
    '''
    self.lags = lags
    self.fit_model(start_in, end_in)
    self.results = self.select_data(start_out, end_out).iloc[lags:]
    self.prepare_lags(start_out, end_out)
    prediction = np.sign(np.dot(self.lagged_data[self.cols], self.reg))
    self.results['prediction'] = prediction
    self.results['strategy'] = self.results['prediction'] * \ self.results['returns']
    # 判斷何時該進行交易
    trades = self.results['prediction'].diff().fillna(0) != 0
    # 進行交易時，要先從報酬中扣除掉交易成本
    self.results['strategy'][trades] -= self.tc
    self.results['creturns'] = self.amount * \
                    self.results['returns'].cumsum().apply(np.exp)
    self.results['cstrategy'] = self.amount * \
```

```
                              self.results['strategy'].cumsum().apply(np.exp)
        # 策略的總體績效表現
        aperf = self.results['cstrategy'].iloc[-1]
        # 相較於原投資工具，此策略表現更好/更差的程度
        operf = aperf - self.results['creturns'].iloc[-1]
        return round(aperf, 2), round(operf, 2)

    def plot_results(self):
        ''' 畫出交易策略的累積績效表現，並與原投資工具本身進行比較。
        '''
        if self.results is None:
            print('No results to plot yet. Run a strategy.')
        title = '%s | TC = %.4f' % (self.symbol, self.tc)
        self.results[['creturns', 'cstrategy']].plot(title=title, figsize=(10, 6))


if __name__ == '__main__':
    lrbt = LRVectorBacktester('.SPX', '2010-1-1', '2018-06-29', 10000, 0.0)
    print(lrbt.run_strategy('2010-1-1', '2019-12-31',
                            '2010-1-1', '2019-12-31'))
    print(lrbt.run_strategy('2010-1-1', '2015-12-31',
                            '2016-1-1', '2019-12-31'))
    lrbt = LRVectorBacktester('GDX', '2010-1-1', '2019-12-31', 10000, 0.001)
    print(lrbt.run_strategy('2010-1-1', '2019-12-31',
                            '2010-1-1', '2019-12-31', lags=5))
    print(lrbt.run_strategy('2010-1-1', '2016-12-31',
                            '2017-1-1', '2019-12-31', lags=5))
```

分類演算法回測物件類別

下面提供了一段 Python 程式碼，其中的物件類別可針對**邏輯迴歸**型策略進行向量化回測；邏輯迴歸可做為一種標準的分類演算法，用來預測市場的動向：

```
#
# 此 Python 模組內的物件類別
# 可以用向量化的方式回測
# 機器學習型策略
#
# Python 演算法交易
# (c) Dr. Yves J. Hilpisch
# The Python Quants 有限責任公司
#
import numpy as np
import pandas as pd
from sklearn import linear_model
```

```python
class ScikitVectorBacktester(object):
    ''' 此物件類別可以用向量化的方式回測機器學習型交易策略。

    屬性
    ==========
    symbol: str
        所要處理的金融投資工具 RIC 代碼
    start: str
        所選資料的開始日期
    end: str
        所選資料的結束日期
    amount: int, float
        一開始所要投入的資本金額
    tc: float
        交易成本在每一筆交易中所佔的比例（例如，0.5% = 0.005）
    model: str
        不是 'regression'（迴歸）就是 'logistic'（邏輯）

    方法
    =======
    get_data:
        基礎資料集的檢索與準備
    select_data:
        選出一組子集合資料
    prepare_features:
        準備好模型套入時所需的特徵資料
    fit_model:
        實作套入步驟
    run_strategy:
        針對策略執行回測
    plot_results:
        畫出策略的績效表現，並與原投資工具本身進行比較
    '''

    def __init__(self, symbol, start, end, amount, tc, model):
        self.symbol = symbol
        self.start = start
        self.end = end
        self.amount = amount
        self.tc = tc
        self.results = None
        if model == 'regression':
            self.model = linear_model.LinearRegression()
        elif model == 'logistic':
```

```python
        self.model = linear_model.LogisticRegression(C=1e6,
              solver='lbfgs', multi_class='ovr', max_iter=1000)
    else:
        raise ValueError('Model not known or not yet implemented.')
    self.get_data()

def get_data(self):
    ''' 資料的檢索與準備。
    '''
    raw = pd.read_csv('http://hilpisch.com/pyalgo_eikon_eod_data.csv',
                      index_col=0, parse_dates=True).dropna()
    raw = pd.DataFrame(raw[self.symbol])
    raw = raw.loc[self.start:self.end]
    raw.rename(columns={self.symbol: 'price'}, inplace=True)
    raw['returns'] = np.log(raw / raw.shift(1))
    self.data = raw.dropna()

def select_data(self, start, end):
    ''' 選出一組金融數據資料的子集合。
    '''
    data = self.data[(self.data.index >= start) &
                     (self.data.index <= end)].copy()
    return data

def prepare_features(self, start, end):
    ''' 針對迴歸與預測步驟，準備好一些特徵資料縱列。
    '''
    self.data_subset = self.select_data(start, end)
    self.feature_columns = []
    for lag in range(1, self.lags + 1):
        col = 'lag_{}'.format(lag)
        self.data_subset[col] = self.data_subset['returns'].shift(lag)
        self.feature_columns.append(col)
    self.data_subset.dropna(inplace=True)

def fit_model(self, start, end):
    ''' 實作套入步驟。
    '''
    self.prepare_features(start, end)
    self.model.fit(self.data_subset[self.feature_columns],
                   np.sign(self.data_subset['returns']))

def run_strategy(self, start_in, end_in, start_out, end_out, lags=3):
    ''' 回測交易策略。
    '''
    self.lags = lags
```

```python
        self.fit_model(start_in, end_in)
        # data = self.select_data(start_out, end_out)
        self.prepare_features(start_out, end_out)
        prediction = self.model.predict(self.data_subset[self.feature_columns])
        self.data_subset['prediction'] = prediction
        self.data_subset['strategy'] = (self.data_subset['prediction'] *
                                        self.data_subset['returns'])
        # 判斷何時該進行交易
        trades = self.data_subset['prediction'].diff().fillna(0) != 0
        # 進行交易時，要先從報酬中扣除掉交易成本
        self.data_subset['strategy'][trades] -= self.tc
        self.data_subset['creturns'] = (self.amount *
                        self.data_subset['returns'].cumsum().apply(np.exp))
        self.data_subset['cstrategy'] = (self.amount *
                        self.data_subset['strategy'].cumsum().apply(np.exp))
        self.results = self.data_subset
        # 策略的絕對績效表現
        aperf = self.results['cstrategy'].iloc[-1]
        # 相較於原投資工具，此策略表現更好 / 更差的程度
        operf = aperf - self.results['creturns'].iloc[-1]
        return round(aperf, 2), round(operf, 2)

    def plot_results(self):
        ''' 畫出交易策略的累積績效表現，並與原投資工具本身進行比較。
        '''
        if self.results is None:
            print('No results to plot yet. Run a strategy.')
        title = '%s | TC = %.4f' % (self.symbol, self.tc)
        self.results[['creturns', 'cstrategy']].plot(title=title, figsize=(10, 6))


if __name__ == '__main__':
    scibt = ScikitVectorBacktester('.SPX', '2010-1-1', '2019-12-31',
                                   10000, 0.0, 'regression')
    print(scibt.run_strategy('2010-1-1', '2019-12-31',
                             '2010-1-1', '2019-12-31'))
    print(scibt.run_strategy('2010-1-1', '2016-12-31',
                             '2017-1-1', '2019-12-31'))
    scibt = ScikitVectorBacktester('.SPX', '2010-1-1', '2019-12-31',
                                   10000, 0.0, 'logistic')
    print(scibt.run_strategy('2010-1-1', '2019-12-31',
                             '2010-1-1', '2019-12-31'))
    print(scibt.run_strategy('2010-1-1', '2016-12-31',
                             '2017-1-1', '2019-12-31'))
    scibt = ScikitVectorBacktester('.SPX', '2010-1-1', '2019-12-31',
                                   10000, 0.001, 'logistic')
```

```
print(scibt.run_strategy('2010-1-1', '2019-12-31',
                         '2010-1-1', '2019-12-31', lags=15))
print(scibt.run_strategy('2010-1-1', '2013-12-31',
                         '2014-1-1', '2019-12-31', lags=15))
```

## 第六章

打造事件型回測物件類別

人生真正的悲劇，其實與個人先入為主的想法無關。到頭來人們都還是被單純性、設計的宏偉性，以及一些看似與生俱來的奇異元素所迷惑。

—— Jean Cocteau（《美女與野獸》的作者）

從某方面來說，用 NumPy 與 pandas 進行**向量化回測**，通常是很方便的做法，因為程式碼很簡潔，實作起來很有效率，而且這些套件都特別進行過優化，所以執行速度也很快。不過，並不是所有類型的交易策略都能採用這樣的做法，而且這種做法也無法因應演算法交易者在實際交易時所遇到的各種狀況。只要採用向量化回測的做法，就會有以下幾個潛在的缺點：

未來偏差（*look-ahead bias*）

向量化回測都是針對完整的歷史資料集，而無法考慮未來陸續添加進來的新資料。

過於簡化

舉例來說，如果交易成本是固定的，就無法透過向量化方式來建立模型，因為向量化主要是以相對報酬為基礎。同樣的，如果每筆交易都採用固定的金額，或是遇到單一投資工具無法再進一步分割的情況（例如一股的股票），就無法建立適當的模型。

無遞歸性（*Non-recursiveness*）

用來體現交易策略的演算法，有可能隨時間推移而出現狀態變數遞歸的情況，例如取到某時間點為止的損益值，或某些具有路徑相依特性（path-dependent^{譯註}）的統計數字。若採用向量化的做法，就無法處理這類的特徵。

另一方面，改用**事件型回測**（*event-based backtesting*）的做法則可以解決這些問題，因為它採用更實際的做法，可建立更接近現實的交易模型。從根本上來說，只要出現新資料，就等於出現了一個新事件（*event*）。譬如我們想根據 Apple Inc. 股票的每日收盤資料，對交易策略進行回測；只要 Apple 股票出現了一個新的收盤價，就表示出現了一個新事件。如果利率出現變化，或是價格來到停損位置，也可以視之為一個新事件。事件型回測的做法，通常有以下幾個優點：

增量式的做法

在實際的交易過程中，新資料是以增量的方式陸續出現（譬如一個 tick 接著一個 tick、一次報價接著一次報價），我們可以在這樣的前提下進行回測。

更實際的模型

我們可以用完全自由的方式，針對各種特定新事件所觸發的流程，建立相應的模型。

路徑相依（*Path dependency*）

如果想追蹤某些附帶有條件、具有遞歸性、或是具有路徑相依特性的統計數字（例如「到目前為止所看到的最高價或最低價」），並且把這些資料包含在交易演算法之中，做法上也很簡單。

可重用性（*Reusability*）

回測不同類型的交易策略時，常需要用到類似的基本函式，我們可以透過物件導向的程式技巧，來進行實作與統整。

更貼近交易

事件型回測系統其中的某些元素，有時在交易策略自動化實作方面也可以派上用場。

---

^{譯註}後來的東西會被之前的東西所影響。

在後續的內容中，我們會把線圖中的一個 bar（K 棒）視為一個新事件，代表出現了一筆新資料。舉例來說，事件有可能是盤中交易策略**一分鐘分線圖**裡的一根 K 棒，也可以是每日收盤交易策略**日線圖**裡的一根 K 棒。

本章的內容架構如下。第 191 頁的「事件型回測基礎物件類別」介紹的是交易策略的事件型回測基礎物件類別。第 197 頁「只做多回測物件類別」與第 201 頁「多空回測物件類別」則會運用前面這個基礎物件類別，分別實作出只做多（Long-Only）回測物件類別及多空（Long-Short）回測物件類別。

本章的目的就是瞭解事件型模型，建立一些可進行更實際回測的物件類別，並提供一個基本的回測基礎架構，以做為進一步強化與改進的起點。

事件型回測基礎物件類別

如果要以 Python 物件類別的形式，打造事件型回測的基礎架構，就必須滿足以下幾個要求：

資料的檢索與準備

這個基礎物件類別要有能力處理好資料的檢索，並針對回測本身做好相應的資料準備。為了讓討論更聚焦，我們姑且先讓這個基礎物件類別只能從 CSV 檔案讀取每日收盤價格（EOD）這類的資料。

輔助函式與其他一些方便的函式

這個基礎物件類別應該提供一些輔助函式與方便的函式，讓我們可以更容易進行回測。例如有些函式可用來繪製資料圖形、列印狀態變數、或是針對指定的 bar（K棒），送回相應的日期與價格資訊。

下單

這個基礎物件類別應涵蓋基本買賣下單的功能。為了簡單起見，這裡的模型只會採用市價單進行買賣。

平倉

任何回測結束時，所有市場部位都一定要平倉（結束部位）。這個基礎物件類別應該有能力處理好這個最終的交易。

如果我們的基礎物件類別能滿足以上的要求，就可以用它來建立 SMA 簡單移動平均、動量、均值回歸（參見第 4 章）或機器學習型預測（參見第 5 章）等等這些策略相應的事件型回測物件類別。第 206 頁的「事件型回測基礎物件類別」介紹了一個叫做 BacktestBase 的基礎物件類別，就是這種物件類別的一個實作。下面會針對此物件類別相應的方法逐一進行介紹，以對其設計有個大體上的瞭解。

針對 __init__ 這個特殊方法，只有幾件事特別值得提一下。第一，可運用的初始金額會被儲存兩次，其中一次保存在 initial_amount 這個私有屬性，其值會一直保持不變，另一次則保存在 amount 這個一般屬性，用來表示目前的現金餘額。預設情況下，假設交易成本為零：

```python
def __init__(self, symbol, start, end, amount, ftc=0.0, ptc=0.0, verbose=True):
    self.symbol = symbol
    self.start = start
    self.end = end
    self.initial_amount = amount  ❶
    self.amount = amount  ❷
    self.ftc = ftc  ❸
    self.ptc = ptc  ❹
    self.units = 0  ❺
    self.position = 0  ❻
    self.trades = 0  ❼
    self.verbose = verbose  ❽
    self.get_data()
```

❶ 把初始資本金額儲存在一個私有屬性中。

❷ 設定初始現金餘額的值。

❸ 定義每一筆交易的固定交易成本。

❹ 定義每一筆交易的交易成本所佔比例。

❺ 在最初的投資組合中，所擁有的投資工具單位數量（例如股數）。

❻ 把初始部位設定為市場中立。

❼ 把初始交易次數設定為零。

❽ 把 self.verbose 設定為 True（真），以取得完整的輸出。

初始化期間，會調用到 get_data 方法，它會根據所提供的投資工具代碼與給定的時間區間，從 CSV 檔案檢索出 EOD（每日收盤）資料。它還會計算出相應的對數報酬。下面的 Python 程式碼，之前在第 4、5 章就已廣泛使用。這裡就不再贅述了：

```python
def get_data(self):
    ''' 資料的檢索與準備。
    '''
    raw = pd.read_csv('http://hilpisch.com/pyalgo_eikon_eod_data.csv',
                      index_col=0, parse_dates=True).dropna()
    raw = pd.DataFrame(raw[self.symbol])
    raw = raw.loc[self.start:self.end]
    raw.rename(columns={self.symbol: 'price'}, inplace=True)
    raw['return'] = np.log(raw / raw.shift(1))
    self.data = raw.dropna()
```

.plot_data() 只是一個簡單的輔助方法，可根據所提供的投資工具代碼，繪製出相應的值（預設為收盤價格）：

```python
def plot_data(self, cols=None):
    ''' 畫出代碼相應的收盤價格
    '''
    if cols is None:
        cols = ['price']
    self.data['price'].plot(figsize=(10, 6), title=self.symbol)
```

.get_date_price() 是一個經常被調用的方法。它會針對所指定的 bar（K 棒），送回相應的日期與價格資訊：

```python
def get_date_price(self, bar):
    ''' 送回 bar（K 棒）相應的日期與價格。
    '''
    date = str(self.data.index[bar])[:10]
    price = self.data.price.iloc[bar]
    return date, price
```

.print_balance() 會根據所指定的 bar（K 棒），列印出當時的現金餘額，而 .print_net_wealth() 則會列印出當時的淨資產總額（也就是目前現金餘額加上交易部位當時的價值）：

```python
def print_balance(self, bar):
    ''' 列印出目前現金餘額資訊。
    '''
    date, price = self.get_date_price(bar)
    print(f'{date} | current balance {self.amount:.2f}')
```

```
def print_net_wealth(self, bar):
    ''' 列印出目前淨資產總額資訊。
    '''
    date, price = self.get_date_price(bar)
    net_wealth = self.units * price + self.amount
    print(f'{date} | current net wealth {net_wealth:.2f}')
```

.place_buy_order() 與 .place_sell_order() 就是兩個最核心的方法。這兩個方法可以讓我們模擬金融投資工具的買進與賣出。首先是 .place_buy_order() 方法，相關細節請參見相應的說明：

```
def place_buy_order(self, bar, units=None, amount=None):
    ''' 下買單。
    '''
    date, price = self.get_date_price(bar)     ❶
    if units is None:     ❷
        units = int(amount / price)     ❸
    self.amount -= (units * price) * (1 + self.ptc) + self.ftc     ❹
    self.units += units     ❺
    self.trades += 1     ❻
    if self.verbose:     ❼
        print(f'{date} | selling {units} units at {price:.2f}')     ❽
        self.print_balance(bar)     ❾
        self.print_net_wealth(bar)     ❿
```

❶ 針對所指定的 bar（K 棒），取得相應的日期與價格資訊。

❷ 如果沒有指定 units 的值（所要交易的單位數量）…

❸ …就根據 amount 的值計算出 units 的值。（請注意，units 和 amount 至少要指定其中一個值。）這裡的計算並沒有考慮交易成本。

❹ 目前的現金餘額會扣減掉買進投資工具的現金支出，再扣掉一定比例的交易成本，以及固定的交易成本。要注意的是，這裡並不會檢查市場是否具有充分的流動性。

❺ self.units 的值會隨著買進的 units 數量而增加。

❻ 交易次數的計數器也會加一。

❼ 如果 self.verbose 為 True（真）…

❽ …就列印出交易執行的相關資訊…

❾ …還有目前的現金餘額…

❿ …以及目前的淨資產總額。

其次，.place_sell_order() 方法相較於之前的 .place_buy_order() 方法，只做了兩個小小的調整：

```python
def place_sell_order(self, bar, units=None, amount=None):
    ''' 下賣單。
    '''
    date, price = self.get_date_price(bar)
    if units is None:
        units = int(amount / price)
    self.amount += (units * price) * (1 - self.ptc) - self.ftc    ❶
    self.units -= units    ❷
    self.trades += 1
    if self.verbose:
        print(f'{date} | selling {units} units at {price:.2f}')
        self.print_balance(bar)
        self.print_net_wealth(bar)
```

❶ 目前的現金餘額會因為賣出而增加，不過還是要扣減掉交易成本。

❷ self.units 的值會隨著所賣出的單位數量而減少。

無論回測的是哪一種交易策略，回測到最後所剩下的部位都需要進行平倉。BacktestBase 物件類別的程式碼做了一個假設，如果有部位未結清，就用相應的資產價值來進行計算，然後再列印出相應的績效表現狀況：

```python
def close_out(self, bar):
    ''' 多空部位平倉。
    '''
    date, price = self.get_date_price(bar)
    self.amount += self.units * price    ❶
    self.units = 0
    self.trades += 1
    if self.verbose:
        print(f'{date} | inventory {self.units} units at {price:.2f}')
        print('=' * 55)
    print('Final balance   [$] {:.2f}'.format(self.amount))    ❷
    perf = ((self.amount - self.initial_amount) / self.initial_amount * 100)
    print('Net Performance [%] {:.2f}'.format(perf))    ❸
    print('Trades Executed [#] {:.2f}'.format(self.trades))    ❸
    print('=' * 55)
```

❶ 最後不扣除交易成本。

❷ 最後的現金餘額包括目前的現金餘額，加上交易部位相應的價值。

❸ 我們會以百分比的方式，計算出相應的淨績效表現。

Python 腳本的最後一部分就是 __main__ 相關程式碼，如果這個檔案被當成腳本來執行，就會執行這部分的程式碼：

```
if __name__ == '__main__':
    bb = BacktestBase('AAPL.O', '2010-1-1', '2019-12-31', 10000)
    print(bb.data.info())
    print(bb.data.tail())
    bb.plot_data()
```

這裡會根據 BacktestBase 物件類別，建立一個物件實例。它會根據所提供的投資工具代碼，自動取得相應的資料。圖 6-1 顯示的就是相應的圖形。下面的輸出則是相應 DataFrame 物件的元資訊，以及最新的五行資料：

```
In [1]: %run BacktestBase.py
<class 'pandas.core.frame.DataFrame'>
DatetimeIndex: 2515 entries, 2010-01-05 to 2019-12-31
Data columns (total 2 columns):
 #   Column   Non-Null Count  Dtype
---  ------   --------------  -----
 0   price    2515 non-null   float64
 1   return   2515 non-null   float64
dtypes: float64(2)
memory usage: 58.9 KB
None
            price    return
Date
2019-12-24  284.27   0.000950
2019-12-26  289.91   0.019646
2019-12-27  289.80  -0.000380
2019-12-30  291.52   0.005918
2019-12-31  293.65   0.007280

In [2]:
```

隨後兩節會介紹另外兩個物件類別，可分別針對只做多交易策略與多空交易策略進行回測。由於這兩個物件類別都是依賴本節所介紹的基礎物件類別，因此回測程序的實作也相當簡潔。

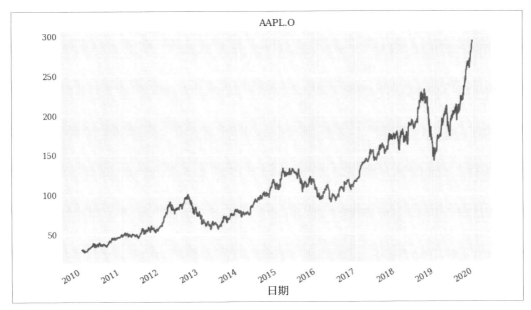

圖 6-1　BacktestBase 物件類別根據投資工具代碼（symbol）所取得的資料圖形

　物件導向程式設計的做法可以讓人們用 Python 物件類別的形式，打造出基本的回測基礎架構。這樣的物件類別會以一種無冗餘（non-redundant）、易於維護的方式，在各種演算法交易策略進行回測期間，提供所需的標準功能函式。如果想強化這個基礎物件類別，以便在預設情況下提供更多功能，做法也很直接，而所強化的功能可能也有助於許多以它為基礎的物件類別。

只做多（Long-Only）回測物件類別

有時候可能因為投資者的偏好，或是因為法規上禁止放空，使得放空操作無法成為交易策略的一部分。這樣一來，交易者或投資組合經理就只能建立多頭部位，或是選擇以現金的形式（或類似的低風險資產，如貨幣市場帳戶），來安置手中的資本。第 209 頁的「只做多回測物件類別」顯示的就是相應的程式碼，其名稱為 BacktestLongOnly。由於它依賴且繼承自 BacktestBase 這個物件類別，因此要實作出 SMA、動量與均值回歸這三種策略，相應的程式碼相當簡潔。

.run_mean_reversion_strategy() 這個方法實作了均值回歸型策略的回測程序。由於這個方法從實作的角度來看比較棘手,因此我們會進行比較多的詳細說明。不過其中有一些比較基本的原理,還是可以輕鬆延續到其他兩種策略的實作方法:

```python
def run_mean_reversion_strategy(self, SMA, threshold):
    ''' 回測均值回歸型策略。

    參數
    ==========
    SMA: int
        簡單移動平均(單位為日)
    threshold: float
        偏離 SMA 就生成信號的偏離門檻絕對值
    '''
    msg = f'\n\nRunning mean reversion strategy | '
    msg += f'SMA={SMA} & thr={threshold}'
    msg += f'\nfixed costs {self.ftc} | '
    msg += f'proportional costs {self.ptc}'
    print(msg)                                                   ❶
    print('=' * 55)
    self.position = 0                                            ❷
    self.trades = 0                                              ❷
    self.amount = self.initial_amount                            ❸

    self.data['SMA'] = self.data['price'].rolling(SMA).mean()    ❹

    for bar in range(SMA, len(self.data)):                       ❺
        if self.position == 0:                                   ❻
            if (self.data['price'].iloc[bar] < self.data['SMA'].iloc[bar] - threshold):  ❼
                self.place_buy_order(bar, amount=self.amount)    ❽
                self.position = 1                                ❾
        elif self.position == 1:                                 ❿
            if self.data['price'].iloc[bar] >= self.data['SMA'].iloc[bar]:  ⓫
                self.place_sell_order(bar, units=self.units)     ⓬
                self.position = 0                                ⓭
    self.close_out(bar)                                          ⓮
```

❶ 一開始,這個方法會列印出回測主要參數的整體狀況。

❷ 部位一開始設定為市場中立,在這裡做設定就很清楚,而且本來就應該這樣設定才對。

❸ 把目前的現金餘額重設為初始金額,以免在執行另一次回測時覆寫了這個初始值。

❹ 這裡會根據 SMA 的值,計算出所有相應的簡單移動平均值。

❺ 從第 SMA 個值開始取值，確保 SMA 一定都有相應的值（而非 N/A），以進行策略的實作與回測。

❻ 這裡會檢查部位是否為市場中立。

❼ 如果部位確實為市場中立，再檢查目前的價格是否低於 SMA 且低過一定的門檻，進而觸發買單以進行做多操作。

❽ 根據目前的現金餘額來執行買單。

❾ 市場部位設定為做多。

❿ 這裡會檢查目前是否持有做多市場的部位。

⓫ 如果是的話，再檢查目前的價格是否已經回到 SMA 或更高的程度。

⓬ 如果是的話，就針對此投資工具所持有的部位丟出賣單。

⓭ 市場部位再次設定為中立。

⓮ 在回測期間結束時，如果還有市場部位未平倉，就要進行平倉的動作。

只要執行第 209 頁「只做多回測物件類別」的 Python 腳本，就可以得到如下所示的回測結果。這些範例可以用來說明固定交易成本與成比例的交易成本相應的影響。首先，交易成本一定會侵蝕策略的績效表現。實際上無論如何，只要一考慮交易成本，一定會降低策略的績效表現。其次，這裡也可以看到，隨著時間的推移，策略所觸發的交易次數也十分重要。在不考慮交易成本的情況下，動量型策略的表現大大優於 SMA 型策略。一旦考慮了交易成本，由於 SMA 型策略的交易次數比較少，因此便勝過了動量型策略的表現：

```
Running SMA strategy | SMA1=42 & SMA2=252
fixed costs 0.0 | proportional costs 0.0
==================================================
Final balance    [$] 56204.95
Net Performance [%] 462.05
==================================================


Running momentum strategy | 60 days
fixed costs 0.0 | proportional costs 0.0
==================================================
Final balance    [$] 136716.52
Net Performance [%] 1267.17
==================================================
```

```
Running mean reversion strategy | SMA=50 & thr=5
fixed costs 0.0 | proportional costs 0.0
===================================================
Final balance    [$] 53907.99
Net Performance [%] 439.08
===================================================


Running SMA strategy | SMA1=42 & SMA2=252
fixed costs 10.0 | proportional costs 0.01
===================================================
Final balance    [$] 51959.62
Net Performance [%] 419.60
===================================================


Running momentum strategy | 60 days
fixed costs 10.0 | proportional costs 0.01
===================================================
Final balance    [$] 38074.26
Net Performance [%] 280.74
===================================================


Running mean reversion strategy | SMA=50 & thr=5
fixed costs 10.0 | proportional costs 0.01
===================================================
Final balance    [$] 15375.48
Net Performance [%] 53.75
===================================================
```

第 5 章特別強調績效表現有兩個面向：正確預測市場動向的命中率，以及市場時機的掌握（也就是在特別重大的時刻做出正確預測的能力）。根據這裡所顯示的結果顯示，應該還有「第三個面向」：策略所觸發的交易次數。如果策略需要比較高的交易頻率，勢必要承擔更高的交易成本，這樣一來策略在績效表現上的優勢很容易就會被侵蝕掉。如果撇開其他因素不談，低交易成本的被動投資型策略（例如 ETF 這類的基金）在這方面就佔有一定的優勢。

多空（Long-Short）回測物件類別

第 212 頁的「多空回測物件類別」介紹的是 BacktestLongShort 物件類別，它也是繼承自 BacktestBase 物件類別。除了針對不同策略的回測實作出相應的方法之外，它還實作了兩個額外的方法，以分別進行做多與放空操作。這裡只針對 .go_long() 方法進行詳細的說明，因為 .go_short() 方法只是針對相反方向執行相同的操作：

```
def go_long(self, bar, units=None, amount=None):    ❶
    if self.position == -1:    ❷
        self.place_buy_order(bar, units=-self.units)    ❸
    if units:    ❹
        self.place_buy_order(bar, units=units)    ❺
    elif amount:    ❻
        if amount == 'all':    ❼
            amount = self.amount    ❽
        self.place_buy_order(bar, amount=amount)    ❾

def go_short(self, bar, units=None, amount=None):
    if self.position == 1:
        self.place_sell_order(bar, units=self.units)
    if units:
        self.place_sell_order(bar, units=units)
    elif amount:
        if amount == 'all':
            amount = self.amount
        self.place_sell_order(bar, amount=amount)
```

❶ 這個方法除了需要用到 bar 這個參數之外，還需要另一個數字，這個數字可以是打算交易的投資工具單位數量 units，也可以是打算交易的金額 amount。

❷ 在 .go_long() 做多的情況下，首先要檢查是否存在空頭部位。

❸ 如果有的話，這個空頭部位必須先平倉。

❹ 然後檢查一下有沒有指定 units 的值⋯

❺ ⋯這個值會觸發相應的買單。

❻ 如果指定的是 amount 的值，則可能有兩種情況。

❼ 第一種情況，如果值是 all，這個值就會轉換成⋯

❽ ⋯目前可用現金的所有餘額。

❾ 第二種情況，如果這個值是一個數字，就可以簡單根據這個值來丟出相應的買單。要注意的是，這裡並不會檢查市場是否擁有足夠的流動性。

為了讓實作程式碼盡可能簡單扼要，這個 Python 物件類別做了許多簡化，把其中某些細緻的考量留給了使用者。舉例來說，這裡的物件類別在執行交易時，並不會考慮市場是否擁有足夠的流動性。這屬於經濟層面上的一種簡化，因為理論上來說，市場可以為演算法交易者提供足夠、甚至無限的交易流動性。另一個例子是，有些方法必須在兩個參數（units 或 amount）之中，至少指定其中一個參數。萬一兩個參數都沒有設定，這裡就沒有任何程式碼可以處理這樣的情況了。這就屬於技術層面上的一種簡化。

下面介紹的是 BacktestLongShort 物件類別的 .run_mean_reversion_strategy() 方法其中最核心的迴圈部分。這裡我們再次選擇均值回歸型策略做為示範，因為在這個實作會牽涉到比較多的細節。舉例來說，這是唯一會建立市場中立部位的策略。相較於其他兩種策略，這個策略需要做出更多檢查，如第 212 頁的「多空回測物件類別」所示：

```
for bar in range(SMA, len(self.data)):
    if self.position == 0:  ❶
        if (self.data['price'].iloc[bar] < self.data['SMA'].iloc[bar] - threshold):  ❷
            self.go_long(bar, amount=self.initial_amount)  ❸
            self.position = 1  ❹
        elif (self.data['price'].iloc[bar] > self.data['SMA'].iloc[bar] + threshold):  ❺
            self.go_short(bar, amount=self.initial_amount)
            self.position = -1  ❻
    elif self.position == 1:  ❼
        if self.data['price'].iloc[bar] >= self.data['SMA'].iloc[bar]:  ❽
            self.place_sell_order(bar, units=self.units)  ❾
            self.position = 0  ❿
    elif self.position == -1:  ⓫
        if self.data['price'].iloc[bar] <= self.data['SMA'].iloc[bar]:  ⓬
            self.place_buy_order(bar, units=-self.units)  ⓭
            self.position = 0  ⓮
self.close_out(bar)
```

❶ 最外層的第一個條件判斷，檢查部位是否為市場中立。

❷ 如果是的話，再檢查目前的價格是否低於 SMA 且低過了一定的門檻值。

❸ 如果是的話，就調用 .go_long() 方法…

❹ …然後市場部位就會被設定為做多。

❺ 如果目前的價格高於 SMA 且高過了一定的門檻，就調用 .go_short() 方法…

❻ …然後市場部位就會被設定為放空。

❼ 最外層的第二個條件判斷，檢查目前是否持有多頭市場部位。

❽ 如果是的話，再進一步檢查目前的價格是否已經漲回 SMA 或突破 SMA 的水準。

❾ 如果是的話，就賣出投資組合內所有多頭部位來進行平倉。

❿ 市場部位重新設定為中立。

⓫ 最後，最外層的第三個條件判斷，檢查目前是否持有空頭市場部位。

⓬ 如果目前的價格落回 SMA 或跌破 SMA …

⓭ …就會觸發所有空頭部位的買單，結束掉所有的空頭部位。

⓮ 然後市場部位又會重新設定為中立。

只要執行第 212 頁的「多空回測物件類別」的 Python 腳本，就可以得到策略的績效表現結果，進而理解策略的特性。一般人可能比較傾向於認為，如果允許進行放空操作，這種額外的彈性應該可以得出更好的結果。但根據實際的情況顯示，這樣的想法並不一定是正確的。無論有沒有計入交易成本，所有多空策略的績效表現全都比較差。在某些設定下甚至會帶來淨虧損，或甚至導致最後負債的結果。雖然這全都只是特定情況下的一些結果，但這些結果可以說明的是，過早得出結論或不去限制持續累積的債務，肯定是風險很高的一種行為：

```
Running SMA strategy | SMA1=42 & SMA2=252
fixed costs 0.0 | proportional costs 0.0
===================================================
Final balance    [$] 45631.83
Net Performance [%] 356.32
===================================================


Running momentum strategy | 60 days
fixed costs 0.0 | proportional costs 0.0
===================================================
Final balance    [$] 105236.62
Net Performance [%] 952.37
===================================================


Running mean reversion strategy | SMA=50 & thr=5
fixed costs 0.0 | proportional costs 0.0
===================================================
Final balance    [$] 17279.15
Net Performance [%] 72.79
```

```
============================================================

Running SMA strategy | SMA1=42 & SMA2=252
fixed costs 10.0 | proportional costs 0.01
============================================================
Final balance   [$] 38369.65
Net Performance [%] 283.70
============================================================


Running momentum strategy | 60 days
fixed costs 10.0 | proportional costs 0.01
============================================================
Final balance   [$] 6883.45
Net Performance [%] -31.17
============================================================


Running mean reversion strategy | SMA=50 & thr=5
fixed costs 10.0 | proportional costs 0.01
============================================================
Final balance   [$] -5110.97
Net Performance [%] -151.11
============================================================
```

在某些情況下，交易很有可能侵蝕掉所有的初始資本，甚至有可能導致背上債務的結果（例如交易 CFD 差價合約的情況）。譬如高槓桿投資就是如此；舉例來說，交易者可能只需要準備整體部位價值 5% 的金額做為初始保證金（槓桿為 20），就可以進行交易。如果部位價值變化了 10%，交易者可能就會被要求追加保證金，以滿足相應的要求。以 100,000 美元的多頭部位來說，只需要 5,000 美元的保證金就可以進行交易。如果部位跌至 90,000 美元，保證金就會被吃光，此時交易者還必須多付出 5,000 美元才能彌補損失。不過這是假設沒有設定保證金停損自動平倉的情況，否則剩餘保證金一旦被扣到只剩 0 美元，就會自動進行平倉的動作。

結論

本章介紹的是交易策略事件型回測物件類別。相較於向量化回測，事件型回測刻意使用大量迴圈與迭代操作，以便能夠個別處理每一個新事件（通常就是取得新資料的時候）。這樣我們就擁有另一種更靈活的做法，可以輕鬆處理固定的交易成本或其他更複雜的策略（還有各種變形的做法）。

第 206 頁的「事件型回測基礎物件類別」介紹了一個基礎物件類別，其中有一些方法可用來針對各式各樣的交易策略，進行事件型回測。第 209 頁的「只做多回測物件類別」與第 212 頁的「多空回測物件類別」則根據這個基礎架構，針對只做多交易策略與多空交易策略，實作出相應的回測物件類別。這些實作包含了第 4 章介紹過的全部三種策略，主要是可以用來進行比較。只要以本章的物件類別做為起點，就可以輕鬆進行各種強化與改進。

參考資料與其他資源

本章所採用的三種交易策略相應的基本構想與概念，在前面的章節中都有相應的介紹。本章是第一次以系統化方式運用 Python 物件類別，以及物件導向程式設計（OOP）的技巧。針對如何以 OOP 方式運用 Python 與 Python 資料模型，在 Ramalho（2021）的著作中可以找到很棒的介紹。關於如何把 OOP 應用到金融領域，在 Hilpisch（2018, 第六章）的著作中也可以找到更簡潔有力的介紹：

Hilpisch, Yves. 2018. *Python for Finance: Mastering Data-Driven Finance*（Python 金融分析：掌握金融大數據）. 2nd ed. Sebastopol: O'Reilly.

Ramalho, Luciano. 2021. *Fluent Python: Clear, Concise, and Effective Programming*（流暢的 Python：清晰、簡潔、有效的程式設計）. 2nd ed. Sebastopol: O'Reilly.

在 Python 的生態體系中，也有許多可供選擇的套件，可針對演算法交易策略進行回測。其中四個如下：

- bt（*http://pmorissette.github.io/bt/*）

- Backtrader（*https://backtrader.com/*）

- PyAlgoTrade（*http://gbeced.github.io/pyalgotrade/*）

- Zipline（*https://github.com/quantopian/zipline*）

舉例來說，Zipline 就針對很受歡迎的 Quantopian（*http://quantopian.com*）平台提供了強大的功能，可針對演算法交易策略進行回測，也可以在本機安裝與運用。

雖然相較於本章所介紹的簡單物件類別，上面那些套件或許可以對演算法交易策略進行更徹底的回測，但本書的主要目標是讓讀者與演算法交易者能夠以獨立自主的方式，實作出所需的 Python 程式碼。就算以後改用標準套件來進行實際的回測，你還是可以藉此進一步理解不同的做法及其機制。

Python 腳本

本節介紹的是本章所參考運用的 Python 腳本。

事件型回測基礎物件類別

下面的 Python 程式碼就是事件型回測的基礎物件類別：

```
#
# 此 Python 腳本內有基礎物件類別
# 可進行事件型回測
#
# Python 演算法交易
# (c) Dr. Yves J. Hilpisch
# The Python Quants 有限責任公司
#
import numpy as np
import pandas as pd
from pylab import mpl, plt
plt.style.use('seaborn')
mpl.rcParams['font.family'] = 'serif'


class BacktestBase(object):
    ''' 此基礎物件類別可針對交易策略進行事件型回測。

    屬性
    ==========
    symbol: str
        所要使用的金融投資工具 RIC 代碼
    start: str
        所選資料的開始日期
    end: str
        所選資料的結束日期
```

amount: float
    所要投入的金額，可能是一次性投入，或是每筆交易都投入此金額
ftc: float
    每一筆交易（買進或賣出）的固定交易成本
ptc: float
    每一筆交易（買進或賣出）都有一定比例的交易成本

方法
=======
get_data:
    基礎資料集的檢索與準備
plot_data:
    畫出投資工具代碼相應的收盤價格圖形
get_date_price:
    根據所指定的 bar，送回相應的日期與價格
print_balance:
    列印出目前的（現金）餘額
print_net_wealth:
    列印出目前的淨資產總額
place_buy_order:
    下買單
place_sell_order:
    下賣單
close_out:
    多空部位平倉
'''

def __init__(self, symbol, start, end, amount,
            ftc=0.0, ptc=0.0, verbose=True):
    self.symbol = symbol
    self.start = start
    self.end = end
    self.initial_amount = amount
    self.amount = amount
    self.ftc = ftc
    self.ptc = ptc
    self.units = 0
    self.position = 0
    self.trades = 0
    self.verbose = verbose
    self.get_data()

def get_data(self):
    ''' 資料的檢索與準備。
    '''
    raw = pd.read_csv('http://hilpisch.com/pyalgo_eikon_eod_data.csv',

```
                        index_col=0, parse_dates=True).dropna()
    raw = pd.DataFrame(raw[self.symbol])
    raw = raw.loc[self.start:self.end]
    raw.rename(columns={self.symbol: 'price'}, inplace=True)
    raw['return'] = np.log(raw / raw.shift(1))
    self.data = raw.dropna()

def plot_data(self, cols=None):
    ''' 畫出投資工具代碼相應的收盤價格
    '''
    if cols is None:
        cols = ['price']
    self.data['price'].plot(figsize=(10, 6), title=self.symbol)

def get_date_price(self, bar):
    ''' 送回 bar 相應的日期與價格。
    '''
    date = str(self.data.index[bar])[:10]
    price = self.data.price.iloc[bar]
    return date, price

def print_balance(self, bar):
    ''' 列印出目前現金餘額資訊。
    '''
    date, price = self.get_date_price(bar)
    print(f'{date} | current balance {self.amount:.2f}')

def print_net_wealth(self, bar):
    ''' 列印出目前淨資產總額資訊。
    '''
    date, price = self.get_date_price(bar)
    net_wealth = self.units * price + self.amount
    print(f'{date} | current net wealth {net_wealth:.2f}')

def place_buy_order(self, bar, units=None, amount=None):
    ''' 下買單。
    '''
    date, price = self.get_date_price(bar)
    if units is None:
        units = int(amount / price)
    self.amount -= (units * price) * (1 + self.ptc) + self.ftc
    self.units += units
    self.trades += 1
    if self.verbose:
        print(f'{date} | selling {units} units at {price:.2f}')
        self.print_balance(bar)
```

```python
                self.print_net_wealth(bar)

    def place_sell_order(self, bar, units=None, amount=None):
        ''' 下賣單。
        '''
        date, price = self.get_date_price(bar)
        if units is None:
            units = int(amount / price)
        self.amount += (units * price) * (1 - self.ptc) - self.ftc
        self.units -= units
        self.trades += 1
        if self.verbose:
            print(f'{date} | selling {units} units at {price:.2f}')
            self.print_balance(bar)
            self.print_net_wealth(bar)

    def close_out(self, bar):
        ''' 多空部位平倉。
        '''
        date, price = self.get_date_price(bar)
        self.amount += self.units * price
        self.units = 0
        self.trades += 1
        if self.verbose:
            print(f'{date} | inventory {self.units} units at {price:.2f}')
            print('=' * 55)
        print('Final balance   [$] {:.2f}'.format(self.amount))
        perf = ((self.amount - self.initial_amount) / self.initial_amount * 100)
        print('Net Performance [%] {:.2f}'.format(perf))
        print('Trades Executed [#] {:.2f}'.format(self.trades))
        print('=' * 55)


if __name__ == '__main__':
    bb = BacktestBase('AAPL.O', '2010-1-1', '2019-12-31', 10000)
    print(bb.data.info())
    print(bb.data.tail())
    bb.plot_data()
```

只做多（Long-Only）回測物件類別

下面的 Python 程式碼提供了一個物件類別，可用來針對只做多策略進行事件型回測，這個實作可用於 *SMA* 型、動量型與均值回歸型策略：

```
#
# 此 Python 腳本內有「只做多」物件類別
# 可進行事件型回測
#
# Python 演算法交易
# (c) Dr. Yves J. Hilpisch
# The Python Quants 有限責任公司
#
from BacktestBase import *


class BacktestLongOnly(BacktestBase):

    def run_sma_strategy(self, SMA1, SMA2):
        ''' 回測 SMA 型策略。

        參數
        ==========
        SMA1, SMA2: int
            短線與長線簡單移動平均（單位為日）
        '''
        msg = f'\n\nRunning SMA strategy | SMA1={SMA1} & SMA2={SMA2}'
        msg += f'\nfixed costs {self.ftc} | '
        msg += f'proportional costs {self.ptc}'
        print(msg)
        print('=' * 55)
        self.position = 0  # 初始設定為中立部位
        self.trades = 0  # 尚未進行任何交易
        self.amount = self.initial_amount  # 重新設定初始資本金額
        self.data['SMA1'] = self.data['price'].rolling(SMA1).mean()
        self.data['SMA2'] = self.data['price'].rolling(SMA2).mean()

        for bar in range(SMA2, len(self.data)):
            if self.position == 0:
                if self.data['SMA1'].iloc[bar] > self.data['SMA2'].iloc[bar]:
                    self.place_buy_order(bar, amount=self.amount)
                    self.position = 1  # 多頭部位
            elif self.position == 1:
                if self.data['SMA1'].iloc[bar] < self.data['SMA2'].iloc[bar]:
                    self.place_sell_order(bar, units=self.units)
                    self.position = 0  # 市場中立
        self.close_out(bar)

    def run_momentum_strategy(self, momentum):
        ''' 回測動量型策略。
```

```
momentum: int
    計算平均報酬時所採用的的天數
'''
msg = f'\n\nRunning momentum strategy | {momentum} days'
msg += f'\nfixed costs {self.ftc} | '
msg += f'proportional costs {self.ptc}'
print(msg)
print('=' * 55)
self.position = 0  # 初始設定為中立部位
self.trades = 0   # 尚未進行任何交易
self.amount = self.initial_amount  # 重新設定資本金額
self.data['momentum'] = self.data['return'].rolling(momentum).mean()
for bar in range(momentum, len(self.data)):
    if self.position == 0:
        if self.data['momentum'].iloc[bar] > 0:
            self.place_buy_order(bar, amount=self.amount)
            self.position = 1  # 多頭部位
    elif self.position == 1:
        if self.data['momentum'].iloc[bar] < 0:
            self.place_sell_order(bar, units=self.units)
            self.position = 0  # 市場中立
self.close_out(bar)

def run_mean_reversion_strategy(self, SMA, threshold):
    ''' 回測均值回歸型策略。

    參數
    ==========
    SMA: int
        簡單移動平均（單位為日）
    threshold: float
        SMA 均線偏離型交易信號的偏離絕對值
    '''
    msg = f'\n\nRunning mean reversion strategy | '
    msg += f'SMA={SMA} & thr={threshold}'
    msg += f'\nfixed costs {self.ftc} | '
    msg += f'proportional costs {self.ptc}'
    print(msg)
    print('=' * 55)
    self.position = 0
    self.trades = 0
    self.amount = self.initial_amount

    self.data['SMA'] = self.data['price'].rolling(SMA).mean()
```

```
        for bar in range(SMA, len(self.data)):
            if self.position == 0:
                if (self.data['price'].iloc[bar] <
                        self.data['SMA'].iloc[bar] - threshold):
                    self.place_buy_order(bar, amount=self.amount)
                    self.position = 1
            elif self.position == 1:
                if self.data['price'].iloc[bar] >= self.data['SMA'].iloc[bar]:
                    self.place_sell_order(bar, units=self.units)
                    self.position = 0
        self.close_out(bar)


if __name__ == '__main__':
    def run_strategies():
        lobt.run_sma_strategy(42, 252)
        lobt.run_momentum_strategy(60)
        lobt.run_mean_reversion_strategy(50, 5)
    lobt = BacktestLongOnly('AAPL.O', '2010-1-1', '2019-12-31', 10000, verbose=False)
    run_strategies()
    # 交易成本：固定部分為 10 美元，變動部分為 1%
    lobt = BacktestLongOnly('AAPL.O', '2010-1-1', '2019-12-31', 10000, 10.0, 0.01, False)
    run_strategies()
```

多空（Long-Short）回測物件類別

下面的 Python 程式碼提供了一個物件類別，可用來針對多空策略進行事件型回測，這
個實作可用於 SMA 型、動量型與均值回歸型策略：

```
#
# 此 Python 腳本內有多空物件類別
# 可進行事件型回測
#
# Python 演算法交易
# (c) Dr. Yves J. Hilpisch
# The Python Quants 有限責任公司
#
from BacktestBase import *


class BacktestLongShort(BacktestBase):

    def go_long(self, bar, units=None, amount=None):
        if self.position == -1:
```

```python
                self.place_buy_order(bar, units=-self.units)
            if units:
                self.place_buy_order(bar, units=units)
            elif amount:
                if amount == 'all':
                    amount = self.amount
                self.place_buy_order(bar, amount=amount)

    def go_short(self, bar, units=None, amount=None):
        if self.position == 1:
            self.place_sell_order(bar, units=self.units)
        if units:
            self.place_sell_order(bar, units=units)
        elif amount:
            if amount == 'all':
                amount = self.amount
            self.place_sell_order(bar, amount=amount)

    def run_sma_strategy(self, SMA1, SMA2):
        msg = f'\n\nRunning SMA strategy | SMA1={SMA1} & SMA2={SMA2}'
        msg += f'\nfixed costs {self.ftc} | '
        msg += f'proportional costs {self.ptc}'
        print(msg)
        print('=' * 55)
        self.position = 0  # 初始設定為中立部位
        self.trades = 0  # 尚未進行任何交易
        self.amount = self.initial_amount  # 重新設定初始資本金額
        self.data['SMA1'] = self.data['price'].rolling(SMA1).mean()
        self.data['SMA2'] = self.data['price'].rolling(SMA2).mean()

        for bar in range(SMA2, len(self.data)):
            if self.position in [0, -1]:
                if self.data['SMA1'].iloc[bar] > self.data['SMA2'].iloc[bar]:
                    self.go_long(bar, amount='all')
                    self.position = 1  # 多頭部位
            if self.position in [0, 1]:
                if self.data['SMA1'].iloc[bar] < self.data['SMA2'].iloc[bar]:
                    self.go_short(bar, amount='all')
                    self.position = -1  # 空頭部位
        self.close_out(bar)

    def run_momentum_strategy(self, momentum):
        msg = f'\n\nRunning momentum strategy | {momentum} days'
        msg += f'\nfixed costs {self.ftc} | '
        msg += f'proportional costs {self.ptc}'
        print(msg)
```

```python
        print('=' * 55)
        self.position = 0  # 初始設定為中立部位
        self.trades = 0  # 尚未進行任何交易
        self.amount = self.initial_amount  # 重新設定初始資本金額
        self.data['momentum'] = self.data['return'].rolling(momentum).mean()
        for bar in range(momentum, len(self.data)):
            if self.position in [0, -1]:
                if self.data['momentum'].iloc[bar] > 0:
                    self.go_long(bar, amount='all')
                    self.position = 1  # 多頭部位
            if self.position in [0, 1]:
                if self.data['momentum'].iloc[bar] <= 0:
                    self.go_short(bar, amount='all')
                    self.position = -1  # 空頭部位
        self.close_out(bar)

    def run_mean_reversion_strategy(self, SMA, threshold):
        msg = f'\n\nRunning mean reversion strategy | '
        msg += f'SMA={SMA} & thr={threshold}'
        msg += f'\nfixed costs {self.ftc} | '
        msg += f'proportional costs {self.ptc}'
        print(msg)
        print('=' * 55)
        self.position = 0  # 初始設定為中立部位
        self.trades = 0  # 尚未進行任何交易
        self.amount = self.initial_amount  # 重新設定初始資本金額

        self.data['SMA'] = self.data['price'].rolling(SMA).mean()

        for bar in range(SMA, len(self.data)):
            if self.position == 0:
                if (self.data['price'].iloc[bar] <
                        self.data['SMA'].iloc[bar] - threshold):
                    self.go_long(bar, amount=self.initial_amount)
                    self.position = 1
                elif (self.data['price'].iloc[bar] >
                        self.data['SMA'].iloc[bar] + threshold):
                    self.go_short(bar, amount=self.initial_amount)
                    self.position = -1
            elif self.position == 1:
                if self.data['price'].iloc[bar] >= self.data['SMA'].iloc[bar]:
                    self.place_sell_order(bar, units=self.units)
                    self.position = 0
            elif self.position == -1:
                if self.data['price'].iloc[bar] <= self.data['SMA'].iloc[bar]:
                    self.place_buy_order(bar, units=-self.units)
```

```python
            self.position = 0
        self.close_out(bar)


if __name__ == '__main__':
    def run_strategies():
        lsbt.run_sma_strategy(42, 252)
        lsbt.run_momentum_strategy(60)
        lsbt.run_mean_reversion_strategy(50, 5)
    lsbt = BacktestLongShort('EUR=', '2010-1-1', '2019-12-31', 10000, verbose=False)
    run_strategies()
    # 交易成本：固定部分為 10 美元，變動部分為 1%
    lsbt = BacktestLongShort('AAPL.O', '2010-1-1', '2019-12-31', 10000, 10.0, 0.01, False)
    run_strategies()
```

## 第七章

即時資料與 Socket 的處理

若想找出宇宙的奧秘，不妨從能量、頻率與振動的角度來思考。

—— Nikola Tesla（尼古拉·特斯拉）

交易構想的開發與回測過程中，並不一定需要隨時與市場保持同步，也不是絕不能出錯，至少不會有資金受到威脅，甚至績效表現與速度也不是最重要的要求。可是一旦把交易策略部署到市場中，整個情況就有極大的改變。資料通常會以大量且即時的方式出現，因此必須有能力以即時的方式處理資料，並根據流動的串流（streaming）資料做出即時的判斷。本章就是要討論如何處理即時的資料，而 *socket* 通常就是首選的技術工具。在這樣的前提下，這裡先列出一些主要的技術用語：

網路 *socket*

   電腦網路中的連接端點，也可以簡稱為 *socket*。

socket 地址

   網際網路協定（IP）地址與埠號（port number）的組合。

socket 協定

   定義與處理 socket 通訊的協定，例如 TCP 傳輸控制協定（Transfer Control Protocol）。

socket 對（*socket pair*）

   相互通訊的本機 socket 與遠端 socket 組合。

socket API

   可以控制 socket 及相關通訊的 API（應用程式設計界面）。

本章的主要重點是 ZeroMQ（*http://zeromq.org*）這個輕量級、快速且可擴展的 socket 程式設計函式庫的運用。它可以透過各大流行程式語言的包裝函式，在多種平台上使用。ZeroMQ 可支援不同模式的 socket 通訊。其中一種模式就是所謂的「**發佈者 – 訂閱者**」（PUB-SUB）模式，它是由單一 socket 負責發佈資料，讓多個 socket 可同時進行資料的檢索。這很類似廣播節目的無線電台，成千上萬的人可同時用收音機收聽廣播節目的概念。

在 PUB-SUB 模式下，演算法交易的基本應用場景就是從交易所、交易平台或資料服務供應商取得即時的金融數據資料。假設你已經針對 EUR/USD 這組外匯投資工具開發了一個盤中交易的構想，而且也進行過全面的回測。如果想進行部署，你就必須有能力以即時的方式接收與處理價格資料。PUB-SUB 模式恰好可以符合這樣的需求。身處中心位置的 PUB 物件實例會在取得最新 tick 資料時進行廣播，而你可能會與其他好幾千人同時接收到那些資料，再各自進行相應的處理 [1]。

本章的內容架構如下。第 219 頁的「執行一個簡單的 Tick 資料伺服器」介紹的是如何實作與執行一個 tick 資料伺服器，以提供金融數據資料樣本。第 222 頁「用簡單的 Tick 資料客戶端進行連接」實作了一個 tick 資料客戶端，可連接到 tick 資料伺服器。第 224 頁「即時生成交易信號」顯示的是如何根據 tick 資料伺服器的資料，以即時的方式生成交易信號的做法。最後，第 227 頁的「運用 Plotly 以視覺化方式呈現串流資料」介紹了 Plotly（*http://plot.ly*）這個繪圖套件，可做為一種即時繪製串流資料的有效方法。

本章的目的就是擁有一組工具及一些可用的做法，以便能夠在演算法交易的情境下處理串流資料。

 本章的程式碼會用到大量的埠號，這些埠號就是 socket 通訊發生之所在，而且有可能需要同時執行兩個以上的腳本。因此，建議可以在不同的 terminal 終端實例（可分別採用不同的 Python 核心）執行本章的程式碼。如果想在單一 Jupyter Notebook 中執行所有程式碼，通常無法正常運作。但如果可以在某個 terminal 終端執行 tick 資料伺服器腳本（參見第 219 頁的「執行一個簡單的 Tick 資料伺服器」），然後在 Jupyter Notebook 中執行資料檢索（參見第 227 頁的「運用 Plotly 以視覺化方式呈現串流資料」），這樣就是一種有效的做法。

---

1 當我們提到 *simultaneously*（同時）或 *at the same time*（同一時間），意思就是理論上、理想化的那個意思。不過在實際應用中，發送 socket 與接收 socket 之間有可能會因為不同的距離、網路速度以及其他因素，而影響到每個訂閱者 socket 實際取得資料的時間。

執行一個簡單的 Tick 資料伺服器

本節打算說明如何根據模擬的金融投資工具價格，執行一個簡單的 tick 資料伺服器。生成資料時所用的模型是幾何布朗運動（不考慮股息），採用的是尤拉離散化公式（如方程式 7-1 所示）。其中 S 是投資工具的價格，r 是固定的短期利率，σ 是固定的波動率因子，z 則是一個標準的常態隨機變數。Δt 代表的是我們在觀察投資工具的價格時，兩次離散價格之間所間隔的時間。

方程式 7-1　幾何布朗運動的尤拉離散化公式

$$S_t = S_{t-\Delta t} \cdot \exp\left(\left(r - \frac{\sigma^2}{2}\right)\Delta t + \sigma\sqrt{\Delta t}z\right)$$

第 235 頁的「樣本 Tick 資料伺服器」根據此模型提供了一個 Python 腳本，它運用 ZeroMQ 與一個名為 InstrumentPrice 的物件類別，實作出一個 tick 資料伺服器，它會以隨機的方式發佈（publish）模擬的新 tick 資料。所發佈的資料會在兩個方面體現出隨機性。第一，股價的值是以蒙地卡羅模擬為基礎。第二，兩次發佈事件的間隔時間長度，也是隨機的。本節的其餘部分，會詳細解釋這個腳本的主要內容。

以下腳本的第一部分，主要是匯入 ZeroMQ 的 Python 包裝函數，以及其他一些會用到的套件。第二部分則建立了一個主要物件實例，以便開啟一個 PUB 類型的 socket：

```
import zmq        ❶
import math
import time
import random

context = zmq.Context()        ❷
socket = context.socket(zmq.PUB)        ❸
socket.bind('tcp://0.0.0.0:5555')        ❹
```

❶ 匯入 ZeroMQ 函式庫的 Python 包裝函數。

❷ 建立一個 Context 物件實例。它是負責 socket 通訊的一個主要物件。

❸ 定義一個 PUB socket 類型（「通訊模式」）的 socket。

❹ 把這個 socket 綁定到本機的 IP 地址（在 Linux 與 Mac OS 中就是 0.0.0.0，在 Windows 中則為 127.0.0.1）與 5555 這個埠號。

InstrumentPrice 這個物件類別可用來模擬投資工具的價格隨時間變化的值。這個物件的屬性，除了投資工具相應的代碼與建立實例的時間之外，還有幾個與幾何布朗運動相關的主要參數。而其中唯一的方法 .simulate_value() 則會根據此物件上次被調用之後所經過的時間，以及一個隨機的因子，生成股票價格的新值：

```
class InstrumentPrice(object):
    def __init__(self):
        self.symbol = 'SYMBOL'
        self.t = time.time()  ❶
        self.value = 100.
        self.sigma = 0.4
        self.r = 0.01

    def simulate_value(self):
        ''' 生成一個隨機的新股價
        '''
        t = time.time()  ❷
        dt = (t - self.t) / (252 * 8 * 60 * 60)  ❸
        dt *= 500  ❹
        self.t = t  ❺
        self.value *= math.exp((self.r - 0.5 * self.sigma ** 2) * dt +
                            self.sigma * math.sqrt(dt) * random.gauss(0, 1))  ❻
        return self.value
```

❶ 物件屬性 t 儲存的是物件初始化的時間。

❷ 調用 .simulate_value() 方法時，首先會記錄當下的時間。

❸ dt 代表的是當下的時間與初始時間 self.t 兩者之間的時間間隔（以年為單位）。

❹ 為了讓投資工具的價格出現比較大的波動，這行程式碼針對 dt 這個變數進行了縮放調整（採用了一個任意設定的因子）。

❺ 把物件屬性 t 改成當下的時間，以做為下一次調用此方法的參考點。

❻ 根據幾何布朗運動的尤拉離散化公式，模擬出投資工具的一個新價格。

這個腳本最主要的部分就是一個 InstrumentPrice 的物件實例，以及一個無限循環的 while 迴圈。這個 while 迴圈會持續模擬出投資工具的新價格，並透過 socket 建立、列印、發送出最新的訊息。

腳本在執行過程的最後面，還會暫停一段隨機的時間：

```
ip = InstrumentPrice()  ❶

while True:  ❷
    msg = '{} {:.2f}'.format(ip.symbol, ip.simulate_value())  ❸
    print(msg)  ❹
    socket.send_string(msg)  ❺
    time.sleep(random.random() * 2)  ❻
```

❶ 這一行會建立一個 InstrumentPrice 物件實例。

❷ 開始進入一個無限循環的 while 迴圈。

❸ 生成一段訊息文字，其中包含投資工具代碼（symbol）與一個模擬出來的最新股價值。

❹ 這段訊息 str 物件會被列印到標準輸出。

❺ 也會發送到被訂閱的 socket。

❻ 迴圈的執行會暫停一段隨機的時間（0 到 2 秒之間），以模擬出新的 tick 資料在市場中以隨機方式出現的行為。

只要執行這個腳本，就會列印出訊息如下：

```
(base) pro:ch07 yves$ Python TickServer.py
SYMBOL 100.00
SYMBOL 99.65
SYMBOL 99.28
SYMBOL 99.09
SYMBOL 98.76
SYMBOL 98.83
SYMBOL 98.82
SYMBOL 98.92
SYMBOL 98.57
SYMBOL 98.81
SYMBOL 98.79
SYMBOL 98.80
```

到目前為止，我們還無法驗證這個腳本是否已經綁定在 TCP://0.0.0.0:5555（在 Windows 中則是 TCP://127.0.0.1:5555）這個 socket，並發送出相同的訊息。因此，我們需要另一個 socket 去訂閱這個負責發佈資料的 socket，以構成一組完整的 socket 對（socket pair）。

用蒙地卡羅的做法來模擬金融投資工具的價格時，通常會採用具有同質性（homogeneous）的時間間隔（例如「一個交易日」）。在許多情況下（比如在一段比較長的期間內取每天的收盤價格），這還可以算是一種「足夠好」的近似做法。不過在處理盤中的 tick 資料時，資料隨機出現的情況就變成一個必須考慮的重要特性。我們這個 tick 資料伺服器的 Python 腳本會透過隨機的時間間隔（在這段時間間隔內會暫停執行）來實作出價格隨機出現的情況。

用簡單的 Tick 資料客戶端進行連接

tick 資料伺服器的程式碼相當簡潔，其中 InstrumentPrice 模擬物件類別就是最重要的部分。不過，相應的 tick 資料客戶端程式碼甚至還更加簡潔（參見第 236 頁的「Tick 資料客戶端」）。只需要幾行的程式碼，就可以建立主要的 Context 物件實例、連接到 PUB socket、並訂閱 SYMBOL 頻道（這裡正好只有一個可用的頻道）。然後在無限循環的 while 迴圈中，就可以接收到字串型訊息，並把它列印出來。我們只需要一個很短的腳本，就可以完成這些工作。

下面的腳本一開始的部分，與 tick 資料伺服器腳本幾乎都有相互呼應：

```
import zmq ❶

context = zmq.Context() ❷
socket = context.socket(zmq.SUB) ❸
socket.connect('tcp://0.0.0.0:5555') ❹
socket.setsockopt_string(zmq.SUBSCRIBE, 'SYMBOL') ❺
```

❶ 匯入 ZeroMQ 函式庫的 Python 包裝函數。

❷ 客戶端也是以 zmq.Context 做為主要的物件實例。

❸ 程式碼從這裡開始有點不同；這裡會把 socket 類型設定為 SUB。

❹ 這個 socket 會連接到相應的 IP 地址與埠號。

❺ 這行程式碼定義了 socket 所訂閱的頻道（channel）。雖然只有一個頻道，但還是需要進行規範。在實際的應用情況下，你有可能會透過同一個 socket 連接，接收到許多不同代碼的相應資料。

在永不休止的 while 迴圈裡，會持續收到伺服器 socket 所發送的訊息，然後再把它列印出來：

```
while True:        ❶
    data = socket.recv_string()   ❷
    print(data)    ❸
```

❶ 這個 socket 會在無限循環的迴圈中持續接收資料。

❷ 這是最主要的一行程式碼，資料（字串型訊息）就是在這裡被接收進來的。

❸ 把資料列印到 stdout 標準輸出。

socket 客戶端的 Python 腳本所輸出的結果，與 socket 伺服器的 Python 腳本所輸出的結果完全相同：

```
(base) pro:ch07 yves$ Python TickClient.py
SYMBOL 100.00
SYMBOL 99.65
SYMBOL 99.28
SYMBOL 99.09
SYMBOL 98.76
SYMBOL 98.83
SYMBOL 98.82
SYMBOL 98.92
SYMBOL 98.57
SYMBOL 98.81
SYMBOL 98.79
SYMBOL 98.80
```

用 socket 通訊方式取得字串形式的訊息資料，只不過是運用資料完成各種任務（例如即時生成交易信號，或以視覺化方式呈現資料）的先決條件。隨後兩節我們就來介紹如何完成這些任務。

ZeroMQ 也可以傳送其他類型的物件。舉例來說，有一個選項可以讓我們透過 socket 發送 Python 物件。如果採用這種做法，預設情況下就必須用 pickle 套件對物件進行序列化與反序列化操作。在這樣的情況下，就會用到 .send_pyobj() 與 .recv_pyobj() 這兩個方法（參見 PyZMQ API：*https://oreil.ly/ok2kc*）。不過以實務上來說，Python 只不過是眾多程式語言其中的一種而已，平台與資料提供者還是希望能有一種方式，可以滿足各種不同環境的需求。因此，字串型的 socket 通訊方式還是最常用的做法；舉個例子來說，它也可以搭配 JSON 這類的標準資料格式一起使用。

即時生成交易信號

所謂的線上（*online*）演算法，就是隨時間推移陸續接收資料，然後以這種資料做為基礎的一種演算法。這種演算法只知道相關變數與參數在當下與先前的狀態，對未來則是一無所知。以金融交易演算法來說，這是很符合實際狀況的一種設定，因為對於演算法而言，任何可以（完美）預見未來的元素都應該被排除在外。對照之下，所謂的**離線**（*offline*）**演算法**，就是從一開始便取得了完整的資料集。資訊科學的許多演算法（例如針對一堆數字進行排序的演算法）都屬於離線演算法這個類別。

如果要以線上演算法為基礎，為了能以即時的方式生成信號，資料本身就必須可以隨時間持續進行收集與處理。舉例來說，我們可以針對一個間隔時間為五秒的時間序列，考慮以最近三個資料為基礎，建立一個時間序列動量型交易策略（參見第 4 章）。我們必須持續收集 tick 資料，然後進行重取樣，再根據重取樣過的資料集，計算出相應的動量值。隨著時間的流逝，資料就會一直以陸續出現的方式持續更新。第 236 頁「動量線上演算法」的 Python 腳本實作了一個動量型策略，實際上它就是前面所說的線上演算法。從技術上來說，除了處理 socket 通訊之外，這個腳本中還包含兩個主要的部分。第一個部分是 tick 資料的檢索與儲存：

```python
df = pd.DataFrame()  ❶
mom = 3  ❷
min_length = mom + 1  ❸

while True:
    data = socket.recv_string()  ❹
    t = datetime.datetime.now()  ❺
    sym, value = data.split()  ❻
    df = df.append(pd.DataFrame({sym: float(value)}, index=[t]))  ❼
```

❶ 建立一個空的 pandas DataFrame 物件實例，用來收集 tick 資料。

❷ 針對動量的計算，定義要採用幾個固定間隔時間的資料。

❸ 設定我們要開始生成信號的（初始）最小長度。

❹ 透過 socket 連接，取得 tick 資料。

❺ 針對所取得的資料，生成一個相應的時間戳。

❻ 把字串型訊息切分成一個代碼與一個數值（雖然是數值，不過在這裡依然是一個 str 物件）。

❼ 這行程式碼會先利用新資料生成一個臨時的 DataFrame 物件,接著再把它附加到現有的 DataFrame 物件後面。

第二個部分是資料的重取樣與處理,如下面的 Python 程式碼所示。只要每到了特定的時間點,就會根據所收集到的 tick 資料,進行相應的動作。這個步驟還會根據重取樣的資料計算出對數報酬,並推導出相應的動量。我們會根據動量的正負號,定義此投資工具所要建立的部位:

```python
dr = df.resample('5s', label='right').last()  ❶
dr['returns'] = np.log(dr / dr.shift(1))  ❷
if len(dr) > min_length:
    min_length += 1  ❸
    dr['momentum'] = np.sign(dr['returns'].rolling(mom).mean())  ❹
    print('\n' + '=' * 51)
    print('NEW SIGNAL | {}'.format(datetime.datetime.now()))
    print('=' * 51)
    print(dr.iloc[:-1].tail())  ❺
    if dr['momentum'].iloc[-2] == 1.0:  ❻
        print('\nLong market position.')
        # 採取行動(例如下買單)
    elif dr['momentum'].iloc[-2] == -1.0:  ❼
        print('\nShort market position.')
        # 採取行動(例如下賣單)
```

❶ tick 資料會以五秒為間隔進行重新取樣,然後把最後一個值當成僅供參考(relevant)值。

❷ 這裡計算的是以五秒為間隔的相應對數報酬。

❸ 這裡會把重新取樣後的 DataFrame 物件相應的最小長度加一。

❹ 重新取樣後根據最近三個對數報酬得出動量值,再根據動量的正負號推導出所要建立的部位。

❺ 這裡會列印出重新取樣過的 DataFrame 物件其中最後五行資料。

❻ 動量值若為 1.0,就表示要建立一個多頭市場部位。在正式上線的情況下,不管是出現第一個信號,或是隨後信號出現變化,都會觸發特定的動作(例如向經紀商下單)。要注意的是,這裡只會採用 momentum(動量)這個縱列裡的倒數第二個值,因為最後一個值在此階段可能還無法完整推導出這個時間段相應的資料(因為間隔時間可能還不夠長)。技術上來說,這是因為我們在使用 pandas 的 .resample() 方法時,使用了 label ='right' 這樣的參數設定。

❼ 同樣的，動量值若為 -1.0，就表示要建立一個空頭市場部位，這時有可能就會觸發特定的動作（例如向經紀商下賣單）。同樣的，這裡還是採用 momentum（動量）這個縱列裡的倒數第二個值。

執行這個腳本之後，需要經過一段時間（具體取決於所選擇的參數），一直等到有了足夠的資料（已完成重新取樣），才會出現第一個交易信號。

下面就是線上交易演算法腳本執行期間的輸出範例：

```
(base) yves@pro ch07 $ python OnlineAlgorithm.py


=======================================================
NEW SIGNAL | 2020-05-23 11:33:31.233606
=======================================================
                     SYMBOL  ...  momentum
2020-05-23 11:33:15   98.65  ...       NaN
2020-05-23 11:33:20   98.53  ...       NaN
2020-05-23 11:33:25   98.83  ...       NaN
2020-05-23 11:33:30   99.33  ...       1.0

[4 rows x 3 columns]

Long market position.


=======================================================
NEW SIGNAL | 2020-05-23 11:33:36.185453
=======================================================
                     SYMBOL  ...  momentum
2020-05-23 11:33:15   98.65  ...       NaN
2020-05-23 11:33:20   98.53  ...       NaN
2020-05-23 11:33:25   98.83  ...       NaN
2020-05-23 11:33:30   99.33  ...       1.0
2020-05-23 11:33:35   97.76  ...      -1.0

[5 rows x 3 columns]

Short market position.


=======================================================
NEW SIGNAL | 2020-05-23 11:33:40.077869
=======================================================
                     SYMBOL  ...  momentum
2020-05-23 11:33:20   98.53  ...       NaN
2020-05-23 11:33:25   98.83  ...       NaN
2020-05-23 11:33:30   99.33  ...       1.0
```

```
2020-05-23 11:33:35    97.76   ...      -1.0
2020-05-23 11:33:40    98.51   ...      -1.0

[5 rows x 3 columns]

Short market position.
```

各位可以用這裡的 tick 客戶端腳本做為基礎，嘗試把其中的線上演算法換成 SMA 型策略或均值回歸型策略，這應該是一個很好的實作練習。

運用 Plotly 以視覺化方式呈現串流資料

以視覺化方式呈現即時性的串流資料，通常是一項艱鉅的任務。幸運的是，如今有許多技術與一些 Python 套件，可以大大簡化此類任務。接下來我們會運用 Plotly（*http://plot.ly*），它既是一種技術，也是一種服務，可用來針對靜態與串流資料，生成美觀且具有互動性的圖形。繼續往下閱讀之前，請先安裝好 **plotly** 套件。此外，若要搭配使用 Jupyter Lab，也需要額外安裝一些 Jupyter Lab 的擴展套件。我們應該先在 terminal 終端裡執行下列指令：

```
conda install plotly ipywidgets
jupyter labextension install jupyterlab-plotly
jupyter labextension install @jupyter-widgets/jupyterlab-manager
jupyter labextension install plotlywidget
```

基礎

一旦安裝了所需的套件與擴展套件，要建立串流資料的圖形就會變得非常有效率。第一個步驟就是建立一個 Plotly 圖形小部件（widget）：

```
In [1]: import zmq
        from datetime import datetime
        import plotly.graph_objects as go   ❶

In [2]: symbol = 'SYMBOL'

In [3]: fig = go.FigureWidget()    ❷
        fig.add_scatter()     ❷
        fig    ❷
Out[3]: FigureWidget({
```

```
'data': [{'type': 'scatter', 'uid':
    'e1a65f25-287d-4021-a210-c2f41f32426a'}], 'layout': {'t...
```

❶ 這裡會從 plotly 匯入 graph 圖形物件。

❷ 這裡會在 Jupyter Notebook 中建立一個 Plotly 圖形小部件實例。

第二個步驟就是設定 tick 資料伺服器的 socket 通訊；在此之前，我們必須在同一部機器中，先用一個獨立的 Python 行程，把 tick 資料伺服器執行起來。送進來的資料會再加上一個時間戳，然後收集到列表物件之中。最後我們再利用這些列表物件，來更新圖形小部件的 data 物件（參見圖 7-1）：

```
In [4]: context = zmq.Context()

In [5]: socket = context.socket(zmq.SUB)

In [6]: socket.connect('tcp://0.0.0.0:5555')

In [7]: socket.setsockopt_string(zmq.SUBSCRIBE, 'SYMBOL')

In [8]: times = list()     ❶
        prices = list()    ❷

In [9]: for _ in range(50):
            msg = socket.recv_string()
            t = datetime.now()     ❸
            times.append(t)        ❸
            _, price = msg.split()
            prices.append(float(price))
            fig.data[0].x = times     ❹
            fig.data[0].y = prices    ❹
```

❶ 用來存放時間戳的列表物件。

❷ 用來存放即時價格的列表物件。

❸ 生成一個時間戳，然後把它附加到列表物件中。

❹ 用修訂過的 x（時間）與 y（價格）資料集，更新 data 物件。

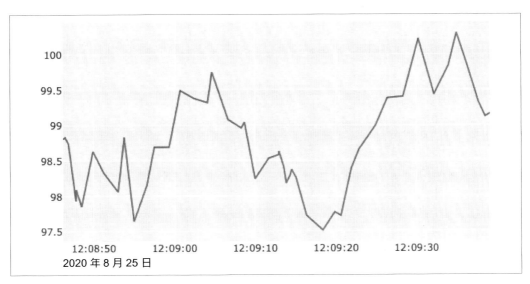

圖 7-1　透過 socket 連接即時取得的串流價格資料圖

同時顯示三種即時串流資料

Plotly 所繪製出來的串流圖形，其中可包含多個 graph 圖形物件。舉例來說，除了價格 ticks 之外，如果還想以即時的方式顯示兩組 SMA 簡單移動平均線，這樣的功能就很好用。下面的程式碼會再次建立了一個圖形小部件實例——不過這次在其中放了三個 scatter（散佈圖）物件。來自樣本 tick 資料伺服器的 tick 資料，會先被收集到 pandas DataFrame 物件之中。每次根據 socket 送進來的資料進行更新之後，就會分別計算出兩組 SMA。根據這些修訂過的資料集，就可以進一步更新圖形小部件的 data 物件（參見圖 7-2）：

```
In [10]: fig = go.FigureWidget()
         fig.add_scatter(name='SYMBOL')
         fig.add_scatter(name='SMA1', line=dict(width=1, dash='dot'), mode='lines+markers')
         fig.add_scatter(name='SMA2', line=dict(width=1, dash='dash'), mode='lines+markers')
         fig
Out[10]: FigureWidget({
         'data': [{'name': 'SYMBOL', 'type': 'scatter', 'uid':
         'bcf83157-f015-411b-a834-d5fd6ac509ba...

In [11]: import pandas as pd

In [12]: df = pd.DataFrame()   ❶
```

```
In [13]: for _ in range(75):
             msg = socket.recv_string()
             t = datetime.now()
             sym, price = msg.split()
             df = df.append(pd.DataFrame({sym: float(price)}, index=[t]))   ❶
             df['SMA1'] = df[sym].rolling(5).mean()   ❷
             df['SMA2'] = df[sym].rolling(10).mean()   ❷
             fig.data[0].x = df.index
             fig.data[1].x = df.index
             fig.data[2].x = df.index
             fig.data[0].y = df[sym]
             fig.data[1].y = df['SMA1']
             fig.data[2].y = df['SMA2']
```

❶ 把 tick 資料收集到 DataFrame 物件之中。

❷ 把兩組 SMA 分別添加到 DataFrame 物件裡的獨立縱列之中。

 同樣的，針對 SMA 型線上交易演算法，把相應的串流 tick 資料與兩組 SMA 繪製成圖形，應該是一個很好的實作練習。以這裡的例子來說，我們應該要把重新取樣的做法添加到實作中，因為這類交易演算法幾乎都不是以 tick 資料為基礎，而是以固定時間間隔（5 秒、1 分鐘等等）的資料為基礎。

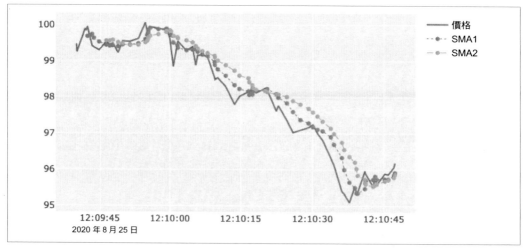

圖 7-2　串流價格資料，以及即時計算出來的兩組 SMA 相應的圖形

用三個子圖顯示三種串流資料

就像一般的 Plotly 圖形一樣，用圖形小部件所建立的串流圖形也可以用多個子圖來予以呈現。下面的範例建立了一個具有三個子圖的串流圖形。其中第一個子圖畫出了即時的 tick 資料。第二個子圖畫出的是對數報酬資料。第三個子圖則是畫出我們用對數報酬推導出來的時間序列動量。圖 7-3 顯示的就是整個圖形物件在某個時間點的一個快照：

```
In [14]: from plotly.subplots import make_subplots

In [15]: f = make_subplots(rows=3, cols=1, shared_xaxes=True)  ❶
         f.append_trace(go.Scatter(name='SYMBOL'), row=1, col=1)  ❷
         f.append_trace(go.Scatter(name='RETURN', line=dict(width=1, dash='dot'),
                 mode='lines+markers', marker={'symbol': 'triangle-up'}), row=2, col=1)  ❸
         f.append_trace(go.Scatter(name='MOMENTUM', line=dict(width=1, dash='dash'),
                 mode='lines+markers', marker={'symbol': 'x'}), row=3, col=1)  ❹
         # f.update_layout(height=600)  ❺

In [16]: fig = go.FigureWidget(f)

In [17]: fig
Out[17]: FigureWidget({
             'data': [{'name': 'SYMBOL',
                       'type': 'scatter',
                       'uid': 'c8db0cac...

In [18]: import numpy as np

In [19]: df = pd.DataFrame()

In [20]: for _ in range(75):
             msg = socket.recv_string()
             t = datetime.now()
             sym, price = msg.split()
             df = df.append(pd.DataFrame({sym: float(price)}, index=[t]))
             df['RET'] = np.log(df[sym] / df[sym].shift(1))
             df['MOM'] = df['RET'].rolling(10).mean()
             fig.data[0].x = df.index
             fig.data[1].x = df.index
             fig.data[2].x = df.index
             fig.data[0].y = df[sym]
             fig.data[1].y = df['RET']
             fig.data[2].y = df['MOM']
```

❶ 建立三個子圖，其中 x 軸是共用的。

❷ 建立第一個子圖，供價格資料使用。

❸ 建立第二個子圖，供對數報酬資料使用。

❹ 建立第三個子圖，供動量資料使用。

❺ 調整圖形物件的高度。

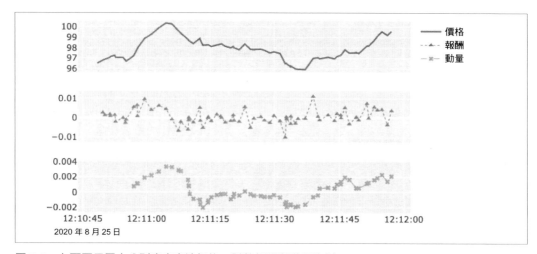

圖 7-3　在不同子圖中分別畫出串流價格、對數報酬與動量資料

用柱狀圖呈現串流資料

並非所有串流資料，都可以用時間序列（scatter 散佈圖物件）做出最好的視覺化呈現。有些串流資料可以用不同高度的柱狀圖來呈現，效果反而更好。第 237 頁的「柱狀圖樣本資料伺服器」提供了一個 Python 腳本，其中的樣本資料就很適合用柱狀圖來呈現。每一組樣本資料（訊息）都是由八個浮點數所組成。下面的 Python 程式碼會生成一個串流柱狀圖（參見圖 7-4）。在這樣的情況下，x 資料通常並不會改變。為了讓下面的程式碼可以正常運作，我們必須先在獨立的本機 Python 實例中執行 BarsServer.py 腳本：

```
In [21]: socket = context.socket(zmq.SUB)

In [22]: socket.connect('tcp://0.0.0.0:5556')

In [23]: socket.setsockopt_string(zmq.SUBSCRIBE, '')
```

```
In [24]: for _ in range(5):
             msg = socket.recv_string()
             print(msg)
         60.361 53.504 67.782 64.165 35.046 94.227 20.221 54.716
         79.508 48.210 84.163 73.430 53.288 38.673 4.962 78.920
         53.316 80.139 73.733 55.549 21.015 20.556 49.090 29.630
         86.664 93.919 33.762 82.095 3.108 92.122 84.194 36.666
         37.192 85.305 48.397 36.903 81.835 98.691 61.818 87.121

In [25]: fig = go.FigureWidget()
         fig.add_bar()
         fig
Out[25]: FigureWidget({
         'data': [{'type': 'bar', 'uid':
         '51c6069f-4924-458d-a1ae-c5b5b5f3b07f'}], 'layout': {'templ...

In [26]: x = list('abcdefgh')
         fig.data[0].x = x
         for _ in range(25):
             msg = socket.recv_string()
             y = msg.split()
             y = [float(n) for n in y]
             fig.data[0].y = y
```

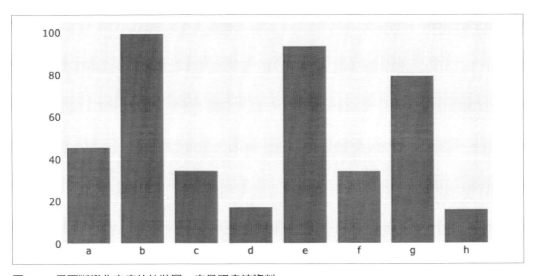

圖 7-4　用不斷變化高度的柱狀圖，來呈現串流資料

結論

如今，演算法交易必須處理各式各樣不同類型的串流（即時）資料。這其中最重要的一種，就是金融投資工具的 tick 資料。原則上來說，這是一種日夜不停生成與發佈的資料 [2]。而 socket 則是處理串流資料首選的技術工具。以這方面來說，ZeroMQ 就是一個功能強大且容易使用的函式庫，而本章就是用它來建立一個簡單的 tick 資料伺服器，無止盡地發出樣本 tick 資料。

本章也介紹了好幾種不同的 tick 資料客戶端，可針對線上演算法即時生成交易信號，並運用 Plotly 的串流圖形，以視覺化方式呈現那些陸續送進來的 tick 資料。Plotly 讓 Jupyter Notebook 的串流視覺化呈現變成一件很有效率的工作，除了其他功能之外，它還可以同時在單一圖形或不同子圖中呈現出多組的串流資料。

根據本章與前幾章所討論的內容，現在你應該已經懂得如何運用**結構化歷史資料**（例如針對交易策略進行回測）與**即時串流資料**（例如即時生成交易信號）。這可說是建立自動化演算法交易操作的一個重大里程碑。

參考資料與其他資源

全面了解 ZeroMQ 的最佳起點就是 ZeroMQ 的首頁（*http://zeromq.org*）。「Learning ZeroMQ with Python」（用 Python 學習 ZeroMQ；*https://bit.ly/zmq_pub_sub*）這個教程頁面則是以 socket 通訊函式庫的 Python 包裝函式為基礎，針對 PUB-SUB 模式提供了整體性的介紹。

如果想開始運用 Plotly，有個好地方就是 Plotly 的首頁（*http://plot.ly*），尤其是 Python 的 Plotly 入門頁面（*https://oreil.ly/7ARrQ*）。

Python 腳本

本節介紹的是本章所參考運用的 Python 腳本。

2　並非所有市場都是每週 7 天、每天 24 小時開放，而且可以肯定的是，並非所有金融投資工具都可以全天候進行交易。不過，像比特幣這類的加密貨幣市場，確實是晝夜不停地運轉，不斷地創造出新的資料，可以讓那些持續活躍於市場中的參與者，以即時的方式不停處理這些資料。

樣本 Tick 資料伺服器

以下的腳本會執行一個以 ZeroMQ 為基礎的樣本 tick 資料伺服器。它是用蒙地卡羅的做法，來模擬幾何布朗運動：

```python
#
# 此 Python 腳本可用來模擬一個
# 金融數據 Tick 資料伺服器
#
# Python 演算法交易
# (c) Dr. Yves J. Hilpisch
# The Python Quants 有限責任公司
#
import zmq
import math
import time
import random

context = zmq.Context()
socket = context.socket(zmq.PUB)
socket.bind('tcp://0.0.0.0:5555')


class InstrumentPrice(object):
    def __init__(self):
        self.symbol = 'SYMBOL'
        self.t = time.time()
        self.value = 100.
        self.sigma = 0.4
        self.r = 0.01

    def simulate_value(self):
        ''' 生成一個隨機的新股價。
        '''
        t = time.time()
        dt = (t - self.t) / (252 * 8 * 60 * 60)
        dt *= 500
        self.t = t
        self.value *= math.exp((self.r - 0.5 * self.sigma ** 2) * dt +
                               self.sigma * math.sqrt(dt) * random.gauss(0, 1))
        return self.value


ip = InstrumentPrice()

while True:
```

```
msg = '{} {:.2f}'.format(ip.symbol, ip.simulate_value())
print(msg)
socket.send_string(msg)
time.sleep(random.random() * 2)
```

Tick 資料客戶端

下面的腳本會執行一個以 ZeroMQ 為基礎的 tick 資料客戶端。它會連接到第 235 頁「樣本 Tick 資料伺服器」所建立的 tick 資料伺服器：

```
#
# 此 Python 腳本內有
# 一個 Tick 資料客戶端
#
# Python 演算法交易
# (c) Dr. Yves J. Hilpisch
# The Python Quants 有限責任公司
#
import zmq


context = zmq.Context()
socket = context.socket(zmq.SUB)
socket.connect('tcp://0.0.0.0:5555')
socket.setsockopt_string(zmq.SUBSCRIBE, 'SYMBOL')


while True:
    data = socket.recv_string()
    print(data)
```

動量線上演算法

下面的腳本會以線上演算法的做法，實作出一個時間序列動量型交易策略。它會連接到第 235 頁「樣本 Tick 資料伺服器」所提到的 tick 資料伺服器：

```
#
# 此 Python 腳本內有
# 線上交易演算法
#
# Python 演算法交易
# (c) Dr. Yves J. Hilpisch
# The Python Quants 有限責任公司
#
import zmq
import datetime
import numpy as np
```

```python
import pandas as pd

context = zmq.Context()
socket = context.socket(zmq.SUB)
socket.connect('tcp://0.0.0.0:5555')
socket.setsockopt_string(zmq.SUBSCRIBE, 'SYMBOL')

df = pd.DataFrame()
mom = 3
min_length = mom + 1

while True:
    data = socket.recv_string()
    t = datetime.datetime.now()
    sym, value = data.split()
    df = df.append(pd.DataFrame({sym: float(value)}, index=[t]))
    dr = df.resample('5s', label='right').last()
    dr['returns'] = np.log(dr / dr.shift(1))
    if len(dr) > min_length:
        min_length += 1
        dr['momentum'] = np.sign(dr['returns'].rolling(mom).mean())
        print('\n' + '=' * 51)
        print('NEW SIGNAL | {}'.format(datetime.datetime.now()))
        print('=' * 51)
        print(dr.iloc[:-1].tail())
        if dr['momentum'].iloc[-2] == 1.0:
            print('\nLong market position.')
            # 採取行動（例如下買單）
        elif dr['momentum'].iloc[-2] == -1.0:
            print('\nShort market position.')
            # 採取行動（例如下賣單）
```

柱狀圖樣本資料伺服器

下面的 Python 腳本會生成一些樣本資料，提供給串流式的柱狀圖使用：

```python
#
# 此 Python 腳本可提供
# 隨機的柱狀圖資料
#
# Python 演算法交易
# (c) Dr. Yves J. Hilpisch
# The Python Quants 有限責任公司
#
import zmq
import math
```

```
import time
import random

context = zmq.Context()
socket = context.socket(zmq.PUB)
socket.bind('tcp://0.0.0.0:5556')

while True:
    bars = [random.random() * 100 for _ in range(8)]
    msg = ' '.join([f'{bar:.3f}' for bar in bars])
    print(msg)
    socket.send_string(msg)
    time.sleep(random.random() * 2)
```

## 第八章

運用 Oanda 交易 CFD 差價合約

如今，即使是交易著複雜投資工具或有能力運用足夠槓桿的小型個體戶，也有可能威脅到全球金融體系。

—— Paul Singer（美國著名投資者）

如今，任何人想在金融市場從事交易，都比過去任何時候還要容易許多。有大量的線上交易平台（經紀商）可供演算法交易者選擇。不過在選擇平台時，有可能會受到很多因素的影響：

投資工具

我心裡想到的第一個考量因素，就是人們想交易哪一種類型的投資工具。舉例來說，股票、ETF、債券、貨幣、商品、選擇權或期貨，都是一般人可能會感興趣的投資工具。

策略

有些交易者對於只做多的策略感興趣，有些交易者則希望多空兩頭皆可進行操作。有些人比較專注於單一投資工具相關的策略，有些人則比較專注於可同時採用多種投資工具的策略。

交易成本

不管是固定、還是會變動的交易成本，對交易者來說都是一個重要的因素。交易成本甚至有可能決定某種策略是否有利可圖（可參見第 4 章與第 6 章的範例）。

技術工具

技術工具已成為人們選擇交易平台的一個重要因素。首先，許多平台都會提供一些可供交易者運用的工具。一般來說，這些交易工具都可以在桌上型 / 筆記本電腦、平板與智慧型手機中使用。其次，交易者也可以透過 API（應用程式界面），藉由程式碼的方式進行存取。

法律規定

金融交易通常是一個受到嚴格監管的領域，不同國家或地區往往存在不同的法律體制。特定交易者有可能會因為居住所在地不同，而被禁止使用某些平台或金融投資工具。

本章會重點介紹 Oanda（*http://oanda.com*）這個非常適合用來部署自動化演算法交易策略的線上交易平台，而且即使是一般散戶交易者也能使用。以下就根據前面所提到的考量點，一一針對 Oanda 做出簡要的說明：

投資工具

Oanda 提供了一系列所謂的差價合約（CFD；contracts for difference）商品（另請參見第 242 頁的「差價合約（CFD）」與第 268 頁的「免責聲明」）。差價合約的主要特徵，就是可以用保證金進行槓桿式的交易（例如 10：1 或 50：1），因此其虧損有可能會超過一開始所投入的資本。

策略

Oanda 可針對差價合約進行做多（買入）與做空（賣出）的操作。這個系統可處理好幾種不同類型的買賣單（例如市價單或限價單），而且可以設定（也可以不設定）獲利目標或（追蹤式）停損價格。

交易成本

在 Oanda 交易差價合約時，並沒有固定的交易成本。不過在交易 CFD 時，會有一個買賣雙方報價（bid-ask）的價差，因此會有一個變動的交易成本。

技術工具

Oanda 提供了一個叫做 fxTrade（Practice）的交易應用程式，可以用即時的方式取得資料，而且可以針對所有投資工具，以人工手動（manual）或全權委託（discretionary）的方式進行交易（參見圖 8-1）。另外，還有一個可在瀏覽器使用的交易應用程式（參見圖 8-2）。這個平台的主要優勢，就是支援 RESTful 與串流 API（參見 Oanda v20 API：*https://oreil.ly/_AHHI*），交易者可透過這些技術，藉由程式碼的方式存取歷史資料與串流資料、送出買賣單或查詢帳號相關資訊。而且，還有一個 Python 包裝套件可供運用（參見 PyPi 上的 v20：*https://oreil.ly/iZuuV*）。Oanda 有免費的紙上交易（paper trade）帳號，可針對所有技術功能提供完整的存取權限，這對於想要開始運用此平台的人來說很有幫助。而且，這樣也可以簡化交易者從紙上交易過渡到實際交易的過程。

法律規定

由於帳號擁有者可能居住在不同的地區，因此可選擇進行交易的差價合約可能有所不同。基本上只要是外匯相關的差價合約，不管交易者居住在哪裡，在 Oanda 裡應該都可以使用。至於某些股票指數的 CFD，對於居住在某些特定地區的交易者來說，可能就無法使用了。

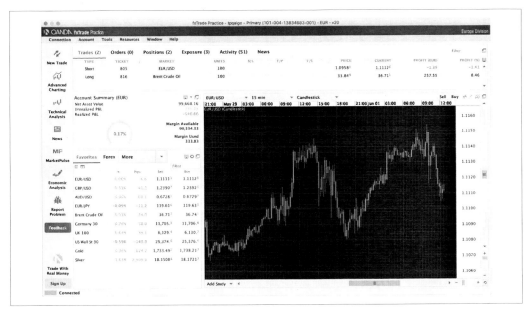

圖 8-1　Oanda 交易應用程式 fxTrade Practice

圖 8-2　Oanda 針對瀏覽器所提供的交易應用程式

差價合約（CFD）

更多關於 CFD 的詳細訊息，請參見投資百科（Investopedia）裡的 CFD 頁面（*https://oreil.ly/wsoAz*），或是在維基百科裡的 CFD 頁面（*https://oreil.ly/2PnEQ*）也有更詳細的介紹。貨幣對（例如 EUR/USD）、商品（例如黃金）、股票指數（例如 S&P 500 股票指數）、債券（例如德國 10 年期債券）等等投資工具，都有 CFD 差價合約可供操作。我們可以把它想成是一種商品的範圍，基本上可以讓我們實作出各種全球性的宏觀策略。從金融上來說，差價合約是一種衍生性商品，它會根據其他投資工具的價格發展而獲得一定的收益。此外，交易活動（流動性）也會影響 CFD 差價合約的價格。雖然 CFD 差價合約有可能是以 S&P 500 指數做為基礎，但它完全是由 Oanda（或類似供應商）所發行、報價、支援，可說是另一種全然不同的商品。

這樣的情況給交易者帶來了一些應該要特別留意的風險。最近有一個可說明此問題的事件，那就是瑞士法郎事件（Swiss Franc event），這個事件在線上經紀商這個領域，造成了許多公司破產的結果。讀者可參見相關的文章《Currency Brokers Fall Over Like Dominoes After SNB Decision on Swiss Franc》（SNB 瑞士國家銀行針對瑞士法郎做出決策之後，許多貨幣經紀商就像多米諾骨牌一樣陸續倒下；*https://oreil.ly/dx7ps*）。

本章的內容架構如下。第 243 頁的「開設帳號」會簡要討論如何開設帳號。第 245 頁的「Oanda API」則會說明存取 API 的必要步驟。第 247 頁的「檢索出歷史資料」會透過 API 存取的方式，檢索出特定 CFD 的歷史資料並進行處理。第 253 頁的「處理串流資料」介紹的是 Oanda 的串流 API，可用來檢索出串流資料，並以視覺化方式呈現資料。第 256 頁的「實作即時交易策略」會實作出一個自動化演算法即時交易策略。最後，第 262 頁的「查詢帳號相關資訊」會介紹如何查詢帳號本身相關的資料，例如目前餘額或最近的交易。本章的程式碼都會用到一個叫做 tpqoa 的 Python 包裝函式物件類別（參見 GitHub 儲存庫：*https://oreil.ly/E95UV*）。

本章的目的就是利用前幾章所介紹的做法與技術，在 Oanda 平台自動進行交易。

開設帳號

在 Oanda 開設帳號的程序既簡單又有效率。你可以在真實帳號與免費示範（practice；練習）帳號之間進行選擇，這個帳號絕對足以實作出後續的範例（參見圖 8-3 與 8-4）。

如果註冊成功，而且你已登入平台中的帳號，應該就會看到一個起始頁面，如圖 8-5 所示。在中間的部分，你應該可以找到需要安裝的 fxTrade Practice for Desktop 應用程式下載鏈結。執行之後，其外觀就類似於圖 8-1 的螢幕截圖所示。

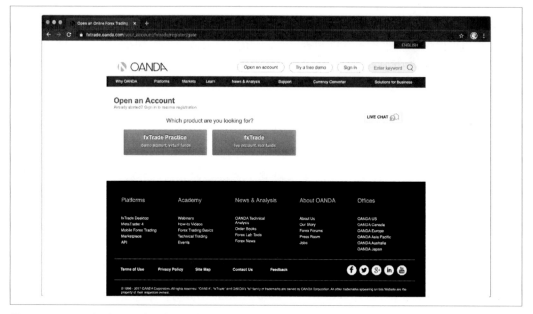

圖 8-3　Oanda 帳號註冊（帳號類型）

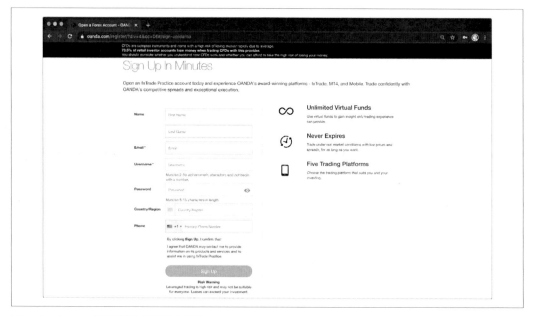

圖 8-4　Oanda 帳號註冊（註冊表單）

圖 8-5　Oanda 帳號起始頁面

Oanda API

註冊好之後，就可以輕鬆存取 Oanda 的 API。所需要的東西，最主要就是帳號與存取 Token（API 密鑰）。你可以在「Manage Funds」（管理資金）區域中找到帳號編號（account number）。存取 Token 則可以在「Manage API Access」（管理 API 存取）的區域中自行生成（參見圖 8-6）[1]。

從現在開始，我們就用 configparser（*https://oreil.ly/UaQyo*）模組來管理帳號憑證。這個模組需要搭配一個文字檔案（檔名可以叫做 *pyalgo.cfg*），其格式如下，可搭配 Oanda 的練習帳號一起使用：

```
[oanda]
account_id = YOUR_ACCOUNT_ID（你的帳號 ID）
access_token = YOUR_ACCESS_TOKEN（你的存取 TOKEN）
account_type = practice
```

1　在 Oanda API 中，有些特定物件的命名方式並不完全一致。舉例來說，*API* 密鑰與存取 *Token* 這兩個用詞就可以互換使用。此外，帳號 *ID* 與帳號編號也是指同一個數字。

圖 8-6　Oanda API 存取管理頁面

如果想用 Python 來存取 API，建議使用 Python 包裝套件 tpqoa（參見 GitHub 儲存庫：
http://github.com/yhilpisch/tpqoa）；這個套件也是依賴於 Oanda 的 v20 套件（參見 GitHub
儲存庫：*https://oreil.ly/F_cB2*）。

我們可以用以下的指令進行安裝：

```
pip install git+https://github.com/yhilpisch/tpqoa.git
```

安裝好之後，我們就可以用單一行程式碼連接到 API：

```
In [1]: import tpqoa
```

```
In [2]: api = tpqoa.tpqoa('../pyalgo.cfg')  ❶
```

❶　如有需要，請自行調整路徑與檔案的名稱。

這裡可說是很重要的一個里程碑：只要能夠連接到 Oanda API，就可以檢索出歷史資
料，或是用寫程式的方式下單了。

使用 configparser 模組的優點是，它簡化了帳號憑證的儲存與管理。在進行演算法交易時，所需的帳號數量有可能會快速增長。例如不同的雲端實例、伺服器、資料服務供應商、線上交易平台等，都有可能使用到不同的帳號。

這種做法的缺點是，帳號資訊若以純文字格式保存，恐怕會有相當大的安全風險，尤其是把多組帳號資訊保存在單一檔案中，更是危險。因此，在正式上線的環境下，你一定要採用檔案加密之類的方法，來確保憑證的安全性。

檢索出歷史資料

使用 Oanda 平台的主要好處，就是可透過 RESTful API 存取 Oanda 裡所有投資工具完整的價格歷史記錄。這裡所說的「**完整歷史資料**」，指的是不同的差價合約本身，而不是指相應的投資工具。

找出可交易的投資工具

若想知道特定帳號可交易哪些投資工具，只要使用 .get_instruments() 方法就可瞭解大體的狀況。它只會從 API 檢索出各個投資工具相應的顯示名稱，以及 API 所使用的代碼名稱。透過 API 還可以取得更多詳細的訊息（例如最小的部位大小）：

```
In [3]: api.get_instruments()[:15]
Out[3]: [('AUD/CAD', 'AUD_CAD'),
         ('AUD/CHF', 'AUD_CHF'),
         ('AUD/HKD', 'AUD_HKD'),
         ('AUD/JPY', 'AUD_JPY'),
         ('AUD/NZD', 'AUD_NZD'),
         ('AUD/SGD', 'AUD_SGD'),
         ('AUD/USD', 'AUD_USD'),
         ('Australia 200', 'AU200_AUD'),
         ('Brent Crude Oil', 'BCO_USD'),
         ('Bund', 'DE10YB_EUR'),
         ('CAD/CHF', 'CAD_CHF'),
         ('CAD/HKD', 'CAD_HKD'),
         ('CAD/JPY', 'CAD_JPY'),
         ('CAD/SGD', 'CAD_SGD'),
         ('CHF/HKD', 'CHF_HKD')]
```

用分線圖回測動量型策略

下面的範例採用的是 EUR_USD 這個投資工具，它是以 EUR/USD 貨幣對做為基礎。我們的目標就是運用一分鐘分線圖，對動量型策略進行回測。所使用的是 2020 年 8 月其中兩天的資料。第一個步驟就是從 Oanda 檢索出原始資料：

```
In [4]: help(api.get_history)  ❶
```
tpqoa.tpqoa 模組 get_history 方法的輔助說明：

```
get_history(instrument, start, end, granularity, price, localize=True)
 tpqoa.tpqoa.tpqoa 物件實例方法
    檢索出投資工具相應的歷史資料。


    參數
    ==========
    instrument: string
        有效的投資工具名稱
    start, end: datetime, str
        代表開始時間與結束時間的 Python datetime 或字串物件
    granularity: string
        像 'S5'、'M1' 或 'D' 這樣的字串
    price: string
        'A' (ask，賣方報價)、'B' (bid，買方報價) 或 'M' (middle，中間價格)


    送回
    =======
    data: pd.DataFrame
        內含資料的 pandas DataFrame 物件
```

```
In [5]: instrument = 'EUR_USD'  ❷
        start = '2020-08-10'  ❷
        end = '2020-08-12'  ❷
        granularity = 'M1'  ❷
        price = 'M'  ❷
```

```
In [6]: data = api.get_history(instrument, start, end, granularity, price)  ❸
```

```
In [7]: data.info()  ❹
        <class 'pandas.core.frame.DataFrame'>
        DatetimeIndex: 2814 entries, 2020-08-10 00:00:00 to 2020-08-11 23:59:00
        Data columns (total 6 columns):
         #   Column     Non-Null Count  Dtype
        ---  ------     --------------  -----
         0   o          2814 non-null   float64
```

```
 1   h          2814 non-null    float64
 2   l          2814 non-null    float64
 3   c          2814 non-null    float64
 4   volume     2814 non-null    int64
 5   complete   2814 non-null    bool
dtypes: bool(1), float64(4), int64(1)
memory usage: 134.7 KB
```

```
In [8]: data[['c', 'volume']].head()        ❺
Out[8]:                          c   volume
        time
        2020-08-10 00:00:00  1.17822      18
        2020-08-10 00:01:00  1.17836      32
        2020-08-10 00:02:00  1.17828      25
        2020-08-10 00:03:00  1.17834      13
        2020-08-10 00:04:00  1.17847      43
```

❶ 顯示 .get_history() 方法相應的說明文件（輔助文字說明）。

❷ 定義參數值。

❸ 用 API 檢索出原始資料。

❹ 針對所檢索到的資料集，顯示相應的元資訊。

❺ 顯示前五行資料其中的兩個縱列。

第二個步驟就是要**實作出向量化回測**。我們的想法是同時針對好幾個動量型策略進行回測。這段程式碼十分簡單明瞭（另請參見第 4 章）。

為了簡單起見，下面的程式碼只會使用收盤（c）中間價格的值[2]：

```
In [9]: import numpy as np
```

```
In [10]: data['returns'] = np.log(data['c'] / data['c'].shift(1))    ❶
```

```
In [11]: cols = []    ❷
```

```
In [12]: for momentum in [15, 30, 60, 120]:    ❸
             col = 'position_{}'.format(momentum)    ❹
             data[col] = np.sign(data['returns'].rolling(momentum).mean())    ❺
             cols.append(col)    ❻
```

---

2 這樣的做法等於是在買賣投資工具時，忽略買賣雙方報價的價差所造成的交易成本。

❶ 根據收盤中間價格的值，計算出相應的對數報酬。

❷ 建立一個空的列表物件實例，以收集不同的縱列名稱。

❸ 定義動量型策略在分線圖中所要採用的幾個間隔時間數量。

❹ 定義隨後要儲存在 DataFrame 物件裡的縱列名稱。

❺ 添加一個新縱列，用來儲存策略部位。

❻ 把縱列名稱附加到列表物件中。

最後一個步驟就是**推導並繪製出不同動量型策略**的絕對績效表現。圖 8-7 的圖形顯示的就是各個動量型策略相應的績效表現，其中也可以看到基礎投資工具本身的績效表現，以便於直接進行比較：

```
In [13]: from pylab import plt
         plt.style.use('seaborn')
         import matplotlib as mpl
         mpl.rcParams['savefig.dpi'] = 300
         mpl.rcParams['font.family'] = 'serif'

In [14]: strats = ['returns']   ❶

In [15]: for col in cols:   ❷
             strat = 'strategy_{}'.format(col.split('_')[1])   ❸
             data[strat] = data[col].shift(1) * data['returns']   ❹
             strats.append(strat)   ❺

In [16]: data[strats].dropna().cumsum(
             ).apply(np.exp).plot(figsize=(10, 6));   ❻
```

❶ 定義另一個列表物件，以保存隨後所要繪製的縱列名稱。

❷ 針對不同策略的部位狀況，對整個縱列進行迭代操作。

❸ 重新組合出隨後用來保存策略績效表現的新縱列名稱。

❹ 計算出不同策略的對數報酬，然後保存到新縱列之中。

❺ 把縱列名稱附加到列表物件中，以供隨後進行繪圖之用。

❻ 畫出投資工具本身與各個策略的累計績效表現。

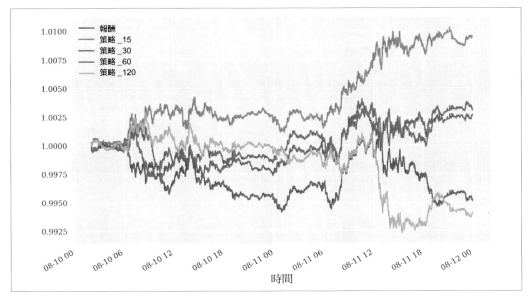

圖 8-7　EUR_USD 投資工具（分線圖）與各個不同動量型策略的總體績效表現

槓桿與保證金因素

一般來說，如果你以 100 美元的價格購買股票，損益（P&&L）的計算其實很簡單：如果股價上漲 1 美元，你就賺到 1 美元（未實現的利益）；如果股價下跌 1 美元，你就損失 1 美元（未實現的損失）。如果你購買了 10 股，把結果乘以 10 就對了。

在 Oanda 平台交易差價合約時，則會牽涉到槓桿與保證金。這對於損益的計算會有重大的影響。關於此主題的簡介與概述，請參見 Oanda fxTrade 的保證金規則（ *https://oreil. ly/8I5Eg* ）。這裡可以用一個簡單的範例，說明其中幾個主要的面向。

考慮一個以 EUR 歐元為基礎的演算法交易者，他想要在 Oanda 平台交易 EUR_USD 這個投資工具，希望可以根據 1.1 的賣方報價，建立一個 10,000 歐元的多頭部位。在沒有使用槓桿與保證金的情況下，交易者（或 Python 程式）買進了 10,000 單位的差價合約 [3]。如果這個投資工具的價格（匯率）上漲至 1.105（取買賣雙方報價的中間價格），絕對利潤就是 10,000 x 0.005 = 50，或者說是賺到了 0.5% 的利潤。

3　請注意，對於某些投資工具來說，一單位就等於 1 美元（例如貨幣相關的差價合約）。至於其他的情況，例如指數相關的差價合約（比如 DE30_EUR），一個單位就表示 CFD 差價合約（買賣方報價）價格對應一貨幣曝險部位（比如 11,750 歐元）。

槓桿與保證金會有什麼影響呢？假設演算法交易者選擇了 20：1 的槓桿比率，就表示他需要準備 5%（＝ 100%/20）的保證金。也就是說，交易者只需要提供 10,000 歐元 x 5% ＝ 500 歐元的保證金，便可以建立相同的多頭部位。如果這個投資工具的價格隨後上漲至 1.105，絕對利潤還是維持在 50 歐元不變，但相對利潤就會提升至 50 歐元 /500 歐元 ＝ 10%。報酬被放大了 20 倍；如果一切順利的話，這就是槓桿的好處。

但如果遇到相反的情況，會發生什麼事？假設投資工具的價格下跌到 1.08（取買賣雙方報價的中間價格），這樣就會導致 10,000 x（1.08 - 1.1）= -200 歐元的虧損。這樣一來相對損失就會變成 -200 歐元 /500 歐元 = -40%。在演算法交易者所使用的帳號中，如果可供交易的資本 / 現金餘額不足 200 歐元，就會因為無法再滿足（規定的）保證金要求，而被強迫進行平倉的動作。在虧損完全吃光保證金之前，交易者必須先添加額外的資金以做為保證金，這樣才能繼續進行交易[4]。

圖 8-8 顯示的是 20：1 的槓桿比率，對於動量型策略的績效表現所造成的放大效果。在這裡的例子中，5% 的初始保證金尚足以彌補潛在的損失，因為即使在最壞的情況下，保證金也沒有被吃光：

```
In [17]: data[strats].dropna().cumsum().apply(
                    lambda x: x * 20).apply(np.exp).plot(figsize=(10, 6));  ❶
```

❶ 根據所假設的槓桿比率，對數報酬要乘以 20 倍。

 槓桿交易不但會放大潛在的利潤，也會放大潛在的損失。在 10：1 的槓桿交易（保證金為 10%）情況下，基礎投資工具只要出現 10% 的不利變動，就足以耗盡全部的保證金。換句話說，10% 的變化就足以導致 100% 的損失。因此，你一定要確保自己完全瞭解槓桿交易所牽涉到的所有風險。你也一定要根據自己可承擔的風險狀況與偏好，採取適當的避險操作（例如停損單）。

4　這個簡化的計算方式，忽略了像是槓桿交易可能產生的融資成本。

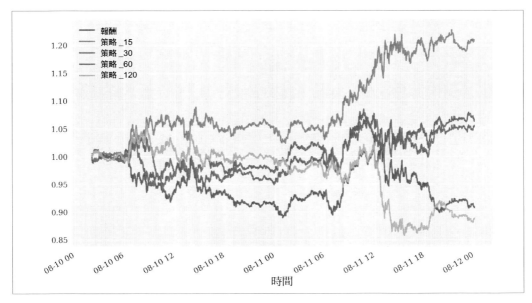

圖 8-8　EUR_USD 投資工具（分線圖）採用動量型策略並使用 20：1 的槓桿之後相應的總體績效
　　　　表現

處理串流資料

Python 包裝函式套件 tpqoa 進一步簡化了串流資料的處理工作。這個套件結合了 v20 套件，對 socket 通訊進行了相應的處理，因此演算法交易者只需要決定如何處理串流資料即可：

```
In [18]: instrument = 'EUR_USD'
```

```
In [19]: api.stream_data(instrument, stop=10)  ❶
         2020-08-19T14:39:13.560138152Z 1.19131 1.1915
         2020-08-19T14:39:14.088511060Z 1.19134 1.19152
         2020-08-19T14:39:14.390081879Z 1.19124 1.19145
         2020-08-19T14:39:15.105974700Z 1.19129 1.19144
         2020-08-19T14:39:15.375370451Z 1.19128 1.19144
         2020-08-19T14:39:15.501380756Z 1.1912 1.19141
         2020-08-19T14:39:15.951793928Z 1.1912 1.19138
         2020-08-19T14:39:16.354844135Z 1.19123 1.19138
         2020-08-19T14:39:16.661440356Z 1.19118 1.19133
         2020-08-19T14:39:16.912150908Z 1.19112 1.19132
```

❶ 這個 stop 參數會在檢索到的 tick 達到一定數量之後就停止串流。

按市價下單

同樣的，只要運用 create_order() 方法，想按照市場價格下單買賣也很簡單：

```
In [20]: help(api.create_order)   ❶
         tpqoa.tpqoa 模組 create_order 方法的輔助說明：

         create_order(instrument, units, price=None, sl_distance=None,
          tsl_distance=None, tp_price=None, comment=None, touch=False,
          suppress=False, ret=False) tpqoa.tpqoa.tpqoa 物件實例方法
             用 Oanda 下單。

             參數
             ==========
             instrument: string
                 有效的投資工具名稱
             units: int
                 投資工具所要買進的單位數量（正整數，例如 'units=50'）
                 或是所要賣出的單位數量（負整數，例如 'units=-100'）
             price: float
                 限價單（limit order）、觸價單（touch order）的設定價格
             sl_distance: float
                 停損距離價格（例如在德國，就會要求強制進行此設定）
             tsl_distance: float
                 追蹤型停損距離
             tp_price: float
                 交易時所採用的停利價格
             comment: str
                 註解字串
             touch: boolean
                 觸價市價單（market_if_touched，同時需設定 price 參數）
             suppress: boolean
                 是否要阻止列印輸出
             ret: boolean
                 是否要送回 order 物件
```

```
In [21]: api.create_order(instrument, 1000)   ❷
```

```
{'id': '1721', 'time': '2020-08-19T14:39:17.062399275Z', 'userID':
13834683, 'accountID': '101-004-13834683-001', 'batchID': '1720',
'requestID': '24716258589170956', 'type': 'ORDER_FILL', 'orderID':
'1720', 'instrument': 'EUR_USD', 'units': '1000.0',
'gainQuoteHomeConversionFactor': '0.835288642787',
'lossQuoteHomeConversionFactor': '0.843683503518', 'price': 1.19131,
```

'fullVWAP': 1.19131, 'fullPrice': {'type': 'PRICE', 'bids': [{'price': 1.1911, 'liquidity': '10000000'}], 'asks': [{'price': 1.19131, 'liquidity': '10000000'}], 'closeoutBid': 1.1911, 'closeoutAsk': 1.19131}, 'reason': 'MARKET_ORDER', 'pl': '0.0', 'financing': '0.0', 'commission': '0.0', 'guaranteedExecutionFee': '0.0', 'accountBalance': '98510.7986', 'tradeOpened': {'tradeID': '1721', 'units': '1000.0', 'price': 1.19131, 'guaranteedExecutionFee': '0.0', 'halfSpreadCost': '0.0881', 'initialMarginRequired': '33.3'}, 'halfSpreadCost': '0.0881'}

In [22]: **api.create_order(instrument, -1500)** ❸

{'id': '1723', 'time': '2020-08-19T14:39:17.200434462Z', 'userID': 13834683, 'accountID': '101-004-13834683-001', 'batchID': '1722', 'requestID': '24716258589171315', 'type': 'ORDER_FILL', 'orderID': '1722', 'instrument': 'EUR_USD', 'units': '-1500.0', 'gainQuoteHomeConversionFactor': '0.835288642787', 'lossQuoteHomeConversionFactor': '0.843683503518', 'price': 1.1911, 'fullVWAP': 1.1911, 'fullPrice': {'type': 'PRICE', 'bids': [{'price': 1.1911, 'liquidity': '10000000'}], 'asks': [{'price': 1.19131, 'liquidity': '9999000'}], 'closeoutBid': 1.1911, 'closeoutAsk': 1.19131}, 'reason': 'MARKET_ORDER', 'pl': '-0.1772', 'financing': '0.0', 'commission': '0.0', 'guaranteedExecutionFee': '0.0', 'accountBalance': '98510.6214', 'tradeOpened': {'tradeID': '1723', 'units': '-500.0', 'price': 1.1911, 'guaranteedExecutionFee': '0.0', 'halfSpreadCost': '0.0441', 'initialMarginRequired': '16.65'}, 'tradesClosed': [{'tradeID': '1721', 'units': '-1000.0', 'price': 1.1911, 'realizedPL': '-0.1772', 'financing': '0.0', 'guaranteedExecutionFee': '0.0', 'halfSpreadCost': '0.0881'}], 'halfSpreadCost': '0.1322'}

In [23]: **api.create_order(instrument, 500)** ❹

{'id': '1725', 'time': '2020-08-19T14:39:17.348231507Z', 'userID': 13834683, 'accountID': '101-004-13834683-001', 'batchID': '1724', 'requestID': '24716258589171775', 'type': 'ORDER_FILL', 'orderID': '1724', 'instrument': 'EUR_USD', 'units': '500.0', 'gainQuoteHomeConversionFactor': '0.835313189428', 'lossQuoteHomeConversionFactor': '0.84370829686', 'price': 1.1913, 'fullVWAP': 1.1913, 'fullPrice': {'type': 'PRICE', 'bids': [{'price': 1.19104, 'liquidity': '9998500'}], 'asks': [{'price': 1.1913, 'liquidity': '9999000'}], 'closeoutBid': 1.19104, 'closeoutAsk':

```
1.1913}, 'reason': 'MARKET_ORDER', 'pl': '-0.0844', 'financing':
'0.0', 'commission': '0.0', 'guaranteedExecutionFee': '0.0',
'accountBalance': '98510.537', 'tradesClosed': [{'tradeID': '1723',
'units': '500.0', 'price': 1.1913, 'realizedPL': '-0.0844',
'financing': '0.0', 'guaranteedExecutionFee': '0.0', 'halfSpreadCost':
'0.0546'}], 'halfSpreadCost': '0.0546'}
```

❶ 顯示所有下單選項，包括市價單、限價單與觸價單（譯註：價格若觸及某價位，就以市價進行交易）。

❷ 用市價單建立多頭部位。

❸ 用市價單結束多頭部位後反手放空。

❹ 用市價單結束空頭部位。

雖然 Oanda API 可以下達不同類型的買賣單，不過本章與下一章主要都是採用**市價單**，以便能夠在出現新的交易信號時，立刻進行做多或放空的操作。

實作即時交易策略

本節打算介紹一個自定義的物件類別，它可以在 Oanda 平台根據動量型策略自動交易 EUR_USD 這個投資工具。這個物件類別就叫做 MomentumTrader，如第 265 頁的「Python 腳本」所示。接下來我們會從 __init__() 方法開始，逐行檢視這個物件類別。這個物件類別本身繼承自 tpqoa 物件類別：

```
import tpqoa
import numpy as np
import pandas as pd


class MomentumTrader(tpqoa.tpqoa):
    def __init__(self, conf_file, instrument, bar_length, momentum, units, *args, **kwargs):
        super(MomentumTrader, self).__init__(conf_file)
        self.position = 0              ❶
        self.instrument = instrument   ❷
        self.momentum = momentum        ❸
        self.bar_length = bar_length    ❹
        self.units = units              ❺
        self.raw_data = pd.DataFrame()  ❻
        self.min_length = self.momentum + 1   ❼
```

❶ 初始部位值（市場中立）。

❷ 所要交易的投資工具。

❸ 計算動量時，所取用的 bar（K 棒）數量。

❹ 對 tick 資料進行重新取樣時，所採用的 bar（K 棒）間隔時間長度。

❺ 所要交易的單位數量。

❻ 一個空的 DataFrame 物件，準備用來填入 tick 資料。

❼ 一開始要略過幾根 bar（K 棒），才能開始進行交易（譯註：一開始是因為前幾根 K 棒無法算出相應的動量值，後來則是因為只需考慮最新的情況）。

其中最主要的就是 .on_success() 方法，這個方法實作了動量型策略的交易邏輯：

```python
def on_success(self, time, bid, ask):  ❶
    ''' 一出現新的 tick 資料，就採取行動。 '''
    print(self.ticks, end=' ')  ❷
    self.raw_data = self.raw_data.append(pd.DataFrame(
        {'bid': bid, 'ask': ask}, index=[pd.Timestamp(time)]))  ❸
    self.data = self.raw_data.resample(
        self.bar_length, label='right').last().ffill().iloc[:-1]  ❹
    self.data['mid'] = self.data.mean(axis=1)  ❺
    self.data['returns'] = np.log(self.data['mid'] / self.data['mid'].shift(1))  ❻
    self.data['position'] = np.sign(
        self.data['returns'].rolling(self.momentum).mean())  ❼

    if len(self.data) > self.min_length:  ❽
        self.min_length += 1  ❽
        if self.data['position'].iloc[-1] == 1:  ❾
            if self.position == 0:  ❿
                self.create_order(self.instrument, self.units)  ⓫
            elif self.position == -1:  ⓬
                self.create_order(self.instrument, self.units * 2)  ⓭
            self.position = 1  ⓮
        elif self.data['position'].iloc[-1] == -1:  ⓯
            if self.position == 0:  ⓰
                self.create_order(self.instrument, -self.units)  ⓱
            elif self.position == 1:  ⓲
                self.create_order(self.instrument, -self.units * 2)  ⓳
            self.position = -1  ⓴
```

❶ 只要一出現新的報價資料，就調用這個方法。

❷ 所檢索到的 tick 數量在這裡會被列印出來。

❸ tick 資料會被收集並保存起來。

❹ 然後就會針對 tick 資料進行重新取樣，以轉換成相應間隔時間長度的 bar（K 棒）。

❺ 計算出中間價格⋯

❻ ⋯再根據它推導出對數報酬。

❼ 根據 momentum（動量）這個參數／屬性（透過線上演算法）推導出（可據以建立部位的）交易信號。

❽ 只要有足夠的資料或新的資料，就套用交易邏輯，然後每次都把最小長度加一。

❾ 檢查最後一個部位（「信號」）的值是否為 1（做多）。

❿ 如果目前的市場部位為 0（中立）⋯

⓫ ⋯就按照 self.units 的數量下買單。

⓬ 如果目前的市場部位為 -1（放空）⋯

⓭ ⋯就按照 self.units 兩倍的數量下買單。

⓮ 把市場部位 self.position 設定為 +1（做多）。

⓯ 檢查最後一個部位（「信號」）的值是否為 -1（放空）。

⓰ 如果目前的市場部位為 0（中立）⋯

⓱ ⋯就按照 -self.units 的數量下賣單。

⓲ 如果目前的市場部位為 +1（做多）⋯

⓳ ⋯就按照 -self.units 兩倍的數量下賣單。

⓴ 把市場部位 self.position 設定為 -1（放空）。

有了這個物件類別之後，只需要四行程式碼就可以自動進行演算法交易。下面的 Python 程式碼會啟動一個自動交易的 session：

```
In [24]: import MomentumTrader as MT

In [25]: mt = MT.MomentumTrader('../pyalgo.cfg',  ❶
                                instrument=instrument,  ❷
```

```
                              bar_length='10s',  ❸
                              momentum=6,  ❹
                              units=10000)  ❺

In [26]: mt.stream_data(mt.instrument, stop=500)  ❻
```

❶ 內含指定憑證的設定檔案。

❷ 指定 instrument（投資工具）參數。

❸ 指定重新取樣時所需的 bar_length 參數。

❹ 定義 momentum（動量）參數，這個參數會套用到重新取樣過的資料，以進行相應的計算。

❺ 設定 units（單位數量）參數，它就是我們在做多或放空部位時所要建立的部位大小。

❻ 這裡會開始接收串流資料，並進行相應的交易；500 個 tick 之後就會停止交易。

上面的程式碼會得出以下的輸出結果：

```
1 2 3 4 5 6 7 8 9 10 11 12 13 14 15 16 17 18 19 20 21 22 23 24 25 26 27
28 29 30 31 32 33 34 35 36 37 38 39 40 41 42 43 44 45 46 47 48 49 50
51 52 53 54 55 56 57 58 59 60 61 62 63 64 65 66 67 68 69 70 71 72 73
74 75 76 77 78 79 80 81 82 83 84 85 86 87 88 89 90 91 92 93 94 95 96
97 98 99 100 101 102 103 104 105 106 107 108 109 110 111 112 113 114
115 116 117 118 119 120 121 122 123 124 125 126 127 128 129 130 131
132 133 134 135 136 137 138 139 140 141 142 143 144 145 146 147 148
149 150 151 152 153
```

```
{'id': '1727', 'time': '2020-08-19T14:40:30.443867492Z', 'userID':
13834683, 'accountID': '101-004-13834683-001', 'batchID': '1726',
'requestID': '42730657405829101', 'type': 'ORDER_FILL', 'orderID':
'1726', 'instrument': 'EUR_USD', 'units': '10000.0',
'gainQuoteHomeConversionFactor': '0.8350012403',
'lossQuoteHomeConversionFactor': '0.843393212565', 'price': 1.19168,
'fullVWAP': 1.19168, 'fullPrice': {'type': 'PRICE', 'bids': [{'price':
1.19155, 'liquidity': '10000000'}], 'asks': [{'price': 1.19168,
'liquidity': '10000000'}], 'closeoutBid': 1.19155, 'closeoutAsk':
1.19168}, 'reason': 'MARKET_ORDER', 'pl': '0.0', 'financing': '0.0',
'commission': '0.0', 'guaranteedExecutionFee': '0.0',
'accountBalance': '98510.537', 'tradeOpened': {'tradeID': '1727',
'units': '10000.0', 'price': 1.19168, 'guaranteedExecutionFee': '0.0',
'halfSpreadCost': '0.5455', 'initialMarginRequired': '333.0'},
'halfSpreadCost': '0.5455'}
```

```
154 155 156 157 158 159 160 161 162 163 164 165 166 167 168 169 170 171
```

172 173 174 175 176 177 178 179 180 181 182 183 184 185 186 187 188
189 190 191 192 193 194 195 196 197 198 199 200 201 202 203 204 205
206 207 208 209 210 211 212 213 214 215 216 217 218 219 220 221 222
223

{'id': '1729', 'time': '2020-08-19T14:41:11.436438078Z', 'userID':
13834683, 'accountID': '101-004-13834683-001', 'batchID': '1728',
'requestID': '42730657577912600', 'type': 'ORDER_FILL', 'orderID':
'1728', 'instrument': 'EUR_USD', 'units': '-20000.0',
'gainQuoteHomeConversionFactor': '0.83519398913',
'lossQuoteHomeConversionFactor': '0.843587898569', 'price': 1.19124,
'fullVWAP': 1.19124, 'fullPrice': {'type': 'PRICE', 'bids': [{'price':
1.19124, 'liquidity': '10000000'}], 'asks': [{'price': 1.19144,
'liquidity': '10000000'}], 'closeoutBid': 1.19124, 'closeoutAsk':
1.19144}, 'reason': 'MARKET_ORDER', 'pl': '-3.7118', 'financing':
'0.0', 'commission': '0.0', 'guaranteedExecutionFee': '0.0',
'accountBalance': '98506.8252', 'tradeOpened': {'tradeID': '1729',
'units': '-10000.0', 'price': 1.19124, 'guaranteedExecutionFee':
'0.0', 'halfSpreadCost': '0.8394', 'initialMarginRequired': '333.0'},
'tradesClosed': [{'tradeID': '1727', 'units': '-10000.0', 'price':
1.19124, 'realizedPL': '-3.7118', 'financing': '0.0',
'guaranteedExecutionFee': '0.0', 'halfSpreadCost': '0.8394'}],
'halfSpreadCost': '1.6788'}

224 225 226 227 228 229 230 231 232 233 234 235 236 237 238 239 240 241
242 243 244 245 246 247 248 249 250 251 252 253 254 255 256 257 258
259 260 261 262 263 264 265 266 267 268 269 270 271 272 273 274 275
276 277 278 279 280 281 282 283 284 285 286 287 288 289 290 291 292
293 294 295 296 297 298 299 300 301 302 303 304 305 306 307 308 309
310 311 312 313 314 315 316 317 318 319 320 321 322 323 324 325 326
327 328 329 330 331 332 333 334 335 336 337 338 339 340 341 342 343
344 345 346 347 348 349 350 351 352 353 354 355 356 357 358 359 360
361 362 363 364 365 366 367 368 369 370 371 372 373 374 375 376 377
378 379 380 381 382 383 384 385 386 387 388 389 390 391 392 393 394

{'id': '1731', 'time': '2020-08-19T14:42:20.525804142Z', 'userID':
13834683, 'accountID': '101-004-13834683-001', 'batchID': '1730',
'requestID': '42730657867512554', 'type': 'ORDER_FILL', 'orderID':
'1730', 'instrument': 'EUR_USD', 'units': '20000.0',
'gainQuoteHomeConversionFactor': '0.835400847964',
'lossQuoteHomeConversionFactor': '0.843796836386', 'price': 1.19111,
'fullVWAP': 1.19111, 'fullPrice': {'type': 'PRICE', 'bids': [{'price':
1.19098, 'liquidity': '10000000'}], 'asks': [{'price': 1.19111,
'liquidity': '10000000'}], 'closeoutBid': 1.19098, 'closeoutAsk':
1.19111}, 'reason': 'MARKET_ORDER', 'pl': '1.086', 'financing': '0.0',
'commission': '0.0', 'guaranteedExecutionFee': '0.0',

'accountBalance': '98507.9112', 'tradeOpened': {'tradeID': '1731',
'units': '10000.0', 'price': 1.19111, 'guaranteedExecutionFee': '0.0',
'halfSpreadCost': '0.5457', 'initialMarginRequired': '333.0'},
'tradesClosed': [{'tradeID': '1729', 'units': '10000.0', 'price':
1.19111, 'realizedPL': '1.086', 'financing': '0.0',
'guaranteedExecutionFee': '0.0', 'halfSpreadCost': '0.5457'}],
'halfSpreadCost': '1.0914'}

```
395 396 397 398 399 400 401 402 403 404 405 406 407 408 409 410 411 412
413 414 415 416 417 418 419 420 421 422 423 424 425 426 427 428 429
430 431 432 433 434 435 436 437 438 439 440 441 442 443 444 445 446
447 448 449 450 451 452 453 454 455 456 457 458 459 460 461 462 463
464 465 466 467 468 469 470 471 472 473 474 475 476 477 478 479 480
481 482 483 484 485 486 487 488 489 490 491 492 493 494 495 496 497
498 499 500
```

最後，所有剩餘的部位都要進行平倉：

```
In [27]: oo = mt.create_order(instrument, units=-mt.position * mt.units,
                              ret=True, suppress=True)  ❶
         oo
Out[27]: {'id': '1733',
         'time': '2020-08-19T14:43:17.107985242Z',
         'userID': 13834683,
         'accountID': '101-004-13834683-001',
         'batchID': '1732',
         'requestID': '42730658106750652',
         'type': 'ORDER_FILL',
         'orderID': '1732',
         'instrument': 'EUR_USD',
         'units': '-10000.0',
         'gainQuoteHomeConversionFactor': '0.835327206922',
         'lossQuoteHomeConversionFactor': '0.843722455232',
         'price': 1.19109,
         'fullVWAP': 1.19109,
         'fullPrice': {'type': 'PRICE',
          'bids': [{'price': 1.19109, 'liquidity': '10000000'}],
          'asks': [{'price': 1.19121, 'liquidity': '10000000'}],
          'closeoutBid': 1.19109,
          'closeoutAsk': 1.19121},
         'reason': 'MARKET_ORDER',
         'pl': '-0.1687',
         'financing': '0.0',
         'commission': '0.0',
         'guaranteedExecutionFee': '0.0',
         'accountBalance': '98507.7425',
```

```
'tradesClosed': [{'tradeID': '1731',
  'units': '-10000.0',
  'price': 1.19109,
  'realizedPL': '-0.1687',
  'financing': '0.0',
  'guaranteedExecutionFee': '0.0',
  'halfSpreadCost': '0.5037'}],
  'halfSpreadCost': '0.5037'}
```

❶ 最後剩餘的部位都要進行平倉。

查詢帳號相關資訊

關於帳號相關資訊、交易歷史記錄等，用 Oanda 的 RESTful API 來查詢也很方便。舉例來說，在執行過前一節的動量型策略之後，演算法交易者可能會想要檢查一下交易帳號目前的餘額。這只要透過 .get_account_summary() 方法就可以做到了：

```
In [28]: api.get_account_summary()
Out[28]: {'id': '101-004-13834683-001',
         'alias': 'Primary',
         'currency': 'EUR',
         'balance': '98507.7425',
         'createdByUserID': 13834683,
         'createdTime': '2020-03-19T06:08:14.363139403Z',
         'guaranteedStopLossOrderMode': 'DISABLED',
         'pl': '-1273.126',
         'resettablePL': '-1273.126',
         'resettablePLTime': '0',
         'financing': '-219.1315',
         'commission': '0.0',
         'guaranteedExecutionFees': '0.0',
         'marginRate': '0.0333',
         'openTradeCount': 1,
         'openPositionCount': 1,
         'pendingOrderCount': 0,
         'hedgingEnabled': False,
         'unrealizedPL': '929.8862',
         'NAV': '99437.6287',
         'marginUsed': '377.76',
         'marginAvailable': '99064.4945',
         'positionValue': '3777.6',
         'marginCloseoutUnrealizedPL': '935.8183',
         'marginCloseoutNAV': '99443.5608',
         'marginCloseoutMarginUsed': '377.76',
```

```
                'marginCloseoutPercent': '0.0019',
                'marginCloseoutPositionValue': '3777.6',
                'withdrawalLimit': '98507.7425',
                'marginCallMarginUsed': '377.76',
                'marginCallPercent': '0.0038',
                'lastTransactionID': '1733'}
```

只要運用 .get_transactions() 方法，就可以接收到最後幾次交易的相關資訊：

```
In [29]: api.get_transactions(tid=int(oo['id']) - 2)
Out[29]: [{'id': '1732',
           'time': '2020-08-19T14:43:17.107985242Z',
           'userID': 13834683,
           'accountID': '101-004-13834683-001',
           'batchID': '1732',
           'requestID': '42730658106750652',
           'type': 'MARKET_ORDER',
           'instrument': 'EUR_USD',
           'units': '-10000.0',
           'timeInForce': 'FOK',
           'positionFill': 'DEFAULT',
           'reason': 'CLIENT_ORDER'},
          {'id': '1733',
           'time': '2020-08-19T14:43:17.107985242Z',
           'userID': 13834683,
           'accountID': '101-004-13834683-001',
           'batchID': '1732',
           'requestID': '42730658106750652',
           'type': 'ORDER_FILL',
           'orderID': '1732',
           'instrument': 'EUR_USD',
           'units': '-10000.0',
           'gainQuoteHomeConversionFactor': '0.835327206922',
           'lossQuoteHomeConversionFactor': '0.843722455232',
           'price': 1.19109,
           'fullVWAP': 1.19109,
           'fullPrice': {'type': 'PRICE',
            'bids': [{'price': 1.19109, 'liquidity': '10000000'}],
            'asks': [{'price': 1.19121, 'liquidity': '10000000'}],
            'closeoutBid': 1.19109,
            'closeoutAsk': 1.19121},
           'reason': 'MARKET_ORDER',
           'pl': '-0.1687',
           'financing': '0.0',
           'commission': '0.0',
           'guaranteedExecutionFee': '0.0',
           'accountBalance': '98507.7425',
```

```
    'tradesClosed': [{'tradeID': '1731',
      'units': '-10000.0',
      'price': 1.19109,
      'realizedPL': '-0.1687',
      'financing': '0.0',
      'guaranteedExecutionFee': '0.0',
      'halfSpreadCost': '0.5037'}],
    'halfSpreadCost': '0.5037'}]
```

另外還有一個 .print_transactions() 方法，可提供簡單扼要的大體狀況：

```
In [30]: api.print_transactions(tid=int(oo['id']) - 18)
         1717 | 2020-08-19T14:37:00.803426931Z | EUR_USD |   -10000.0 | 0.0
         1719 | 2020-08-19T14:38:21.953399006Z | EUR_USD |    10000.0 | 6.8444
         1721 | 2020-08-19T14:39:17.062399275Z | EUR_USD |     1000.0 | 0.0
         1723 | 2020-08-19T14:39:17.200434462Z | EUR_USD |    -1500.0 | -0.1772
         1725 | 2020-08-19T14:39:17.348231507Z | EUR_USD |      500.0 | -0.0844
         1727 | 2020-08-19T14:40:30.443867492Z | EUR_USD |    10000.0 | 0.0
         1729 | 2020-08-19T14:41:11.436438078Z | EUR_USD |   -20000.0 | -3.7118
         1731 | 2020-08-19T14:42:20.525804142Z | EUR_USD |    20000.0 | 1.086
         1733 | 2020-08-19T14:43:17.107985242Z | EUR_USD |   -10000.0 | -0.1687
```

結論

Oanda 平台可讓你輕鬆直接進入自動化演算法交易領域。Oanda 專攻所謂的差價合約（CFD）。根據不同的居住所在地，交易者可交易各種不同的投資工具。

從技術的角度來看，Oanda 主要的優勢就是現代化、功能強大的 API，可透過專用的 Python 包裝套件（v20）輕鬆進行存取。本章介紹了如何開設帳號、如何用 Python 連接到 API、如何檢索出歷史資料（一分鐘分線圖）以進行回測、如何檢索出即時串流資料、如何根據動量型策略自動交易 CFD 差價合約，還有如何查詢帳號相關資訊與詳細的交易歷史。

參考資料與其他資源

只要造訪 Oanda 的「協助與支援」頁面（*https://oreil.ly/-CMwk*），就可以瞭解到更多關於 Oanda 平台與差價合約交易許多重要面向的更多訊息。

「Oanda 入門指南」其中的「開發者入口」頁面（*https://oreil.ly/oO_eV*）提供了 API 相關的詳細說明。

Python 腳本

下面的 Python 腳本提供了一個 Oanda 自定義的串流物件類別，可用來自動交易動量型策略：

```
#
# 此 Python 腳本內有
# 動量型交易物件類別
# 可搭配 Oanda v20 使用
#
# Python 演算法交易
# (c) Dr. Yves J. Hilpisch
# The Python Quants 有限責任公司
#
import tpqoa
import numpy as np
import pandas as pd


class MomentumTrader(tpqoa.tpqoa):
    def __init__(self, conf_file, instrument, bar_length, momentum, units, *args, **kwargs):
        super(MomentumTrader, self).__init__(conf_file)
        self.position = 0
        self.instrument = instrument
        self.momentum = momentum
        self.bar_length = bar_length
        self.units = units
        self.raw_data = pd.DataFrame()
        self.min_length = self.momentum + 1

    def on_success(self, time, bid, ask):
        ''' 一出現新的 tick 資料，就採取行動。 '''
        print(self.ticks, end=' ')
        self.raw_data = self.raw_data.append(pd.DataFrame(
            {'bid': bid, 'ask': ask}, index=[pd.Timestamp(time)]))
        self.data = self.raw_data.resample(
            self.bar_length, label='right').last().ffill().iloc[:-1]
        self.data['mid'] = self.data.mean(axis=1)
        self.data['returns'] = np.log(self.data['mid'] / self.data['mid'].shift(1))
        self.data['position'] = np.sign(
            self.data['returns'].rolling(self.momentum).mean())

        if len(self.data) > self.min_length:
            self.min_length += 1
            if self.data['position'].iloc[-1] == 1:
```

```python
                if self.position == 0:
                    self.create_order(self.instrument, self.units)
                elif self.position == -1:
                    self.create_order(self.instrument, self.units * 2)
                self.position = 1
            elif self.data['position'].iloc[-1] == -1:
                if self.position == 0:
                    self.create_order(self.instrument, -self.units)
                elif self.position == 1:
                    self.create_order(self.instrument, -self.units * 2)
                self.position = -1


if __name__ == '__main__':
    strat = 2
    if strat == 1:
        mom = MomentumTrader('../pyalgo.cfg', 'DE30_EUR', '5s', 3, 1)
        mom.stream_data(mom.instrument, stop=100)
        mom.create_order(mom.instrument, units=-mom.position * mom.units)
    elif strat == 2:
        mom = MomentumTrader('../pyalgo.cfg', instrument='EUR_USD',
                             bar_length='5s', momentum=6, units=100000)
        mom.stream_data(mom.instrument, stop=100)
        mom.create_order(mom.instrument, units=-mom.position * mom.units)
    else:
        print('Strategy not known.')
```

## 第九章

運用 FXCM 進行外匯交易

金融機構總喜歡把他們所做的事稱之為交易。但我們還是誠實一點吧。

那並不是交易；根本就是賭博。

—— Graydon Carter（加拿大新聞工作者）

本章打算介紹 FXCM 集團有限公司的交易平台（以下稱「FXCM」）及其 RESTful、串流 API（應用程式界面），以及 Python 包裝套件 fcxmpy。它與 Oanda 很類似，是一個非常適合部署自動化演算法交易策略的平台，甚至連資本部位比較小的散戶交易者也能使用。FXCM 為散戶與機構交易者提供了多種金融產品，既可以透過傳統交易應用程式進行交易，也可以用 API 透過程式碼進行交易。這個產品的重點在於貨幣對，以及各大主要股票指數與商品的差價合約（CFD）。關於 CFD，還請參見第 242 頁的「差價合約（CFD）」與第 268 頁的「免責聲明」。

免責聲明

以保證金交易外匯／CFD 差價合約，具有很高的風險，很有可能並不適合每一個投資者，因為你有可能會承受到比你的存款還高的虧損。槓桿也有可能朝向對你不利的方向發展。無論是散戶或專業客戶，都可以交易此商品。由於各地不同的法律規定所施加的某些限制，居住在德國的散戶交易者有可能會賠光自己全部的存款，不過超出存款的部分，就無需承擔後續的付款義務了。請特別注意並充分瞭解市場與交易相關的所有風險。在交易任何商品之前，請仔細考慮你的金融狀況與經驗程度。任何意見、新聞、研究、分析、價格或其他資訊，都只能做為一般的市場評論，並不能構成投資的建議。任何市場評論都不需要遵守投資研究獨立性的法律要求，因此在傳播之前即使有經過任何處理也不會受到任何禁止。若因為運用或依賴此類資訊而直接或間接產生任何損失或損害（包括但不限於任何利潤損失），交易平台或作者均無需承擔責任。

關於第 8 章所提到的平台相關考量，FXCM 相應的條件如下：

投資工具

外匯產品（例如貨幣對交易），以及股票指數、商品或利率商品的差價合約（CFD）。

策略

FXCM 除了其他一般功能外，還可以接受（以槓桿的方式操作）多頭與空頭部位、市價單、停損單，也可以設定獲利目標。

交易成本

除了買賣雙方報價的價差之外，在 FXCM 所進行的所有交易一般都需要繳交固定的費用。有好幾種不同的價格模型可供選擇。

技術工具

FXCM 為演算法交易者提供了現代化的 RESTful API，例如可使用 Python 包裝套件 fxcmpy 以進行存取。另外還提供可在桌上型電腦、平板電腦與智慧型手機中使用的標準交易應用程式。

FXCM 在全球許多國家（如英國或德國）皆可使用。視不同國家 / 地區而定，有些
產品可能會因為法規與限制而無法提供使用。

本章打算介紹 FXCM 交易 API 的基本功能，以及可透過程式碼實作自動化演算法交易
策略的 fxcmpy Python 套件。本章的內容架構如下。第 269 頁的「入門指南」介紹的是
如何進行各項設定，以便使用 FXCM REST API 進行演算法交易。第 270 頁的「檢索資
料」會介紹如何檢索與使用金融數據資料（最細可到 tick 的程度）。第 275 頁的「運用
API」則是本章的核心內容，將說明一些運用 RESTful API 實作的典型任務，例如檢索
出歷史資料與串流資料、下單，或是查詢帳號相關資訊。

入門指南

FXCM API 的詳細文件全都放在 *https://oreil.ly/Df_7e*。如果要安裝 Python 包裝套件
fxcmpy，請在 shell 界面中執行以下指令：

```
pip install fxcmpy
```

fxcmpy 套件的相關文件，全都放在 *http://fxcmpy.tpq.io*。

如果要開始運用 FXCM 交易 API 與 fxcmpy 套件，只需要 FXCM 的免費示範帳號就足夠
了。我們可以在 FXCM Demo Account（FXCM 示範帳號：*https://oreil.ly/v9H6z*）的頁面
中建立這樣的帳號 [1]。下一個步驟就是在示範帳號中建立一個唯一而不重複的 API Token
（也就是下面程式碼中會用到的 YOUR_FXCM_API_TOKEN）。然後就可以透過類似下面的方
式，開啟與 API 的連接：

```
import fxcmpy
api = fxcmpy.fxcmpy(access_token=YOUR_FXCM_API_TOKEN, log_level='error')
```

另外，你也可以運用第 8 章所建立的設定檔案連接到 API。這個檔案的內容應做如下的
修改：

```
[FXCM]
log_level = error
log_file = PATH_TO_AND_NAME_OF_LOG_FILE（Log 檔案名稱與路徑）
access_token = YOUR_FXCM_API_TOKEN（你的 FXCM API TOKEN）
```

---

[1] 請注意，FXCM 示範帳號只能在某些國家 / 地區使用。

然後就可以透過以下的方式連接到 API：

```
import fxcmpy
api = fxcmpy.fxcmpy(config_file='pyalgo.cfg')
```

預設情況下，伺服器會連接到示範伺服器。不過，只要使用 server 參數，就可以與正式的交易伺服器建立連接（如果你有這樣的帳號）：

```
api = fxcmpy.fxcmpy(config_file='pyalgo.cfg', server='demo')   ❶
api = fxcmpy.fxcmpy(config_file='pyalgo.cfg', server='real')   ❷
```

❶ 連接到示範伺服器。

❷ 連接到正式的交易伺服器。

檢索資料

FXCM 可存取市場歷史價格資料集（例如 tick 資料），這些資料全都已預先打包成特定的格式。舉例來說，我們可以從 FXCM 伺服器取得壓縮過的檔案，其中包含 2020 年第 10 週 EUR/USD 匯率的 tick 資料。後面的章節還會再說明如何用 API 檢索出歷史 K 線資料。

檢索出 Tick 報價資料

FXCM 針對許多貨幣對，都有提供歷史 tick 報價資料。fxcmpy 套件可以讓這類 tick 資料的檢索與處理變得十分方便。一開始，先匯入一些套件：

```
In [1]: import time
        import numpy as np
        import pandas as pd
        import datetime as dt
        from pylab import mpl, plt
        plt.style.use('seaborn')
        mpl.rcParams['savefig.dpi'] = 300
        mpl.rcParams['font.family'] = 'serif'
```

接著查看一下有哪些 symbol 代碼（貨幣對）可提供 tick 資料：

```
In [2]: from fxcmpy import fxcmpy_tick_data_reader as tdr

In [3]: print(tdr.get_available_symbols())
        ('AUDCAD', 'AUDCHF', 'AUDJPY', 'AUDNZD', 'CADCHF', 'EURAUD', 'EURCHF',
         'EURGBP', 'EURJPY', 'EURUSD', 'GBPCHF', 'GBPJPY', 'GBPNZD', 'GBPUSD',
```

```
                   'GBPCHF', 'GBPJPY', 'GBPNZD', 'NZDCAD', 'NZDCHF', 'NZDJPY', 'NZDUSD',
                   'USDCAD', 'USDCHF', 'USDJPY')
```

下面的程式碼可針對單一 symbol 代碼，檢索出一周的 tick 報價資料。所取得的 pandas
DataFrame 物件，有超過 450 萬行的資料：

```
In [4]: start = dt.datetime(2020, 3, 25)   ❶
        stop = dt.datetime(2020, 3, 30)    ❶

In [5]: td = tdr('EURUSD', start, stop)    ❶

In [6]: td.get_raw_data().info()    ❷
        <class 'pandas.core.frame.DataFrame'>
        Index: 4504288 entries, 03/22/2020 21:12:02.256 to 03/27/2020
         20:59:00.022
        Data columns (total 2 columns):
         #   Column  Dtype
        ---  ------  -----
         0   Bid     float64
         1   Ask     float64
        dtypes: float64(2)
        memory usage: 103.1+ MB

In [7]: td.get_data().info()    ❸
        <class 'pandas.core.frame.DataFrame'>
        DatetimeIndex: 4504288 entries, 2020-03-22 21:12:02.256000 to
         2020-03-27 20:59:00.022000
        Data columns (total 2 columns):
         #   Column  Dtype
        ---  ------  -----
         0   Bid     float64
         1   Ask     float64
        dtypes: float64(2)
        memory usage: 103.1 MB

In [8]: td.get_data().head()
Out[8]:                            Bid      Ask
        2020-03-22 21:12:02.256  1.07006  1.07050
        2020-03-22 21:12:02.258  1.07002  1.07050
        2020-03-22 21:12:02.259  1.07003  1.07033
        2020-03-22 21:12:02.653  1.07003  1.07034
        2020-03-22 21:12:02.749  1.07000  1.07034
```

❶ 這裡會檢索出資料檔案、進行解壓縮，然後把原始資料儲存在 DataFrame 物件之中（變成物件的一個屬性）。

❷ .get_raw_data() 方法會送回一個 DataFrame 物件，其中帶有原始資料，而且其中的索引值依然是 str 物件。

❸ .get_data() 方法會送回一個 DataFrame 物件，其中的索引已被轉換成 DatetimeIndex[2]。

由於 tick 資料儲存在 DataFrame 物件之中，因此可以直接提取資料的子集合，並針對資料進行一般典型的金融分析工作。圖 9-1 顯示的就是針對資料子集合所得出的中間價格，以及簡單移動平均（SMA）的圖形：

```
In [9]: sub = td.get_data(start='2020-03-25 12:00:00', end='2020-03-25 12:15:00')   ❶

In [10]: sub.head()
Out[10]:                              Bid      Ask
         2020-03-25 12:00:00.067   1.08109   1.0811
         2020-03-25 12:00:00.072   1.08110   1.0811
         2020-03-25 12:00:00.074   1.08109   1.0811
         2020-03-25 12:00:00.078   1.08111   1.0811
         2020-03-25 12:00:00.121   1.08112   1.0811

In [11]: sub['Mid'] = sub.mean(axis=1)   ❷

In [12]: sub['SMA'] = sub['Mid'].rolling(1000).mean()   ❸

In [13]: sub[['Mid', 'SMA']].plot(figsize=(10, 6), lw=1.5);
```

❶ 從完整的資料集提取出其中一部分的子集合。

❷ 根據買賣雙方報價，計算出中間價格。

❸ 針對 1,000 個 tick 所橫跨的時間，推導出相應的 SMA 值。

2　DatetimeIndex 的轉換很耗時，這也就是為什麼在檢索資料時，特別區分成兩種不同做法的理由。

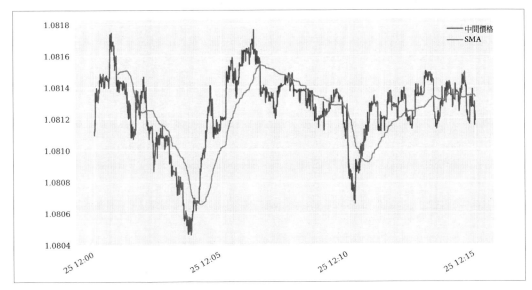

圖 9-1　EUR/USD 的歷史 tick 中間價格與 SMA 的圖形

檢索出 K 線資料

此外，FXCM 也可以存取到歷史 K 線資料（不採用 API 的做法）。K 線（candles）資料指的是在特定的相同時間間隔長度內，包含買賣雙方報價的開盤價、最高價、最低價與收盤價相應的一些資料。

首先看一下有哪些 symbol 代碼可提供 K 線資料：

```
In [14]: from fxcmpy import fxcmpy_candles_data_reader as cdr

In [15]: print(cdr.get_available_symbols())
         ('AUDCAD', 'AUDCHF', 'AUDJPY', 'AUDNZD', 'CADCHF', 'EURAUD', 'EURCHF',
          'EURGBP', 'EURJPY', 'EURUSD', 'GBPCHF', 'GBPJPY', 'GBPNZD', 'GBPUSD',
          'GBPCHF', 'GBPJPY', 'GBPNZD', 'NZDCAD', 'NZDCHF', 'NZDJPY', 'NZDUSD',
          'USDCAD', 'USDCHF', 'USDJPY')
```

其次就是檢索出資料。做法上與 tick 資料的檢索很類似。唯一的區別就是必須指定 period（週期）值或 K 棒的時間長度（例如 m1 代表一分鐘，H1 代表一小時，D1 則代表一天）：

```
In [16]: start = dt.datetime(2020, 4, 1)
         stop = dt.datetime(2020, 5, 1)
```

```
In [17]: period = 'H1'   ❶

In [18]: candles = cdr('EURUSD', start, stop, period)

In [19]: data = candles.get_data()

In [20]: data.info()
         <class 'pandas.core.frame.DataFrame'>
         DatetimeIndex: 600 entries, 2020-03-29 21:00:00 to 2020-05-01 20:00:00
         Data columns (total 8 columns):
          #   Column    Non-Null Count   Dtype
         ---  ------    --------------   -----
          0   BidOpen   600 non-null     float64
          1   BidHigh   600 non-null     float64
          2   BidLow    600 non-null     float64
          3   BidClose  600 non-null     float64
          4   AskOpen   600 non-null     float64
          5   AskHigh   600 non-null     float64
          6   AskLow    600 non-null     float64
          7   AskClose  600 non-null     float64
         dtypes: float64(8)
         memory usage: 42.2 KB

In [21]: data[data.columns[:4]].tail()   ❷
Out[21]:                       BidOpen  BidHigh   BidLow  BidClose
         2020-05-01 16:00:00  1.09976  1.09996  1.09850   1.09874
         2020-05-01 17:00:00  1.09874  1.09888  1.09785   1.09818
         2020-05-01 18:00:00  1.09818  1.09820  1.09757   1.09766
         2020-05-01 19:00:00  1.09766  1.09816  1.09747   1.09793
         2020-05-01 20:00:00  1.09793  1.09812  1.09730   1.09788

In [22]: data[data.columns[4:]].tail()   ❸
Out[22]:                       AskOpen  AskHigh   AskLow  AskClose
         2020-05-01 16:00:00  1.09980  1.09998  1.09853   1.09876
         2020-05-01 17:00:00  1.09876  1.09891  1.09786   1.09818
         2020-05-01 18:00:00  1.09818  1.09822  1.09758   1.09768
         2020-05-01 19:00:00  1.09768  1.09818  1.09748   1.09795
         2020-05-01 20:00:00  1.09795  1.09856  1.09733   1.09841
```

❶ 指定 period 的值。

❷ 買方報價的開盤、最高、最低與收盤價格。

❸ 賣方報價的開盤、最高、最低與收盤價格。

下面的 Python 程式碼會計算出收盤的中間價格，然後計算出兩組 SMA，並繪製出結果（參見圖 9-2），以做為本節的小結：

```
In [23]: data['MidClose'] = data[['BidClose', 'AskClose']].mean(axis=1)  ❶
```

```
In [24]: data['SMA1'] = data['MidClose'].rolling(30).mean()  ❷
         data['SMA2'] = data['MidClose'].rolling(100).mean()  ❷
```

```
In [25]: data[['MidClose', 'SMA1', 'SMA2']].plot(figsize=(10, 6));
```

❶ 根據買賣雙方報價的收盤價格，計算出收盤的中間價格。

❷ 計算出兩組 SMA：一組採用比較短的時間區間，另一組則採用比較長的時間區間。

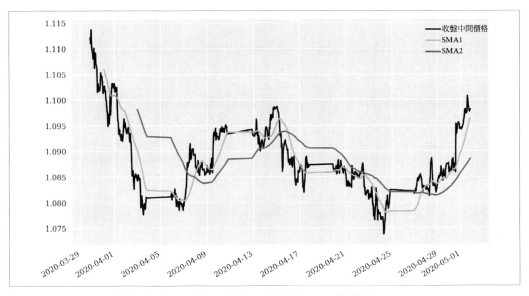

圖 9-2　EUR/USD 的每小時收盤歷史中間價格，以及兩組 SMA 的圖形

運用 API

前面幾節介紹的是如何從 FXCM 伺服器檢索出預先打包好的歷史 tick 資料與 K 線資料，而本節則打算說明如何透過 API 檢索出歷史資料。不過，這裡需要用到一個連接到 FXCM API 的連接物件。因此，一開始要先匯入 fxcmpy 套件，然後連接到 API（需提供唯一而不重複的 API Token），再看一下有哪些投資工具可供使用。相較於預先打包好的資料集，這種做法可能會有更多的投資工具可供使用：

```
In [26]: import fxcmpy

In [27]: fxcmpy.__version__
Out[27]: '1.2.6'

In [28]: api = fxcmpy.fxcmpy(config_file='../pyalgo.cfg')   ❶

In [29]: instruments = api.get_instruments()

In [30]: print(instruments)
         ['EUR/USD', 'USD/JPY', 'GBP/USD', 'USD/CHF', 'EUR/CHF', 'AUD/USD',
          'USD/CAD', 'NZD/USD', 'EUR/GBP', 'EUR/JPY', 'GBP/JPY', 'CHF/JPY',
          'GBP/CHF', 'EUR/AUD', 'EUR/CAD', 'AUD/CAD', 'AUD/JPY', 'CAD/JPY',
          'NZD/JPY', 'GBP/CAD', 'GBP/NZD', 'GBP/AUD', 'AUD/NZD', 'USD/SEK',
          'EUR/SEK', 'EUR/NOK', 'USD/NOK', 'USD/MXN', 'AUD/CHF', 'EUR/NZD',
          'USD/ZAR', 'USD/HKD', 'ZAR/JPY', 'USD/TRY', 'EUR/TRY', 'NZD/CHF',
          'CAD/CHF', 'NZD/CAD', 'TRY/JPY', 'USD/ILS', 'USD/CNH', 'AUS200',
          'ESP35', 'FRA40', 'GER30', 'HKG33', 'JPN225', 'NAS100', 'SPX500',
          'UK100', 'US30', 'Copper', 'CHN50', 'EUSTX50', 'USDOLLAR', 'US2000',
          'USOil', 'UKOil', 'SOYF', 'NGAS', 'USOilSpot', 'UKOilSpot', 'WHEATF',
          'CORNF', 'Bund', 'XAU/USD', 'XAG/USD', 'EMBasket', 'JPYBasket',
          'BTC/USD', 'BCH/USD', 'ETH/USD', 'LTC/USD', 'XRP/USD', 'CryptoMajor',
          'EOS/USD', 'XLM/USD', 'ESPORTS', 'BIOTECH', 'CANNABIS', 'FAANG',
          'CHN.TECH', 'CHN.ECOMM', 'USEquities']
```

❶ 這裡會連接到 API；路徑 / 檔案名稱有可能需要調整一下。

檢索出歷史資料

一旦完成連接，就可以調用單一方法，針對特定時間間隔完成資料的檢索。使用 .get_candles() 方法時，period（週期）這個參數可設定為 m1、m5、m15、m30、H1、H2、H3、H4、H6、H8、D1、W1 或 M1 其中的一個。圖 9-3 顯示的就是 EUR/USD 這個投資工具（貨幣對）賣方報價收盤價格的一分鐘分線圖：

```
In [31]: candles = api.get_candles('USD/JPY', period='D1', number=10)   ❶

In [32]: candles[candles.columns[:4]]   ❶
Out[32]:                       bidopen  bidclose  bidhigh   bidlow
         date
         2020-08-07 21:00:00  105.538   105.898  106.051  105.452
         2020-08-09 21:00:00  105.871   105.846  105.871  105.844
         2020-08-10 21:00:00  105.846   105.914  106.197  105.702
         2020-08-11 21:00:00  105.914   106.466  106.679  105.870
         2020-08-12 21:00:00  106.466   106.848  107.009  106.434
         2020-08-13 21:00:00  106.848   106.893  107.044  106.560
```

```
           2020-08-14 21:00:00   106.893    106.535  107.033  106.429
           2020-08-17 21:00:00   106.559    105.960  106.648  105.937
           2020-08-18 21:00:00   105.960    105.378  106.046  105.277
           2020-08-19 21:00:00   105.378    105.528  105.599  105.097

In [33]: candles[candles.columns[4:]]  ❶
Out[33]:                       askopen  askclose  askhigh   asklow  tickqty
           date
           2020-08-07 21:00:00  105.557   105.969  106.062  105.484   253759
           2020-08-09 21:00:00  105.983   105.952  105.989  105.925       20
           2020-08-10 21:00:00  105.952   105.986  106.209  105.715   161841
           2020-08-11 21:00:00  105.986   106.541  106.689  105.929   243813
           2020-08-12 21:00:00  106.541   106.950  107.022  106.447   248989
           2020-08-13 21:00:00  106.950   106.983  107.056  106.572   214735
           2020-08-14 21:00:00  106.983   106.646  107.044  106.442   164244
           2020-08-17 21:00:00  106.680   106.047  106.711  105.948   163629
           2020-08-18 21:00:00  106.047   105.431  106.101  105.290   215574
           2020-08-19 21:00:00  105.431   105.542  105.612  105.109   151255

In [34]: start = dt.datetime(2019, 1, 1)  ❷
         end = dt.datetime(2020, 6, 1)  ❷

In [35]: candles = api.get_candles('EUR/GBP', period='D1', start=start, stop=end)  ❷

In [36]: candles.info()  ❷
         <class 'pandas.core.frame.DataFrame'>
         DatetimeIndex: 438 entries, 2019-01-02 22:00:00 to 2020-06-01 21:00:00
         Data columns (total 9 columns):
          #   Column    Non-Null Count  Dtype
         ---  ------    --------------  -----
          0   bidopen   438 non-null    float64
          1   bidclose  438 non-null    float64
          2   bidhigh   438 non-null    float64
          3   bidlow    438 non-null    float64
          4   askopen   438 non-null    float64
          5   askclose  438 non-null    float64
          6   askhigh   438 non-null    float64
          7   asklow    438 non-null    float64
          8   tickqty   438 non-null    int64
         dtypes: float64(8), int64(1)
         memory usage: 34.2 KB

In [37]: candles = api.get_candles('EUR/USD', period='m1', number=250)  ❸

In [38]: candles['askclose'].plot(figsize=(10, 6))
```

❶ 檢索出最近 10 個交易日的每日收盤價格。

❷ 檢索出一年多以來的每日收盤價格。

❸ 檢索出最近的一分鐘 K 線價格資料。

 FXCM RESTful API 所檢索到的歷史資料，有可能隨著帳號的價格模型而改變。具體來說，FXCM 會向不同的交易者群組提供不同的價格模型，因此平均的買賣雙方報價價差有可能會稍微高一點或低一點。

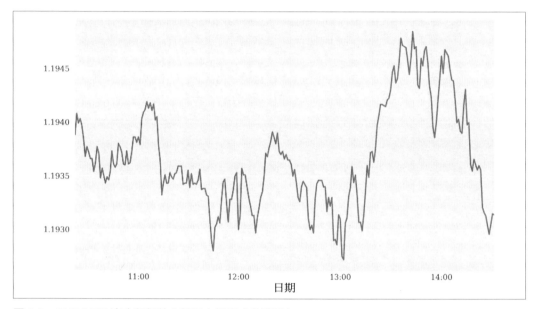

圖 9-3　EUR/USD 賣方報價的收盤歷史價格（分線圖）

檢索出串流資料

雖然歷史資料很重要（例如對於演算法交易策略的回測來說尤其重要），但我們還是必須有能力（在交易期間）連續存取即時的串流資料，這樣才能夠部署自動化演算法交易策略。因此，與 Oanda API 很類似的是，FXCM API 也可以訂閱所有投資工具的即時串流資料。fxcmpy 包裝套件本身就支援這個功能，它可以讓我們用自定義的函式（所謂的 *callback* 回調函式）來處理我們所訂閱的即時串流資料。

下面的 Python 程式碼展示的就是這樣一個簡單的回調函式（它只會列印出所檢索到的資料集其中選定的元素），我們只要訂閱所需的投資工具（此處為 EUR/USD），之後就可以用回調函式來處理一些即時檢索到的資料：

```
In [39]: def output(data, dataframe):
             print('%3d | %s | %s | %6.5f, %6.5f'
                 % (len(dataframe), data['Symbol'],
                   pd.to_datetime(int(data['Updated']), unit='ms'),
                   data['Rates'][0], data['Rates'][1]))  ❶
```

```
In [40]: api.subscribe_market_data('EUR/USD', (output,))  ❷
             2 | EUR/USD | 2020-08-19 14:32:36.204000 | 1.19319, 1.19331
             3 | EUR/USD | 2020-08-19 14:32:37.005000 | 1.19320, 1.19331
             4 | EUR/USD | 2020-08-19 14:32:37.940000 | 1.19323, 1.19333
             5 | EUR/USD | 2020-08-19 14:32:38.429000 | 1.19321, 1.19332
             6 | EUR/USD | 2020-08-19 14:32:38.915000 | 1.19323, 1.19334
             7 | EUR/USD | 2020-08-19 14:32:39.436000 | 1.19321, 1.19332
             8 | EUR/USD | 2020-08-19 14:32:39.883000 | 1.19317, 1.19328
             9 | EUR/USD | 2020-08-19 14:32:40.437000 | 1.19317, 1.19328
            10 | EUR/USD | 2020-08-19 14:32:40.810000 | 1.19318, 1.19329
```

```
In [41]: api.get_last_price('EUR/USD')  ❸
Out[41]: Bid     1.19318
         Ask     1.19329
         High    1.19534
         Low     1.19217
         Name: 2020-08-19 14:32:40.810000, dtype: float64

            11 | EUR/USD | 2020-08-19 14:32:41.410000 | 1.19319, 1.19329
```

```
In [42]: api.unsubscribe_market_data('EUR/USD')  ❹
```

❶ 這個 callback 回調函式可以針對所檢索到的資料集，列印出其中某些特定的元素。

❷ 這裡就是針對特定的即時串流資料，進行訂閱（subscription）的動作。只要沒有「取消訂閱」（unsubscribe）的事件，這裡就會以非同步的方式持續存取資料。

❸ 在訂閱期間，.get_last_price() 方法會送回最新可用的資料集。

❹ 取消訂閱即時串流資料。

Callback 回調函式

callback 回調函式是以一個或甚至多個 Python 函式為基礎，用來處理即時串流資料的一種彈性做法。它可以用於簡單的任務（例如列印出輸入的資料），也可以用於複雜的任務（例如根據線上交易演算法生成交易信號）。

下單

FXCM API 可以用來下單，也可以管理 FXCM 交易應用程式內所有類型的買賣單（例如掛單或追蹤停損單）[3]。不過，下面的程式碼只示範最基本的市價買賣單，因為這樣通常就可以開始進行演算法交易了。

下面的程式碼首先會驗證還有沒有未平倉的部位，然後透過 .create_market_buy_order() 方法建立不同的部位：

```
In [43]: api.get_open_positions()        ❶
Out[43]: Empty DataFrame
         Columns: []
         Index: []

In [44]: order = api.create_market_buy_order('EUR/USD', 100)      ❷

In [45]: sel = ['tradeId', 'amountK', 'currency', 'grossPL', 'isBuy']      ❸

In [46]: api.get_open_positions()[sel]      ❸
Out[46]:    tradeId  amountK currency  grossPL  isBuy
         0  169122817     100  EUR/USD -9.21945   True

In [47]: order = api.create_market_buy_order('EUR/GBP', 50)       ❹

In [48]: api.get_open_positions()[sel]
Out[48]:    tradeId  amountK currency  grossPL  isBuy
         0  169122817     100  EUR/USD -8.38125   True
         1  169122819      50  EUR/GBP -9.40900   True
```

❶ 顯示已連接（預設）帳號的未平倉部位。

❷ 針對 EUR/USD 這組貨幣對，建立 100,000 個部位[4]。

---

[3] 參見 *http://fxcmpy.tpq.io* 的文件。

[4] 貨幣對投資工具的數量是以 1,000 為單位。另外要注意的是，不同帳號可能會有不同的槓桿比率。這也就表示，操作相同部位所需的保證金，有可能因為相關的槓桿比率而有所不同。如有必要，可以把範例中的數量調成比較低的值。詳情請參見 *https://oreil.ly/xUHMP*。

❸ 只針對所選元素顯示未平倉部位。

❹ 針對 EUR/GBP 這組貨幣對，建立另外 50,000 個部位。

.create_market_buy_order() 可建立或增加部位，.create_market_sell_order() 則可結束或減少部位。另外還有一些更通用的方法可以進行平倉的動作，如下面的程式碼所示：

```
In [49]: order = api.create_market_sell_order('EUR/USD', 25)  ❶

In [50]: order = api.create_market_buy_order('EUR/GBP', 50)  ❷

In [51]: api.get_open_positions()[sel]  ❸
Out[51]:      tradeId  amountK currency  grossPL  isBuy
         0  169122817      100  EUR/USD  -7.54306   True
         1  169122819       50  EUR/GBP -11.62340   True
         2  169122834       25  EUR/USD  -2.30463  False
         3  169122835       50  EUR/GBP  -9.96292   True

In [52]: api.close_all_for_symbol('EUR/GBP')  ❹

In [53]: api.get_open_positions()[sel]
Out[53]:      tradeId  amountK currency  grossPL  isBuy
         0  169122817      100  EUR/USD  -5.02858   True
         1  169122834       25  EUR/USD  -3.14257  False

In [54]: api.close_all()  ❺

In [55]: api.get_open_positions()
Out[55]: Empty DataFrame
         Columns: []
         Index: []
```

❶ 減少 EUR/USD 貨幣對的部位。

❷ 增加 EUR/GBP 貨幣對的部位。

❸ 以 EUR/GBP 來說，現在有兩個未平倉的多頭部位；EUR/USD 則有兩個相反的部位，但兩者並不會自動淨算互相扣抵。

❹ .close_all_for_symbol() 方法可根據指定的 symbol 代碼，結束掉所有相應的部位。

❺ .close_all() 方法可以馬上結束掉所有未平倉的部位。

預設情況下，FXCM 會把示範帳號設定成避險型（*hedge*）帳號。也就是說，如果做多 EUR/USD 10,000 個部位，同時針對同一個投資工具放空 10,000 個部位，結果將會建立兩個不同的開放部位。Oanda 預設的設定則是淨算型（*net*）帳號，它會針對相同的投資工具，淨算相應的買賣單與部位。

查詢帳號相關資訊

除了未平倉部位之外，FXCM API 也可以用來查詢更多一般性的帳號資訊。舉例來說，你可以查詢預設的帳號（如果有多個帳號）或相應資金與保證金的大體情況：

```
In [56]: api.get_default_account()  ❶
Out[56]: 1233279

In [57]: api.get_accounts().T  ❷
Out[57]:                        0
         t                      6
         ratePrecision          0
         accountId        1233279
         balance          47555.2
         usdMr                  0
         mc                     N
         mcDate
         accountName     01233279
         usdMr3                 0
         hedging                Y
         usableMargin3    47555.2
         usableMarginPerc     100
         usableMargin3Perc    100
         equity           47555.2
         usableMargin     47555.2
         bus                 1000
         dayPL             653.16
         grossPL                0
```

❶ 顯示 accountId 的預設值。

❷ 顯示所有帳號的財務狀況與一些參數。

結論

本章介紹的是 FXCM 針對演算法交易所提供的 RESTful API，內容涵蓋以下幾個主題：

- 使用 API 所需的各種設定

- 檢索出歷史 tick 報價資料

- 檢索出歷史 K 線資料

- 檢索出即時串流資料

- 按市價下買賣單

- 查詢帳號相關資訊

除了這些以外，FXCM API 與 fxcmpy 包裝套件當然還可以提供更多的功能。不過，如果要開始進行演算法交易，先瞭解所需的基本構建工具才是本章的主題。

有了 Oanda 與 FXCM，演算法交易者就有兩個交易平台（經紀商）可供運用，而且這兩個平台提供了各種範圍相當廣泛的金融投資工具，還有合適的 API 可用來實作出自動化演算法交易策略。第 10 章就會再介紹其中的一些重要的面向，並一起搭配運用。

參考資料與其他資源

以下資源有關於 FXCM Trading API 與 Python 包裝套件的詳細資訊：

- Trading API：*https://fxcm.github.io/rest-api-docs*

- fxcmpy 套件：*http://fxcmpy.tpq.io*

自動化交易操作

> 人們總擔心電腦變得太聰明，未來有可能掌控整個世界；
> 但真正的問題是電腦太愚蠢，而且早已掌控了整個世界。
>
> —— Pedro Domingos（著名機器學習研究者）

「接下來該怎麼做？」你或許這麼想著。現在你已經有了交易平台，可以讓你檢索出歷史資料與串流資料。你可以用它來下單，也可以檢查帳號的狀態。本書也介紹了許多不同方法，可藉由市場價格動向的預測，衍生出演算法交易策略。你也許會問：「既然有了這些東西，能不能把它們全部兜起來，然後以自動化的方式自行運作？」這個問題恐怕無法用簡單的方式來回答。不過，本章討論了許多很重要的主題，多多少少都與這個問題有關。本章的假設是，我們要部署一個自動化演算法交易策略。在這樣的假設下，我們簡化了許多重要的面向（例如資本與風險管理等等）。

本章會涵蓋以下的幾個主題。第 286 頁的「資本管理」討論的是凱利準則（*Kelly criterion*）。凱利準則可以讓我們根據策略的特性與可用的交易資本，協助我們決定交易的規模。如果想對演算法交易策略更有信心，就必須針對策略的績效表現與風險特性進行全面的回測。第 297 頁的「機器學習型交易策略」針對機器學習型分類演算法（如第 14 頁的「交易策略」中所述），對範例策略進行了回測。如果想要部署自動交易的演算法交易策略，就必須先把策略轉換成可即時處理串流資料的線上演算法。第 311 頁的「線上演算法」介紹的就是把離線（*offline*）演算法轉換成線上（*online*）演算法的做法。

然後在第 316 頁的「基礎架構與部署」則會進行一些設定，以確保自動化演算法交易策略可以在雲端穩定而可靠地執行。本書並不會詳細介紹所有相關的主題，但如果從可用性、效能表現與安全性的角度來看，**雲端部署**似乎是唯一可行的選擇。第 317 頁的「日誌記錄與監控」討論的是日誌記錄與監控。在部署自動化交易策略期間，為了能夠分析歷史記錄與特定的事件，日誌記錄就顯得特別重要。如第 7 章所述，只要透過 socket 通訊進行監控，就可以讓人們以即時的方式從遠端觀察事件。最後本章以第 320 頁的「重點步驟圖文示範」做為結尾，針對如何在雲端部署自動化演算法交易策略的核心步驟，提供了一個視覺化總結。

資本管理

演算法交易有個很重要的問題，就是在給定可用的總資本金額情況下，針對特定的演算法交易策略，究竟該投入多少金額。這個問題的答案，主要是看交易者採用演算法交易時，想實現什麼樣的目標。大多數個人與金融機構都同意，把**長期財富最大化**是一個不錯的候選目標。這就是 Edward Thorp 在推導出投資的凱利準則（*Kelly Criterion*）時，心裡所想的東西（如 Rotando 與 Thorp（1992）所述）。簡而言之，凱利準則可根據策略報酬的統計特性，明確計算出交易者應該把手上的資本，投入多少比例到這個策略之中。

二項式設定下的凱利準則

把凱利準則的理論引入到投資之中，最常見的做法就是以拋硬幣遊戲為基礎，或者更普遍的說法，就是以二項式設定為基礎（只能有兩種結果）。本節將遵循這樣的途徑。假設有一個賭徒，與一個財富無限多的銀行或賭場，正在用拋硬幣遊戲進行對賭。我們可以進一步假設，硬幣出現正面的機率為某個值 p，而且這個值滿足以下的條件：

$$\frac{1}{2} < p < 1$$

背面的機率也可以定義如下：

$$q = 1 - p < \frac{1}{2}$$

賭徒可以設定任意大小的賭注 b（其中 $b > 0$），如果賭徒贏了，就可以贏得賭注的金額，如果輸了，賭徒就輸掉所有賭注的金額。在前面所給定的機率假設下，賭徒當然想賭正面。

因此，如果只賭一次，這個賭博遊戲 B（也就是代表這個遊戲的隨機變數）的期望值就是：

$$\mathbf{E}(B) = p \cdot b - q \cdot b = (p - q) \cdot b > 0$$

如果是一個風險中立、資金無限的賭徒，想賭的金額當然越大越好，因為這樣可以最大程度提高預期的獲利。然而在金融市場進行交易，通常不會是一次定生死的遊戲。一般來說都是不斷重複的遊戲。因此，假設 b_i 代表第 i 天下注的金額，而 c_0 則代表初始的資本金額。第一天結束時的資本 c_1，取決於當天投注是否成功，結果有可能是 $c_0 + b_1$ 或 $c_0 - b_1$。重複 n 次之後，這場賭博的期望值如下：

$$\mathbf{E}(B^n) = c_0 + \sum_{i=1}^{n} (p - q) \cdot b_i$$

在古典經濟學理論中，如果是在風險中立、期望效用最大化的前提下，賭徒一定會盡可能嘗試最大化前面的這個表達式。很容易就可以看得出來，只要押注所有可用的資金（$b_i = c_{i-1}$），就可以得到最大化的效果，就如同只賭一次的情況是一樣的。不過反過來這也就表示，只要遇上一次虧損，就會耗盡所有可用的資金，立刻導致破產的結果（除非可進行無限的借貸）。因此，這樣的策略並不能最大化長期的財富。

投入所有可用的最大資本金額進行押注，有可能導致瞬間破產；完全不押注當然就可以避免任何形式的損失，但這樣也就完全無法從這個有利的賭局中獲利了。這時凱利準則就可以派上用場了，因為它可以計算出每一回合下注的**最佳比例** f^*。假設 $n = h + t$，其中 h 代表在 n 個回合的賭局中硬幣出現正面的次數，t 則代表出現背面的次數。根據這些定義，經過 n 個回合之後手中所剩的資本金額如下：

$$c_n = c_0 \cdot (1 + f)^h \cdot (1 - f)^t$$

在這樣的情況下，如果要最大化長期財富，這個目標就可以歸結成，設法最大化每次賭局的平均幾何成長率，如下所示：

$$r^g = \log\left(\frac{c_n}{c_0}\right)^{1/n}$$

$$= \log\left(\frac{c_0 \cdot (1+f)^h \cdot (1-f)^t}{c_0}\right)^{1/n}$$

$$= \log\left((1+f)^h \cdot (1-f)^t\right)^{1/n}$$

$$= \frac{h}{n}\log(1+f) + \frac{t}{n}\log(1-f)$$

如此一來，這個問題就可以正式轉變成如何選擇最佳化的 f，好讓平均成長率期望值得到最大化的結果。由於 $\mathbf{E}(h) = n \cdot p$ 且 $\mathbf{E}(t) = n \cdot q$，因此我們就可以得出：

$$\mathbf{E}(r^g) = \mathbf{E}\left(\frac{h}{n}\log(1+f) + \frac{t}{n}\log(1-f)\right)$$

$$= \mathbf{E}(p\log(1+f) + q\log(1-f))$$

$$= p\log(1+f) + q\log(1-f)$$

$$\equiv G(f)$$

現在只要根據一階導函數等於零的條件，就可以得出最佳化的比例 $f^\star$，讓這個項得到最大化的結果。一階導函數如下：

$$G'(f) = \frac{p}{1+f} - \frac{q}{1-f}$$

$$= \frac{p - pf - q - qf}{(1+f)(1-f)}$$

$$= \frac{p - q - f}{(1+f)(1-f)}$$

根據一階導函數等於零的條件，就可以推導出以下的結果：

$$G'(f) \overset{!}{=} 0 \Rightarrow f^\star = p - q$$

我們只要確認這樣可以得出最大（而不是最小）的結果，就表示每個回合只要投資 $f^\star = p - q$ 的比例，就可以得到最佳化的結果。舉例來說，$p = 0.55$ 的情況下，$f^\star = 0.55 - 0.45 = 0.1$，換句話說，最佳比例就是 10%。

下面的 Python 程式碼把這些概念化為公式，然後模擬出相應的結果。一開始先進行一些匯入與設定的動作：

```
In [1]: import math
        import time
        import numpy as np
        import pandas as pd
        import datetime as dt
        from pylab import plt, mpl

In [2]: np.random.seed(1000)
        plt.style.use('seaborn')
        mpl.rcParams['savefig.dpi'] = 300
        mpl.rcParams['font.family'] = 'serif'
```

舉個例子來說，我們的想法是模擬 50 個序列，每個序列都拋擲 100 次硬幣。相應的 Python 程式碼十分簡單：

```
In [3]: p = 0.55  ❶

In [4]: f = p - (1 - p)  ❷

In [5]: f  ❷
Out[5]: 0.10000000000000009

In [6]: I = 50  ❸

In [7]: n = 100  ❹
```

❶ 設定硬幣出現正面的機率。

❷ 根據凱利準則計算出最佳比例。

❸ 所要模擬的序列數量。

❹ 每個序列所要進行的試驗次數。

其中最主要的部分是 run_simulation() 這個 Python 函式，它就是根據前面的假設來進行模擬。模擬的結果如圖 10-1 所示：

```
In [8]: def run_simulation(f):
            c = np.zeros((n, I))  ❶
            c[0] = 100  ❷
            for i in range(I):  ❸
                for t in range(1, n):  ❹
                    o = np.random.binomial(1, p)  ❺
```

```
                    if o > 0:  ❻
                        c[t, i] = (1 + f) * c[t - 1, i]  ❼
                    else:  ❽
                        c[t, i] = (1 - f) * c[t - 1, i]  ❾
            return c

In [9]: c_1 = run_simulation(f)  ❿

In [10]: c_1.round(2)
Out[10]: array([[100.  , 100.  , 100.  , ..., 100.  , 100.  , 100.  ],
                [ 90.  , 110.  ,  90.  , ..., 110.  ,  90.  , 110.  ],
                [ 99.  , 121.  ,  99.  , ..., 121.  ,  81.  , 121.  ],
                ...,
                [226.35, 338.13, 413.27, ..., 123.97, 123.97, 123.97],
                [248.99, 371.94, 454.6 , ..., 136.37, 136.37, 136.37],
                [273.89, 409.14, 409.14, ..., 122.73, 150.01, 122.73]])

In [11]: plt.figure(figsize=(10, 6))
         plt.plot(c_1, 'b', lw=0.5)  ⓫
         plt.plot(c_1.mean(axis=1), 'r', lw=2.5);  ⓬
```

❶ 建立一個 ndarray 物件實例,以保存模擬的結果。

❷ 用 100 來做為一開始的初始資本金額。

❸ 序列模擬的外部迴圈。

❹ 序列本身的內部迴圈。

❺ 模擬拋硬幣。

❻ 如果是 1(正面)⋯

❼ ⋯就把所贏的錢加到資本金額中。

❽ 如果是 0(背面)⋯

❾ ⋯就從資本金額扣掉損失的金額。

❿ 這裡會進行模擬。

⓫ 畫出全部 50 個序列。

⓬ 畫出全部 50 個序列平均的結果。

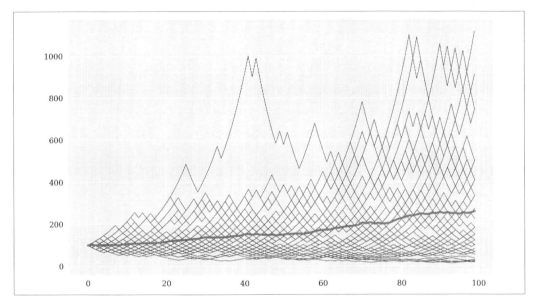

圖 10-1　50 個模擬的序列，其中每個序列進行 100 次試驗（粗線 = 平均值）

下面的程式碼會針對不同的 f 值重複進行模擬。如圖 10-2 所示，比較低的比例就會導致比較低的平均成長率。至於 f 值比較高的情況，有可能會導致比較高的平均資本金額（比如 $f = 0.25$ 的情況），也有可能會導致比較低的平均資本金額（比如 $f = 0.5$ 的情況）。不過在比例 f 值比較高的兩種情況下，波動率顯然都有明顯的增加：

```
In [12]: c_2 = run_simulation(0.05)    ❶

In [13]: c_3 = run_simulation(0.25)    ❷

In [14]: c_4 = run_simulation(0.5)     ❸

In [15]: plt.figure(figsize=(10, 6))
         plt.plot(c_1.mean(axis=1), 'r', label='$f^*=0.1$')
         plt.plot(c_2.mean(axis=1), 'b', label='$f=0.05$')
         plt.plot(c_3.mean(axis=1), 'y', label='$f=0.25$')
         plt.plot(c_4.mean(axis=1), 'm', label='$f=0.5$')
         plt.legend(loc=0);
```

❶ $f = 0.05$ 的模擬。

❷ $f = 0.25$ 的模擬。

❸ $f = 0.5$ 的模擬。

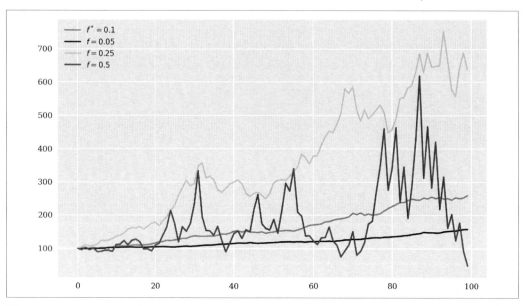

圖 10-2　不同 f 值的平均資本金額，隨時間推移變化的情況

股票與指數操作的凱利準則

現在假設有一個股票市場，我們已經知道這個股票（指數）今天的價值，而從今天開始的一年之後，假設其價值只有可能是兩個值其中之一。這樣的設定同樣可用二項式來表示，不過這次的設定在模型化方面更接近股票市場的實際情況[1]。具體來說，假設以下條件為真：

$$P\left(r^S = \mu + \sigma\right) = P\left(r^S = \mu - \sigma\right) = \frac{1}{2}$$

這裡的 $\mathbf{E}\left(r^S\right) = \mu > 0$ 代表的是這個股票未來這一年的期望報酬，而 $\sigma > 0$ 則是報酬的標準差（波動率）。如果只考慮一個週期，經過一年之後我們所擁有的資本金額如下（c_0 與 f 的定義同前）：

$$c(f) = c_0 \cdot \left(1 + (1 - f) \cdot r + f \cdot r^S\right)$$

1　這段說明可參考 Hung（2010）的著作。

這裡的 r 就是未投資於股票的現金所賺取的固定短期利率。如果要最大化幾何成長率，就表示要最大化下面這個項：

$$G(f) = \mathbf{E}\left(\log \frac{c(f)}{c_0} \right)$$

現在假設這一年有 n 個交易日，其中每一個交易日 i，皆滿足以下的式子：

$$P\left(r_i^S = \frac{\mu}{n} + \frac{\sigma}{\sqrt{n}} \right) = P\left(r_i^S = \frac{\mu}{n} - \frac{\sigma}{\sqrt{n}} \right) = \frac{1}{2}$$

請注意，波動率要除以交易日數的平方根。在這樣的假設下，我們就可以根據每日值推導出年化值，得到如下的結果：

$$c_n(f) = c_0 \cdot \prod_{i=1}^{n} \left(1 + (1-f) \cdot \frac{r}{n} + f \cdot r_i^S \right)$$

如此一來，我們在投資股票時，就必須最大化下面這個東西，才能獲得最大的長期財富：

$$
\begin{aligned}
G_n(f) &= \mathbf{E}\left(\log \frac{c_n(f)}{c_0} \right) \\
&= \mathbf{E}\left(\sum_{i=1}^{n} \log \left(1 + (1-f) \cdot \frac{r}{n} + f \cdot r_i^S \right) \right) \\
&= \frac{1}{2} \sum_{i=1}^{n} \log \left(1 + (1-f) \cdot \frac{r}{n} + f \cdot \left(\frac{\mu}{n} + \frac{\sigma}{\sqrt{n}} \right) \right) \\
&\quad + \log \left(1 + (1-f) \cdot \frac{r}{n} + f \cdot \left(\frac{\mu}{n} - \frac{\sigma}{\sqrt{n}} \right) \right) \\
&= \frac{n}{2} \log \left(\left(1 + (1-f) \cdot \frac{r}{n} + f \cdot \frac{\mu}{n} \right)^2 - \frac{f^2 \sigma^2}{n} \right)
\end{aligned}
$$

只要運用泰勒級數展開式（*https://oreil.ly/xX4tA*），就可以得出以下的結果：

$$G_n(f) = r + (\mu - r) \cdot f - \frac{\sigma^2}{2} \cdot f^2 + \mathcal{O}\left(\frac{1}{\sqrt{n}} \right)$$

如果是無限多個交易時間點（即連續交易），我們也可以得出以下的結果：

$$G_\infty(f) = r + (\mu - r) \cdot f - \frac{\sigma^2}{2} \cdot f^2$$

接著我們就可以利用一階導函數等於零的條件，得出下面這個最佳比例 f^* 的公式：

$$f^* = \frac{\mu - r}{\sigma^2}$$

這其實就是股票扣除無風險利率後的超額報酬期望值，除以報酬變異量的結果。這個公式看起來與夏普比率（Sharpe ratio）很類似，但還是有所不同。

我們可以用一個現實世界的範例，來說明上述公式的應用，並藉此瞭解我們把資本投入交易策略時，這個公式所扮演的角色。這裡所考慮的交易策略，是一個很簡單的 *S&P 500* 指數被動多頭部位。針對這個例子，我們可以快速取得一些基本資料，並輕鬆推導出一些有用的統計數字：

```
In [16]: raw = pd.read_csv('http://hilpisch.com/pyalgo_eikon_eod_data.csv',
                           index_col=0, parse_dates=True)

In [17]: symbol = '.SPX'

In [18]: data = pd.DataFrame(raw[symbol])

In [19]: data['return'] = np.log(data / data.shift(1))

In [20]: data.dropna(inplace=True)

In [21]: data.tail()
Out[21]:              .SPX    return
        Date
        2019-12-23  3224.01  0.000866
        2019-12-24  3223.38 -0.000195
        2019-12-27  3240.02  0.000034
        2019-12-30  3221.29 -0.005798
        2019-12-31  3230.78  0.002942
```

根據 S&P 500 指數在這段期間的統計特性，如果要投資這個指數多頭部位，最佳比例大約是 4.5 左右。換句話說，只要有 1 美元可供運用，就應該進行 4.5 美元的投資；這也就表示在這個例子中，根據最佳化的凱利比例（或凱利係數），**可採用的槓桿比率為 4.5**。

在其他條件相同的情況下，如果報酬期望值更高一點，或是波動率（變異量）更低一點，凱利準則就會得出更高的槓桿比率值：

```
In [22]: mu = data['return'].mean() * 252    ❶

In [23]: mu    ❶
Out[23]: 0.09992181916534204

In [24]: sigma = data['return'].std() * 252 ** 0.5    ❷

In [25]: sigma    ❷
Out[25]: 0.14761569775486563

In [26]: r = 0.0    ❸

In [27]: f = (mu - r) / sigma ** 2    ❹

In [28]: f    ❹
Out[28]: 4.585590244019818
```

❶ 計算出年化報酬。

❷ 計算出年化波動率。

❸ 把無風險利率設定為 0（為簡單起見）。

❹ 計算出我們準備投資在此策略的最佳凱利比例。

下面的 Python 程式碼針對凱利準則與最佳槓桿比率的應用進行了模擬。為了簡化與便於比較，我們把初始資產總額（equity）設定為 1，而一開始所要投入的資本金額（capital）則設定為 1 · f^*。所投入的資本，會隨著策略的表現而上下起伏；如果策略遭遇虧損，所投入的資本就會變少；如果策略獲利，所投入資本就會變多。後續所要投入的資本金額，則需每天根據固定比例重新調整。在這樣的做法下，相應資產部位總額的變化，與股票指數本身的比較，可參見圖 10-3：

```
In [29]: equs = []

In [30]: def kelly_strategy(f):
             global equs
             equ = 'equity_{:.2f}'.format(f)
             equs.append(equ)
             cap = 'capital_{:.2f}'.format(f)
             data[equ] = 1    ❶
             data[cap] = data[equ] * f    ❷
             for i, t in enumerate(data.index[1:]):
```

```
                     t_1 = data.index[i]  ❸
                     data.loc[t, cap] = data[cap].loc[t_1] * \
                                        math.exp(data['return'].loc[t])  ❹
                     data.loc[t, equ] = data[cap].loc[t] - \
                                        data[cap].loc[t_1] + \
                                        data[equ].loc[t_1]  ❺
                     data.loc[t, cap] = data[equ].loc[t] * f  ❻

In [31]: kelly_strategy(f * 0.5)  ❼

In [32]: kelly_strategy(f * 0.66)  ❽

In [33]: kelly_strategy(f)  ❾

In [34]: print(data[equs].tail())
                 equity_2.29  equity_3.03  equity_4.59
         Date
         2019-12-23     6.628865     9.585294     14.205748
         2019-12-24     6.625895     9.579626     14.193019
         2019-12-27     6.626410     9.580610     14.195229
         2019-12-30     6.538582     9.412991     13.818934
         2019-12-31     6.582748     9.496919     14.005618

In [35]: ax = data['return'].cumsum().apply(np.exp).plot(figsize=(10, 6))
         data[equs].plot(ax=ax, legend=True);
```

❶ 建立一個新的 equity（資產總額）縱列，並把初始值設為 1。

❷ 建立一個新的 capital（所投入資本）縱列，並把初始值設為 $1 \cdot f^*$。

❸ 正確取得前一筆資料的 DatetimeIndex 值。

❹ 根據相應的報酬，計算出所投入資本部位（capital position）最新的值。

❺ 根據所投入資本部位的表現，調整資產總額（equity）的值。

❻ 把固定的槓桿比率套用到最新的資產總額，以重新調整所要投入的資本部位。

❼ 模擬出凱利準則下策略的表現：採用二分之一 f…

❽ …採用三分之二 f…

❾ …直接採用 f。

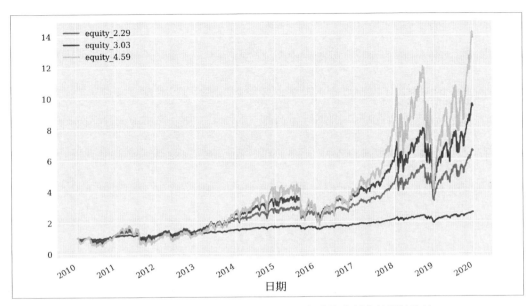

圖 10-3　S&P 500 指數的總體績效表現，與採用不同 f 值相應資產部位總額的比較

如圖 10-3 所示，在槓桿率為 4.59 的情況下，套用最佳化凱利槓桿的做法會導致資產部位總額的變化非常不穩定（有較高的波動率），這從直觀上來說應該是合理的。我們可以預期的是，隨著槓桿比率的增加，資產部位總額的波動率也會增加。因此，專業交易者通常不會使用「全凱利」（4.6），而是使用「半凱利」（2.3）的比例值。以目前的範例來說，這個做法可以簡化成：

$$\frac{1}{2} \cdot f^{\star} \approx 2.3$$

在這樣的背景下，圖 10-3 也特別針對幾個低於「全凱利」的值，顯示了相應資產部位總額的變化。如果採用比較低的 f 值，風險確實也會隨之降低。

機器學習型交易策略

我們在第 8 章介紹過 Oanda 交易平台，以及相應的 RESTful API 與 Python 包裝套件 tpqoa。本節打算運用機器學習來預測市場價格動向，並結合 Oanda v20 RESTful API 所取得的 EUR/USD 貨幣對歷史資料，對這個演算法交易策略進行回測。這次我們會運用

向量化回測的做法，並把買賣雙方報價的價差視為一定比例的交易成本。相較於第四章介紹過的向量化回測做法，這裡還會針對交易策略相應的風險特性，加上更深入的分析。

向量化回測

這裡的回測是以盤中資料為基礎；說得更具體一點，就是以 10 分鐘線形圖為基礎。下面的程式碼會連接到 Oanda v20 API，然後檢索出一整個禮拜的 10 分鐘線形資料。圖 10-4 針對所取得的資料，以視覺化方式呈現了整段期間的收盤中間價格：

```
In [36]: import tpqoa

In [37]: %time api = tpqoa.tpqoa('../pyalgo.cfg')  ❶
         CPU times: user 893 µs, sys: 198 µs, total: 1.09 ms
         Wall time: 1.04 ms

In [38]: instrument = 'EUR_USD'  ❶

In [39]: raw = api.get_history(instrument,
                               start='2020-06-08',
                               end='2020-06-13',
                               granularity='M10',
                               price='M')  ❶

In [40]: raw.tail()
Out[40]:                          o        h        l        c  volume  complete
         time
         2020-06-12 20:10:00  1.12572  1.12593  1.12532  1.12568     221      True
         2020-06-12 20:20:00  1.12569  1.12578  1.12532  1.12558     163      True
         2020-06-12 20:30:00  1.12560  1.12573  1.12534  1.12543     192      True
         2020-06-12 20:40:00  1.12544  1.12594  1.12528  1.12542     219      True
         2020-06-12 20:50:00  1.12544  1.12624  1.12541  1.12554     296      True

In [41]: raw.info()
         <class 'pandas.core.frame.DataFrame'>
         DatetimeIndex: 701 entries, 2020-06-08 00:00:00 to 2020-06-12 20:50:00
         Data columns (total 6 columns):
          #   Column  Non-Null Count  Dtype
         ---  ------  --------------  -----
          0   o       701 non-null    float64
          1   h       701 non-null    float64
          2   l       701 non-null    float64
          3   c       701 non-null    float64
          4   volume  701 non-null    int64
```

```
 5   complete   701 non-null     bool
dtypes: bool(1), float64(4), int64(1)
memory usage: 33.5 KB
```

In [42]: **spread = 0.00012** ❷

In [43]: **mean = raw['c'].mean()** ❸

In [44]: **ptc = spread / mean** ❹
        ptc ❹
Out[44]: 0.00010599557439495706

In [45]: **raw['c'].plot(figsize=(10, 6), legend=True);**

❶ 連接到 API 並取得資料。

❷ 指定買賣雙方報價價差的平均值。

❸ 計算出整個資料集的平均收盤價格。

❹ 根據價差平均值與收盤中間價格平均值，計算出平均的交易成本比例。

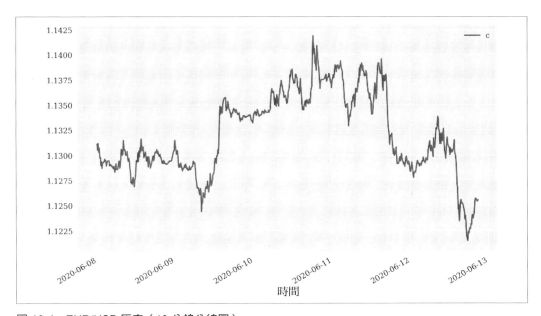

圖 10-4　EUR/USD 匯率（10 分鐘分線圖）

這個機器學習型策略會運用到時間序列裡的許多特徵值（例如對數報酬、最高最低收盤價格等）。另外，也會用到一些滯後量特徵資料。換句話說，這個機器學習型演算法應該會根據滯後量特徵的歷史資料，學習到其中所體現出來的一些特定模式：

```
In [46]: data = pd.DataFrame(raw['c'])

In [47]: data.columns = [instrument,]

In [48]: window = 20                                                    ❶
         data['return'] = np.log(data / data.shift(1))                  ❷
         data['vol'] = data['return'].rolling(window).std()            ❸
         data['mom'] = np.sign(data['return'].rolling(window).mean())  ❹
         data['sma'] = data[instrument].rolling(window).mean()         ❺
         data['min'] = data[instrument].rolling(window).min()          ❻
         data['max'] = data[instrument].rolling(window).max()          ❼

In [49]: data.dropna(inplace=True)

In [50]: lags = 6                                                       ❽

In [51]: features = ['return', 'vol', 'mom', 'sma', 'min', 'max']       ❽

In [52]: cols = []
         for f in features:
             for lag in range(1, lags + 1):
                 col = f'{f}_lag_{lag}'
                 data[col] = data[f].shift(lag)                         ❽
                 cols.append(col)

In [53]: data.dropna(inplace=True)

In [54]: data['direction'] = np.where(data['return'] > 0, 1, -1)        ❾

In [55]: data[cols].iloc[:lags, :lags]                                  ❿
Out[55]:
                     return_lag_1  return_lag_2  return_lag_3  return_lag_4 \
         time
         2020-06-08 04:20:00    0.000097      0.000018     -0.000452      0.000035
         2020-06-08 04:30:00   -0.000115      0.000097      0.000018     -0.000452
         2020-06-08 04:40:00    0.000027     -0.000115      0.000097      0.000018
         2020-06-08 04:50:00   -0.000142      0.000027     -0.000115      0.000097
         2020-06-08 05:00:00    0.000035     -0.000142      0.000027     -0.000115
         2020-06-08 05:10:00   -0.000159      0.000035     -0.000142      0.000027

                     return_lag_5  return_lag_6
         time
```

```
2020-06-08 04:20:00      0.000000      0.000009
2020-06-08 04:30:00      0.000035      0.000000
2020-06-08 04:40:00     -0.000452      0.000035
2020-06-08 04:50:00      0.000018     -0.000452
2020-06-08 05:00:00      0.000097      0.000018
2020-06-08 05:10:00     -0.000115      0.000097
```

❶ 針對特定的特徵，指定視窗的長度。

❷ 根據收盤價格，計算出對數報酬。

❸ 計算出滾動波動率。

❹ 用對數報酬的移動平均值，推導出時間序列動量值。

❺ 計算出簡單移動平均值。

❻ 計算出滾動最小值。

❼ 計算出滾動最大值。

❽ 把滯後量特徵資料添加到 DataFrame 物件中。

❾ 用標籤資料來定義市場動向（+1 代表向上，-1 代表向下）。

❿ 顯示滯後量特徵資料其中一小部分的子集合。

現在只要有了這些特徵與標籤資料，就可以套用不同的監督式學習演算法。在下面的內容中，我們會使用 scikit-learn 的 ML 套件裡一個叫做 *AdaBoost* 的演算法來進行分類的工作（參見 AdaBoostClassifier：*https://oreil.ly/WIANy*）。其構想就是整合基礎分類器來促進分類的效果，以得出比較好的預測結果，同時也比較不容易出現過度套入的問題（參見第 122 頁的「資料窺探與過度套入」）。這裡所用的基礎分類器就是 scikit-learn 裡的**決策樹分類演算法**（參見 DecisionTree 分類器：*https://oreil.ly/wb-wh*）。

這段程式碼會依照順序拆分訓練組與測試組資料，分別用來訓練與測試這個演算法交易策略。無論針對訓練組或測試組資料，這個模型的準確度分數都明顯高於 50%。這裡的準確度分數（accuracy score），在金融交易領域就是代表交易策略的**命中率**（hit ratio，也就是獲利交易的數量，在所有交易中所佔的比例）。由於命中率明顯大於 50%，因此相較於隨機漫步假說，這個策略（若依循凱利準則）很有可能存在統計上的優勢：

```
In [56]: from sklearn.metrics import accuracy_score
         from sklearn.tree import DecisionTreeClassifier
         from sklearn.ensemble import AdaBoostClassifier
```

```
In [57]: n_estimators=15  ❶
         random_state=100  ❶
         max_depth=2  ❶
         min_samples_leaf=15  ❶
         subsample=0.33  ❶

In [58]: dtc = DecisionTreeClassifier(random_state=random_state,
                                       max_depth=max_depth,
                                       min_samples_leaf=min_samples_leaf)  ❷

In [59]: model = AdaBoostClassifier(base_estimator=dtc,
                                    n_estimators=n_estimators,
                                    random_state=random_state)  ❸

In [60]: split = int(len(data) * 0.7)

In [61]: train = data.iloc[:split].copy()

In [62]: mu, std = train.mean(), train.std()  ❹

In [63]: train_ = (train - mu) / std  ❹

In [64]: model.fit(train_[cols], train['direction'])  ❺
Out[64]: AdaBoostClassifier(algorithm='SAMME.R',
         base_estimator=DecisionTreeClassifier(ccp_alpha=0.0,
         class_weight=None,
         criterion='gini',
         max_depth=2,
         max_features=None,
         max_leaf_nodes=None,
         min_impurity_decrease=0.0,
         min_impurity_split=None,
         min_samples_leaf=15,
         min_samples_split=2,
         min_weight_fraction_leaf=0.0,
         presort='deprecated',
         random_state=100,
         splitter='best'),
         learning_rate=1.0, n_estimators=15, random_state=100)

In [65]: accuracy_score(train['direction'], model.predict(train_[cols]))  ❻
Out[65]: 0.8050847457627118

In [66]: test = data.iloc[split:].copy()  ❼

In [67]: test_ = (test - mu) / std  ❼
```

```
In [68]: test['position'] = model.predict(test_[cols])   ❽
```

```
In [69]: accuracy_score(test['direction'], test['position'])   ❾
Out[69]: 0.5665024630541872
```

❶ 針對機器學習演算法，指定一些主要的參數（參見之前各模型物件類別的參考資料）。

❷ 建立基礎分類演算法（決策樹）的物件實例。

❸ 建立 AdaBoost 分類演算法的物件實例。

❹ 針對訓練組特徵資料，套用高斯歸一化操作。

❺ 把訓練組資料套入到模型中。

❻ 針對這個訓練後的模型，顯示樣本內（訓練組資料）的預測準確度。

❼ 針對測試組特徵資料，套用高斯歸一化操作（採用的參數與訓練組相同）。

❽ 針對測試組資料，生成相應的預測。

❾ 針對這個訓練後的模型，顯示樣本外（測試組資料）的預測準確度。

眾所周知，命中率只是成功的金融交易其中一個面向。另外還有很多其他面向，包括如何正確掌握重要的交易，還要考慮交易策略所隱含的交易成本[2]。因此，只有透過正式的向量化回測做法，才能讓我們判斷交易策略的品質。下面的程式碼會把買賣雙方報價價差的平均值，視為一定比例的交易成本。圖 10-5 顯示的是演算法交易策略（不考慮交易成本，以及考慮一定比例的交易成本）相應的績效表現，並與被動投資這個比較基準的績效表現進行一番比較：

```
In [70]: test['strategy'] = test['position'] * test['return']   ❶
```

```
In [71]: sum(test['position'].diff() != 0)   ❷
Out[71]: 77
```

```
In [72]: test['strategy_tc'] = np.where(test['position'].diff() != 0,
                                        test['strategy'] - ptc,   ❸
                                        test['strategy'])
```

```
In [73]: test[['return', 'strategy', 'strategy_tc']].sum().apply(np.exp)
```

---

2 事實上以經驗來說，能否正確掌握到市場中最重大的變動（也就是造就出最大贏家與最大輸家的市場變動），對於投資交易的績效表現至關重要。圖 10-5 就很清楚說明了這個面向；從圖中可以看到，這個交易策略正確掌握到相應投資工具其中一次比較大的向下移動走勢，導致交易策略的獲利出現了一次比較大的跳躍式提升。

```
Out[73]: return        0.990182
         strategy      1.015827
         strategy_tc   1.007570
         dtype: float64
```

```
In [74]: test[['return', 'strategy', 'strategy_tc']].cumsum().apply(np.exp).plot(figsize=(10, 6));
```

❶ 計算出機器學習型演算法交易策略的對數報酬。

❷ 根據部位的變化，計算出交易策略所隱含的交易次數。

❸ 只要進行交易，就必須從策略當天的對數報酬中減去一定比例的交易成本。

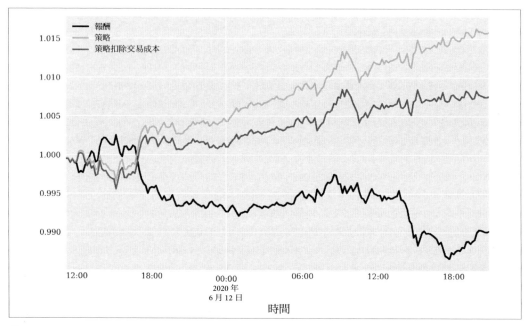

圖 10-5　EUR/USD 匯率與演算法交易策略（未計交易成本、計入交易成本）的總體績效表現

關於策略的測試結果，究竟有多麼接近策略在市場中實際的表現，向量化
回測在這方面確實有其侷限性。舉例來說，它無法讓我們直接針對每筆
交易，計入固定的交易成本。我們可以（根據平均部位規模）乘以交易成
本比例的平均值，以這種間接方式來做為近似的做法，把固定交易成本列
入考慮。不過，這通常並不是一種精確的做法。如果要求更精確的處理方
式，或許就需要採用其他的做法（例如第 6 章的「事件型回測」採用迴
圈的做法，直接針對價格資料裡的每個 bar 進行處理）。

最佳槓桿

只要有了交易策略的對數報酬資料，我們就可以計算出相應的平均值與變異量，再根據凱利準則得出最佳槓桿。隨後的程式碼會把數字轉換成年化值，不過這樣並不會改變凱利準則所得出的最佳槓桿值，因為平均報酬與變異量也會按照相同的比例而改變：

```
In [75]: mean = test[['return', 'strategy_tc']].mean() * len(data) * 52   ❶
         mean
Out[75]: return        -1.705965
         strategy_tc    1.304023
         dtype: float64

In [76]: var = test[['return', 'strategy_tc']].var() * len(data) * 52   ❷
         var
Out[76]: return         0.011306
         strategy_tc    0.011370
         dtype: float64

In [77]: vol = var ** 0.5   ❸
         vol
Out[77]: return         0.106332
         strategy_tc    0.106631
         dtype: float64

In [78]: mean / var   ❹
Out[78]: return        -150.884961
         strategy_tc    114.687875
         dtype: float64

In [79]: mean / var * 0.5   ❺
Out[79]: return        -75.442481
         strategy_tc    57.343938
         dtype: float64
```

❶ 年化平均報酬。（譯註：一整週的資料量，乘以一年 52 週，得出年化的相應值）

❷ 年化變異量。

❸ 年化波動率。

❹ 根據凱利準則（「全凱利」）所得出的最佳槓桿。

❺ 根據凱利準則（「半凱利」）所得出的最佳槓桿。

我們可以看到，即使只運用「半凱利」準則，交易策略的最佳槓桿還是高於 50。有很多經紀商（例如 Oanda）及一些特定的金融投資工具（例如外匯組合與 CFD 差價合約），都可以接受這樣的槓桿比率，即使是散戶交易者，也可以進行這樣的操作。圖 10-6 顯示的就是把交易成本列入考慮的情況下，交易策略針對不同槓桿值相應的績效表現：

```
In [80]: to_plot = ['return', 'strategy_tc']

In [81]: for lev in [10, 20, 30, 40, 50]:
             label = 'lstrategy_tc_%d' % lev
             test[label] = test['strategy_tc'] * lev     ❶
             to_plot.append(label)

In [82]: test[to_plot].cumsum().apply(np.exp).plot(figsize=(10, 6));
```

❶ 針對不同的槓桿值，調整相應的策略報酬。

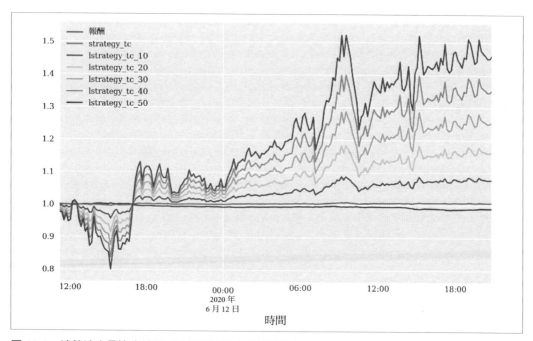

圖 10-6　演算法交易策略針對不同槓桿值相應的總體績效表現

槓桿會明顯增加交易策略的相關風險。交易者一定要仔細閱讀風險免責聲明與規定。即使是非常正面的回測表現，也無法保證策略未來的表現。這裡所顯示的結果，全都只是為了示範說明之用，目的只是做為程式設計與分析做法的示範。有些司法管轄區（例如德國）會根據不同金融投資工具類別，針對散戶交易者可使用的槓桿比率設定上限。

風險分析

由於槓桿會明顯增加交易策略的相關風險，因此我們有必要進行更深入的風險分析。隨後的風險分析假設槓桿比例為 30。首先，我們應該先計算一下回檔（drawdown）的最大跌幅與最長持續時間。回檔最大跌幅（*maximum drawdown*）指的是最近一次高點隨後下跌的最大幅度。而回檔最長持續時間（*longest drawdown period*）則是指交易策略恢復到最近一次高點所經歷的最長時間。這裡的分析假設一開始所持有的初始資產部位總額為 3,333 歐元，由於槓桿比率為 30，因此可操作的初始部位規模為 100,000 歐元。另外一個假設是，無論策略的績效表現如何，我們都不會隨著時間推移、針對資產總額（equity）進行調整：

```
In [83]: equity = 3333   ❶

In [84]: risk = pd.DataFrame(test['lstrategy_tc_30'])   ❷

In [85]: risk['equity'] = risk['lstrategy_tc_30'].cumsum().apply(np.exp) * equity   ❸

In [86]: risk['cummax'] = risk['equity'].cummax()   ❹

In [87]: risk['drawdown'] = risk['cummax'] - risk['equity']   ❺

In [88]: risk['drawdown'].max()   ❻
Out[88]: 511.38321383258017

In [89]: t_max = risk['drawdown'].idxmax()   ❼
         t_max   ❼
Out[89]: Timestamp('2020-06-12 10:30:00')
```

❶ 初始資產總額。

❷ 相應的對數報酬時間序列…

❸ …根據初始資產總額進行調整。

❹ 沿時間軸所得的累計最大值。

❺ 每個時間點相應的回檔（drawdown）值。

❻ 回檔最大跌幅值。

❼ 出現回檔最大跌幅的時間點。

技術上來說，每一個新高點都有個特性，就是其回檔幅度（drawdown）的值為 0。而所謂的回檔持續時間，就是這些高點兩兩之間的間隔時間。圖 10-7 就用圖形呈現了各個相應的回檔最大跌幅與回檔最長持續時間：

```
In [90]: temp = risk['drawdown'][risk['drawdown'] == 0]    ❶

In [91]: periods = (temp.index[1:].to_pydatetime() - temp.index[:-1].to_pydatetime())    ❷

In [92]: periods[20:30]    ❷
Out[92]: array([datetime.timedelta(seconds=600), datetime.timedelta(seconds=1200),
                datetime.timedelta(seconds=1200), datetime.timedelta(seconds=1200)],
               dtype=object)

In [93]: t_per = periods.max()    ❸

In [94]: t_per    ❸
Out[94]: datetime.timedelta(seconds=26400)

In [95]: t_per.seconds / 60 / 60    ❹
Out[95]: 7.333333333333333

In [96]: risk[['equity', 'cummax']].plot(figsize=(10, 6))
         plt.axvline(t_max, c='r', alpha=0.5);
```

❶ 標示出回檔跌幅（drawdown）為 0 的每一個高點。

❷ 計算出每一個高點兩兩之間時間差（timedelta）的值。

❸ 其中最長的回檔持續時間（以秒為單位）⋯

❹ ⋯把時間單位轉換為小時。

另一種很重要的風險衡量方式，就是所謂的風險價值（VaR；*value-at-risk*）。它代表的是一定時間範圍與信心程度下，可預期的最大損失（以貨幣金額來表示）。

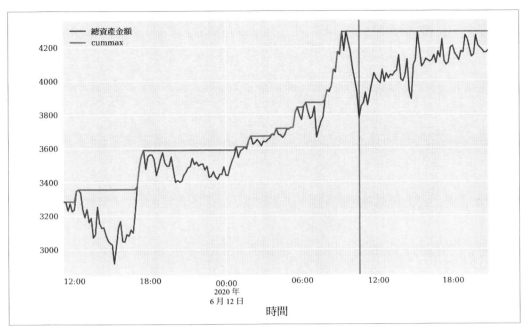

圖 10-7 回檔最大跌幅（垂直線）與回檔持續時間（水平線）

下面的程式碼針對不同的信心程度（confidence level），根據槓桿交易策略資產部位總額對數報酬隨時間的變化，得出相應的 VaR 值。這裡的時間間隔長度，就是分線圖裡固定的十分鐘長度：

```
In [97]: import scipy.stats as scs

In [98]: percs = [0.01, 0.1, 1., 2.5, 5.0, 10.0]  ❶

In [99]: risk['return'] = np.log(risk['equity'] / risk['equity'].shift(1))

In [100]: VaR = scs.scoreatpercentile(equity * risk['return'], percs)  ❷

In [101]: def print_var():
              print('{}    {}'.format('Confidence Level', 'Value-at-Risk'))
              print(33 * '-')
              for pair in zip(percs, VaR):
                  print('{:16.2f} {:16.3f}'.format(100 - pair[0], -pair[1]))  ❸

In [102]: print_var()  ❸
          Confidence Level    Value-at-Risk
          ---------------------------------
```

```
                    99.99          162.570
                    99.90          161.348
                    99.00          132.382
                    97.50          122.913
                    95.00          100.950
                    90.00           62.622
```

❶ 定義所要使用的百分位值。

❷ 針對這幾個給定的百分位值，計算出相應的 VaR 值。

❸ 把百分位值轉換成信心程度，並把 VaR 值（負值）轉換成正值，然後再列印出來。

最後，下面這段程式碼會針對原始 DataFrame 物件重新取樣，以計算出時間範圍為一小時的 VaR 值。以結果來說，不管是在哪一個信心程度下，相應的 VaR 值都是增加的：

```
In [103]: hourly = risk.resample('1H', label='right').last()  ❶

In [104]: hourly['return'] = np.log(hourly['equity'] / hourly['equity'].shift(1))

In [105]: VaR = scs.scoreatpercentile(equity * hourly['return'], percs)  ❷

In [106]: print_var()
          Confidence Level    Value-at-Risk
          --------------------------------
                    99.99          252.460
                    99.90          251.744
                    99.00          244.593
                    97.50          232.674
                    95.00          125.498
                    90.00           61.701
```

❶ 用重新取樣的方式，把資料從 10 分鐘的線形轉換成 1 小時的線形。

❷ 針對所給定的幾個百分位值，分別計算出相應的 VaR 值。

保存模型物件

如果根據回測、槓桿與風險分析的結果，接受了某個演算法交易策略，我們或許就可以把相應的模型物件，以及其他相關的演算法元件長久保存起來，以供未來進行部署之用。只要採用以下的做法，就可以把機器學習型交易策略或交易演算法長久保存起來了。

```
In [107]: import pickle

In [108]: algorithm = {'model': model, 'mu': mu, 'std': std}

In [109]: pickle.dump(algorithm, open('algorithm.pkl', 'wb'))
```

線上演算法

到目前為止我們所測試過的交易演算法，全都是離線（*offline*）演算法。這類演算法主要是運用完整的資料集來解決眼前的問題。只要有一些不同的特徵時間序列，以及可代表市場動向的標籤資料，我們就可以訓練出一個以決策樹為基礎分類器的 AdaBoost 分類演算法。不過在金融市場實際部署交易演算法時，所用到的資料會陸續出現，而且我們必須在資料出現之時，預測出下一個時間區間（bar）的市場動向。本節會使用前一節所保存的模型物件，把它套入到串流資料的使用情境之中。

為了把離線交易演算法轉換成線上（*online*）交易演算法，程式碼所要解決的幾個主要問題如下：

tick 資料

> tick 資料會以即時的方式出現，而且必須即時進行處理，就好像資料早已被收集在 DataFrame 物件中一樣。

重新取樣

> 只要給定交易演算法，tick 資料就會被重新進行取樣，以轉換成合適的線形長度。基於示範的目的，重新取樣時會採用比訓練與回測更短的 bar（K 棒）長度。

預測

> 交易演算法會針對（未來）相應的時間區間，做出市場動向的預測。

下單

> 只要有了演算法所做出的預測（「信號」），就可以根據目前的部位，進行下單的動作（或保持部位不變）。

第 8 章（尤其是第 253 頁的「處理串流資料」）曾介紹過如何運用 Oanda API 即時檢索出 tick 資料。基本的做法就是重新定義 tpqoa.tpqoa 物件類別的 .on_success() 方法，以實作出交易的邏輯。

首先可載入之前所保存的交易演算法；它代表的就是所要遵循的交易邏輯。其中包含訓練後的模型，以及可用於歸一化特徵資料的參數，這些全是演算法的組成部分：

```
In [110]: algorithm = pickle.load(open('algorithm.pkl', 'rb'))

In [111]: algorithm['model']
Out[111]: AdaBoostClassifier(algorithm='SAMME.R',
              base_estimator=DecisionTreeClassifier(ccp_alpha=0.0,
              class_weight=None,
              criterion='gini',
              max_depth=2,
              max_features=None,
              max_leaf_nodes=None,
              min_impurity_decrease=0.0,
              min_impurity_split=None,
              min_samples_leaf=15,
              min_samples_split=2,
              min_weight_fraction_leaf=0.0,
              presort='deprecated',
              random_state=100,
              splitter='best'),
              learning_rate=1.0, n_estimators=15, random_state=100)
```

在下面的程式碼中，新的物件類別 MLTrader 會繼承 tpqoa.tpqoa，並透過 .on_success() 與其他輔助方法，把交易演算法轉換成即時的版本。這就是把離線演算法改造成線上演算法的做法：

```
In [112]: class MLTrader(tpqoa.tpqoa):
              def __init__(self, config_file, algorithm):
                  super(MLTrader, self).__init__(config_file)
                  self.model = algorithm['model']        ❶
                  self.mu = algorithm['mu']              ❶
                  self.std = algorithm['std']            ❶
                  self.units = 100000                    ❷
                  self.position = 0                      ❸
                  self.bar = '5s'                        ❹
                  self.window = 2                        ❺
                  self.lags = 6                          ❻
                  self.min_length = self.lags + self.window + 1
                  self.features = ['return', 'sma', 'min', 'max', 'vol', 'mom']
                  self.raw_data = pd.DataFrame()
              def prepare_features(self):                ❼
                  self.data['return'] = np.log(self.data['mid'] / self.data['mid'].shift(1))
                  self.data['sma'] = self.data['mid'].rolling(self.window).mean()
                  self.data['min'] = self.data['mid'].rolling(self.window).min()
                  self.data['mom'] = np.sign(self.data['return'].rolling(self.window).mean())
```

```
        self.data['max'] = self.data['mid'].rolling(self.window).max()
        self.data['vol'] = self.data['return'].rolling(self.window).std()
        self.data.dropna(inplace=True)
        self.data[self.features] -= self.mu
        self.data[self.features] /= self.std
        self.cols = []
        for f in self.features:
            for lag in range(1, self.lags + 1):
                col = f'{f}_lag_{lag}'
                self.data[col] = self.data[f].shift(lag)
                self.cols.append(col)
    def on_success(self, time, bid, ask):  ❽
        df = pd.DataFrame({'bid': float(bid), 'ask': float(ask)},
                        index=[pd.Timestamp(time).tz_localize(None)])
        self.raw_data = self.raw_data.append(df)
        self.data = self.raw_data.resample(self.bar, label='right').last().ffill()
        self.data = self.data.iloc[:-1]
        if len(self.data) > self.min_length:
            self.min_length +=1
            self.data['mid'] = (self.data['bid'] + self.data['ask']) / 2
            self.prepare_features()
            features = self.data[self.cols].iloc[-1].values.reshape(1, -1)
            signal = self.model.predict(features)[0]
            print(f'NEW SIGNAL: {signal}', end='\r')
            if self.position in [0, -1] and signal == 1:  ❾
                print('*** GOING LONG ***')
                self.create_order(self.stream_instrument,
                            units=(1 - self.position) * self.units)
                self.position = 1
            elif self.position in [0, 1] and signal == -1:  ❿
                print('*** GOING SHORT ***')
                self.create_order(self.stream_instrument,
                            units=-(1 + self.position) * self.units)
                self.position = -1
```

❶ 訓練後的 AdaBoost 模型物件，以及一些歸一化參數。

❷ 交易單位數。

❸ 初始部位（中立）。

❹ 演算法所要實作的 bar（K 棒）長度。

❺ 各特徵所要使用的視窗長度。

❻ 滯後量個數（必須與當初訓練演算法時保持一致）。

❼ 用來生成滯後量特徵資料的方法。

❽ 重新定義這個方法，以體現交易邏輯。

❾ 檢查多頭信號，進行多頭交易。

❿ 檢查空頭信號，進行空頭交易。

有了這個新的 MLTrader 物件類別，要進行自動化交易就很簡單了。面對互動式的情境，只需要幾行程式碼也就足夠了。在這裡的參數設定下，很短時間內就會進行第一次下單。不過，實際上所有參數當然都必須與當初研究與回測階段的原始參數保持一致。這些參數可保存在像是磁碟這類的持久型儲存方式之中，而且隨後可以連同演算法一起被讀取出來：

```
In [113]: mlt = MLTrader('../pyalgo.cfg', algorithm)  ❶
```

```
In [114]: mlt.stream_data(instrument, stop=500)  ❷
          print('*** CLOSING OUT ***')
          mlt.create_order(mlt.stream_instrument,
                           units=-mlt.position * mlt.units)  ❸
```

❶ 建立交易物件實例。

❷ 開始接收串流資料、處理資料並進行交易。

❸ 最後尚未平倉的部位要進行平倉。

前面的程式碼會生成類似如下的輸出：

```
*** GOING LONG ***
```

```
{'id': '1735', 'time': '2020-08-19T14:46:15.552233563Z', 'userID':
13834683, 'accountID': '101-004-13834683-001', 'batchID': '1734',
'requestID': '42730658849646182', 'type': 'ORDER_FILL', 'orderID':
'1734', 'instrument': 'EUR_USD', 'units': '100000.0',
'gainQuoteHomeConversionFactor': '0.835983419025',
'lossQuoteHomeConversionFactor': '0.844385262432', 'price': 1.1903,
'fullVWAP': 1.1903, 'fullPrice': {'type': 'PRICE', 'bids': [{'price':
1.19013, 'liquidity': '10000000'}], 'asks': [{'price': 1.1903,
'liquidity': '10000000'}], 'closeoutBid': 1.19013, 'closeoutAsk':
1.1903}, 'reason': 'MARKET_ORDER', 'pl': '0.0', 'financing': '0.0',
'commission': '0.0', 'guaranteedExecutionFee': '0.0',
'accountBalance': '98507.7425', 'tradeOpened': {'tradeID': '1735',
'units': '100000.0', 'price': 1.1903, 'guaranteedExecutionFee': '0.0',
'halfSpreadCost': '7.1416', 'initialMarginRequired': '3330.0'},
```

'halfSpreadCost': '7.1416'}

*** GOING SHORT ***

{'id': '1737', 'time': '2020-08-19T14:48:10.510726213Z', 'userID':
13834683, 'accountID': '101-004-13834683-001', 'batchID': '1736',
'requestID': '42730659332312267', 'type': 'ORDER_FILL', 'orderID':
'1736', 'instrument': 'EUR_USD', 'units': '-200000.0',
'gainQuoteHomeConversionFactor': '0.835885095595',
'lossQuoteHomeConversionFactor': '0.844285950827', 'price': 1.19029,
'fullVWAP': 1.19029, 'fullPrice': {'type': 'PRICE', 'bids': [{'price':
1.19029, 'liquidity': '10000000'}], 'asks': [{'price': 1.19042,
'liquidity': '10000000'}], 'closeoutBid': 1.19029, 'closeoutAsk':
1.19042}, 'reason': 'MARKET_ORDER', 'pl': '-0.8443', 'financing':
'0.0', 'commission': '0.0', 'guaranteedExecutionFee': '0.0',
'accountBalance': '98506.8982', 'tradeOpened': {'tradeID': '1737',
'units': '-100000.0', 'price': 1.19029, 'guaranteedExecutionFee':
'0.0', 'halfSpreadCost': '5.4606', 'initialMarginRequired': '3330.0'},
'tradesClosed': [{'tradeID': '1735', 'units': '-100000.0', 'price':
1.19029, 'realizedPL': '-0.8443', 'financing': '0.0',
'guaranteedExecutionFee': '0.0', 'halfSpreadCost': '5.4606'}],
'halfSpreadCost': '10.9212'}

*** GOING LONG ***

{'id': '1739', 'time': '2020-08-19T14:48:15.529680632Z', 'userID':
13834683, 'accountID': '101-004-13834683-001', 'batchID': '1738',
'requestID': '42730659353297789', 'type': 'ORDER_FILL', 'orderID':
'1738', 'instrument': 'EUR_USD', 'units': '200000.0',
'gainQuoteHomeConversionFactor': '0.835835944263',
'lossQuoteHomeConversionFactor': '0.844236305512', 'price': 1.1905,
'fullVWAP': 1.1905, 'fullPrice': {'type': 'PRICE', 'bids': [{'price':
1.19035, 'liquidity': '10000000'}], 'asks': [{'price': 1.1905,
'liquidity': '10000000'}], 'closeoutBid': 1.19035, 'closeoutAsk':
1.1905}, 'reason': 'MARKET_ORDER', 'pl': '-17.729', 'financing':
'0.0', 'commission': '0.0', 'guaranteedExecutionFee': '0.0',
'accountBalance': '98489.1692', 'tradeOpened': {'tradeID': '1739',
'units': '100000.0', 'price': 1.1905, 'guaranteedExecutionFee': '0.0',
'halfSpreadCost': '6.3003', 'initialMarginRequired': '3330.0'},
'tradesClosed': [{'tradeID': '1737', 'units': '100000.0', 'price':
1.1905, 'realizedPL': '-17.729', 'financing': '0.0',
'guaranteedExecutionFee': '0.0', 'halfSpreadCost': '6.3003'}],
'halfSpreadCost': '12.6006'}

```
*** CLOSING OUT ***
```

```
{'id': '1741', 'time': '2020-08-19T14:49:11.976885485Z', 'userID':
 13834683, 'accountID': '101-004-13834683-001', 'batchID': '1740',
 'requestID': '42730659588338204', 'type': 'ORDER_FILL', 'orderID':
 '1740', 'instrument': 'EUR_USD', 'units': '-100000.0',
 'gainQuoteHomeConversionFactor': '0.835730636848',
 'lossQuoteHomeConversionFactor': '0.844129939731', 'price': 1.19051,
 'fullVWAP': 1.19051, 'fullPrice': {'type': 'PRICE', 'bids': [{'price':
 1.19051, 'liquidity': '10000000'}], 'asks': [{'price': 1.19064,
 'liquidity': '10000000'}], 'closeoutBid': 1.19051, 'closeoutAsk':
 1.19064}, 'reason': 'MARKET_ORDER', 'pl': '0.8357', 'financing':
 '0.0', 'commission': '0.0', 'guaranteedExecutionFee': '0.0',
 'accountBalance': '98490.0049', 'tradesClosed': [{'tradeID': '1739',
 'units': '-100000.0', 'price': 1.19051, 'realizedPL': '0.8357',
 'financing': '0.0', 'guaranteedExecutionFee': '0.0', 'halfSpreadCost':
 '5.4595'}], 'halfSpreadCost': '5.4595'}
```

基礎架構與部署

如果想把實際的資金部署到自動化演算法交易策略中,就必須要有適當的基礎架構。先不提別的,以基礎架構來說,應該要滿足以下幾個條件:

可靠性

基礎架構要有能力部署演算法交易策略,就應該具有高可用性(例如 99.9% 或更高),否則就應該要有一定的可靠性(自動備份、磁碟冗餘、web 連線冗餘等)。

效能

根據所要處理的資料量與演算法所需的計算能力,基礎架構必須具有足夠的 CPU 核心,工作記憶體(RAM)與儲存空間(SSD)。此外,網路連接也要夠快才行。

安全性

作業系統與所執行的應用程式,都應該有強密碼、SSL 加密與硬碟加密的保護。硬體應該有能力避免火災、水災的破壞,也能防範未經授權的實際存取操作。

基本上，只有向專業資料中心或雲端供應商租用適當的基礎架構，才能滿足這些要求。為了滿足上述要求，通常只有金融市場中規模較大、甚至是最大的機構組織，才有能力自行針對基礎設施進行實體投資。

如果從開發與測試的角度來看，即使是 DigitalOcean（*http://digitalocean.com*）最小的 Droplet（雲端實例）也足以做為入門之用。在撰寫本文時，像這樣的 Droplet 每個月只要花費 5 美元，而且是按小時計費，只要花幾分鐘就能建立起來，而且幾秒內就能予以銷毀 [3]。

第 2 章（尤其是第 40 頁的「使用雲端實例」）已詳細說明過如何運用 DigitalOcean 設定一個 Droplet，而且還可以自行調整 Bash 腳本，以反映 Python 套件相應的個別要求。

 雖然也可以在本機電腦（桌上型電腦、筆記本電腦或類似設備）對自動化演算法交易策略進行開發與測試，但這種做法並不適合部署那些用真金白銀進行交易的自動化策略。即使只是很簡單的 Web 連接中斷或短暫的斷電狀況，都有可能癱瘓掉整個演算法（例如在投資組合中留下意料之外的未平倉部位）。再舉一個例子，這種問題有可能導致我們錯過某些即時的 tick 資料，因而導致資料集出問題，進而導致出現錯誤的信號，甚至建立意想不到的交易與部位。

日誌記錄與監控

現在我們假設已經把自動化演算法交易策略部署到遠端伺服器（虛擬雲端實例或專用伺服器）。而且可以進一步假設，我們已安裝所有必要的 Python 套件（參見第 40 頁的「使用雲端實例」），Jupyter Lab 也已經安全地處於執行中的狀態（參見「執行一個 notebook 伺服器」：*https://oreil.ly/cnBHE*）。從演算法交易者的角度來看，如果不想整天坐在已登入的伺服器螢幕前，還需要考慮哪些做法呢？

3　如果要註冊一個新帳號，可透過 *http://bit.ly/do_sign_up* 這個鏈結在 DigitalOcean 獲得 10 美元的獎勵額度。

本節討論的就是關於這方面兩個重要的主題：*Log* 日誌記錄與即時監控。日誌記錄會把資訊與事件保存在磁碟中，以供後續進行檢查。這是開發與部署軟體應用程式的標準實務做法。不過，這裡的重點或許要放在金融方面的考量，也就是用日誌記錄重要的金融數據資料與事件資訊，以供後續進行檢查與分析。運用 socket 通訊的即時監控也是如此。只要透過 socket，我們就可以針對重要的金融資料建立穩定的即時串流，而且即使部署在雲端，我們也可以從本機電腦進行檢索與處理。

第 326 頁的「自動化交易策略」展示的就是這方面相關的實作 Python 腳本，而且其中還利用到第 311 頁「線上演算法」的程式碼。這個腳本的程式碼設計可根據所保存的演算法物件，把演算法交易策略部署到遠端伺服器之中。它也可以根據自定義的函式，加入日誌記錄與監控的功能；這些函式其實都是利用 ZeroMQ（參見 *http://zeromq.org*）來進行 socket 通訊。只要結合第 329 頁「策略監控」裡簡短的腳本，就可以針對遠端服務器的活動進行遠端即時監控 [4]。

如果在本機或遠程執行第 326 頁「自動化交易策略」裡的腳本，就會有一些被日誌記錄起來並透過 socket 發送出來的輸出如下：

```
2020-06-15 17:04:14.298653
==============================================================================
NUMBER OF TICKS: 147 | NUMBER OF BARS: 49

==============================================================================
MOST RECENT DATA
                     return_lag_1  return_lag_2  ...  max_lag_5  max_lag_6
2020-06-15 15:04:06      0.026508     -0.125253  ...  -1.703276  -1.700746
2020-06-15 15:04:08     -0.049373      0.026508  ...  -1.694419  -1.703276
2020-06-15 15:04:10     -0.077828     -0.049373  ...  -1.694419  -1.694419
2020-06-15 15:04:12      0.064448     -0.077828  ...  -1.705807  -1.694419
2020-06-15 15:04:14     -0.020918      0.064448  ...  -1.710869  -1.705807

[5 rows x 36 columns]

==============================================================================
features:
[[-0.02091774  0.06444794 -0.07782834 -0.04937258  0.02650799 -0.12525265
  -2.06428556 -1.96568848 -2.16288147 -2.08071843 -1.94925692 -2.19574189
   0.92939697  0.92939697 -1.07368691  0.92939697 -1.07368691 -1.07368691
  -1.41861822 -1.42605902 -1.4294412  -1.42470615 -1.4274119  -1.42470615
  -1.05508516 -1.06879043 -1.06879043 -1.0619378  -1.06741991 -1.06741991
```

4　這裡所運用的日誌記錄做法，採用的是非常簡單的文字檔案形式。如果想改變相關金融數據資料的日誌記錄與保存方式，例如改用資料庫或適當的二進位儲存格式（比如 HDF5；參見第 3 章），做法上也很簡單。

```
          -1.70580717 -1.70707253 -1.71339931 -1.7108686  -1.7108686  -1.70580717]]
position: 1
signal:    1


2020-06-15 17:04:14.402154
===========================================================================
*** NO TRADE PLACED ***

*** END OF CYCLE ***


2020-06-15 17:04:16.199950
===========================================================================


===========================================================================
*** GOING NEUTRAL ***
```

```
{'id': '979', 'time': '2020-06-15T15:04:16.138027118Z', 'userID': 13834683,
'accountID': '101-004-13834683-001', 'batchID': '978',
'requestID': '60721506683906591', 'type': 'ORDER_FILL', 'orderID': '978',
'instrument': 'EUR_USD', 'units': '-100000.0',
'gainQuoteHomeConversionFactor': '0.882420762903',
'lossQuoteHomeConversionFactor': '0.891289313284',
'price': 1.12751, 'fullVWAP': 1.12751, 'fullPrice': {'type': 'PRICE',
'bids': [{'price': 1.12751, 'liquidity': '10000000'}],
'asks': [{'price': 1.12765, 'liquidity': '10000000'}],
'closeoutBid': 1.12751, 'closeoutAsk': 1.12765}, 'reason': 'MARKET_ORDER',
'pl': '-3.5652', 'financing': '0.0', 'commission': '0.0',
'guaranteedExecutionFee': '0.0', 'accountBalance': '99259.7485',
'tradesClosed': [{'tradeID': '975', 'units': '-100000.0',
'price': 1.12751, 'realizedPL': '-3.5652', 'financing': '0.0',
'guaranteedExecutionFee': '0.0', 'halfSpreadCost': '6.208'}],
'halfSpreadCost': '6.208'}
```
```
===========================================================================
```

然後只要在本機執行第 329 頁的「策略監控」腳本，就可以用即時的方式檢索並處理這樣的資訊。當然，如果要根據自己的需求調整日誌記錄與串流資料，做法上也很容易[5]。此外，我們也可以針對交易腳本與整個邏輯進行調整，讓程式碼可以設定停損、獲利目標等元素。

5　請注意，在這兩個腳本中實作的 socket 通訊並未進行加密，而是透過 Web 發送純文字，這在正式上線的使用情境下，可能會造成安全上的隱患。

交易貨幣對或差價合約時，本來就會牽涉到許多金融風險。如果針對此類投資工具來實作演算法交易策略，還會自動引入許多額外的風險。其中包括交易或執行邏輯本身的缺陷，還有一些技術上的風險，例如與 socket 通訊相關的問題、檢索過程出現延遲的問題，或甚至在部署過程中出現 tick 資料丟失的問題。因此，在部署自動化交易策略之前，我們一定要先確保所有相關的市場、執行、操作、技術與其他方面的風險，全都已經列入考慮，而且也一一進行過評估，並做出了適當的因應。本章所提供的程式碼，只能做為技術說明的目的之用。

重點步驟圖文示範

最後一節我們打算以螢幕截圖的方式，提供一段逐步示範的重點步驟說明。我們在前幾節都是以 FXCM 交易平台為基礎，而這裡的說明則會以 Oanda 交易平台做為基礎。

設定 Oanda 帳號

第一個步驟就是在 Oanda（或任何其他同類型的交易平台）建立一個帳號，並根據凱利準則為這個帳號設定正確的槓桿比率，如圖 10-8 所示。

圖 10-8　在 Oanda 設定槓桿比率

設定硬體

第二個步驟是建立一個 DigitalOcean droplet，如圖 10-9 所示。

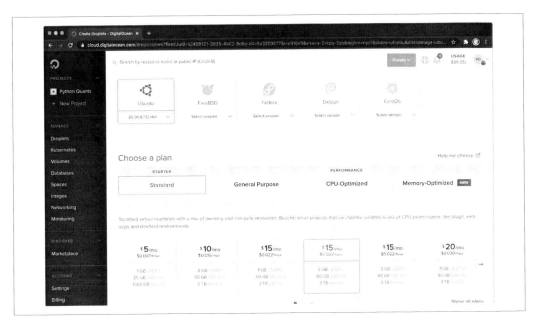

圖 10-9　DigitalOcean Droplet

設定 Python 環境

第三個步驟是把所有軟體放到 droplet（參見圖 10-10）以設定基礎架構。一切正常運作之後，你就可以建立新的 Jupyter notebook 並啟動互動式的 Python session（請參見圖 10-11）。

```
mkl_fft-1.0.15                  | py37ha843d7b_0              154 KB
mkl_random-1.1.1                | py37h0573a6f_0              322 KB
numpy-1.18.1                    | py37h4f9e942_0                5 KB
numpy-base-1.18.1               | py37hde5b4d6_1              4.2 MB
------------------------------------------------------------
                                            Total:          135.5 MB

The following NEW packages will be INSTALLED:

  blas               pkgs/main/linux-64::blas-1.0-mkl
  intel-openmp       pkgs/main/linux-64::intel-openmp-2020.1-217
  libgfortran-ng     pkgs/main/linux-64::libgfortran-ng-7.3.0-hdf63c60_0
  mkl                pkgs/main/linux-64::mkl-2020.1-217
  mkl-service        pkgs/main/linux-64::mkl-service-2.3.0-py37he904b0f_0
  mkl_fft            pkgs/main/linux-64::mkl_fft-1.0.15-py37ha843d7b_0
  mkl_random         pkgs/main/linux-64::mkl_random-1.1.1-py37h0573a6f_0
  numpy              pkgs/main/linux-64::numpy-1.18.1-py37h4f9e942_0
  numpy-base         pkgs/main/linux-64::numpy-base-1.18.1-py37hde5b4d6_1


Downloading and Extracting Packages
numpy-base-1.18.1    | 4.2 MB    | ########## | 100%
mkl_fft-1.0.15       | 154 KB    | ########## | 100%
blas-1.0             | 6 KB      | ########## | 100%
libgfortran-ng-7.3.0 | 1006 KB   | ########## | 100%
intel-openmp-2020.1  | 780 KB    | ########## | 100%
mkl-2020.1           | 129.0 MB  | ########## | 100%
mkl_random-1.1.1     | 322 KB    | ########## | 100%
numpy-1.18.1         | 5 KB      | ########## | 100%
mkl-service-2.3.0    | 218 KB    | ########## | 100%
Preparing transaction: ...working... done
Verifying transaction: ...working... done
Executing transaction: ...working... done
```

圖 10-10　安裝 Python 與相關套件

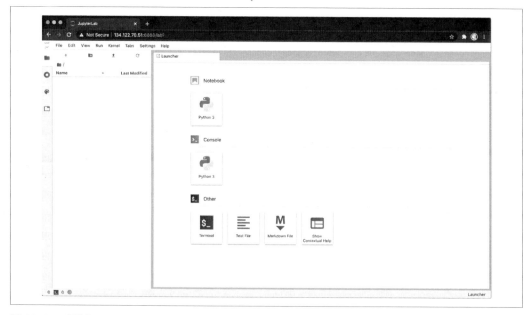

圖 10-11　測試 Jupyter Lab

上傳程式碼

第四個步驟是上傳自動交易與即時監控的 Python 腳本，如圖 10-12 所示。另外還要上傳內有帳號憑證的設定檔案。

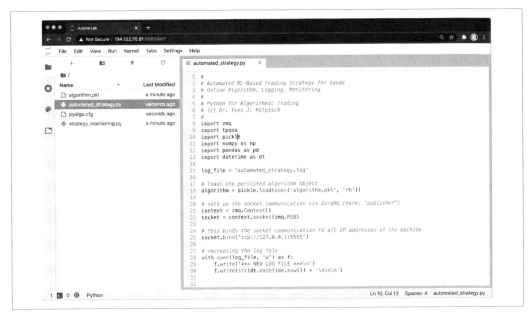

圖 10-12　上傳 Python 程式碼檔案

執行程式碼

第五個步驟是執行自動交易的 Python 腳本，如圖 10-13 所示。圖 10-14 顯示的則是 Python 腳本所發起的交易。

圖 10-13　執行 Python 腳本

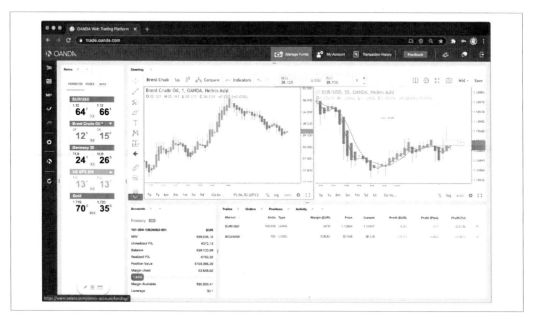

圖 10-14　由 Python 腳本所發起的交易

即時監控

最後一個步驟就是在本機執行監控腳本（前提是你已經在本機腳本中設定了正確的 IP），如圖 10-15 所示。實際上，這也就表示你可以用即時的方式在本機監控雲端實例上實際發生的情況。

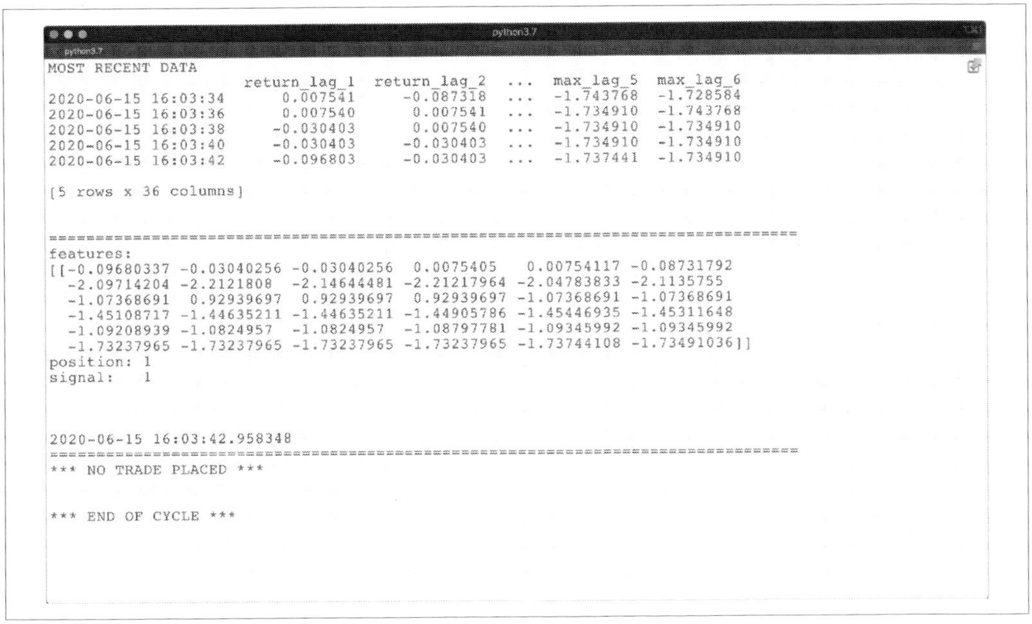

```
MOST RECENT DATA
                         return_lag_1  return_lag_2  ...  max_lag_5  max_lag_6
2020-06-15 16:03:34         0.007541     -0.087318   ...  -1.743768  -1.728584
2020-06-15 16:03:36         0.007540      0.007541   ...  -1.734910  -1.743768
2020-06-15 16:03:38        -0.030403      0.007540   ...  -1.734910  -1.734910
2020-06-15 16:03:40        -0.030403     -0.030403   ...  -1.734910  -1.734910
2020-06-15 16:03:42        -0.096803     -0.030403   ...  -1.737441  -1.734910

[5 rows x 36 columns]


==================================================================================
features:
[[-0.09680337 -0.03040256 -0.03040256  0.0075405   0.00754117 -0.08731792
  -2.09714204 -2.2121808  -2.14644481 -2.21217964 -2.04783833 -2.1135755
  -1.07368691  0.92939697  0.92939697  0.92939697 -1.07368691 -1.07368691
  -1.45108717 -1.44635211 -1.44635211 -1.44905786 -1.45446935 -1.45311648
  -1.09208939 -1.0824957  -1.0824957  -1.08797781 -1.09345992 -1.09345992
  -1.73237965 -1.73237965 -1.73237965 -1.73237965 -1.73744108 -1.73491036]]
position: 1
signal:  1


2020-06-15 16:03:42.958348
==================================================================================
*** NO TRADE PLACED ***


*** END OF CYCLE ***
```

圖 10-15　在本機透過 socket 進行即時監控

結論

本章介紹的是採用機器學習型分類演算法預測市場動向的自動化演算法交易策略，以及相應的部署方式。其中牽涉到好幾個重要的主題，包括資本管理（根據凱利準則）、績效表現與風險的向量化回測、從離線到線上交易演算法的轉換、合適的部署基礎架構，以及部署期間的日誌記錄與監控。

本章的主題很複雜，需要演算法交易專業工作者具備廣泛的技能。另一方面，演算法交易若有相應的 RESTful API，就可以大幅簡化自動化任務，例如 Oanda 的 RESTful API，因為其核心部分可歸結成 Python 包裝套件 tpqoa 裡的幾個功能，只要藉由它就可以取得 tick 資料，甚至進行下單的操作。只要圍繞這幾個核心功能，就可以盡可能適當增加一些元素，進一步減輕操作與技術上的風險。

參考資料與其他資源

本章所引用的論文：

Rotando, Louis, and Edward Thorp. 1992. "The Kelly Criterion and the Stock Market（凱利準則與股票市場）." *The American Mathematical Monthly* 99 (10): 922-931.

Hung, Jane. 2010. "Betting with the Kelly Criterion（用凱利準則來進行投注）." *http://bit.ly/betting_with_kelly*.

Python 腳本

本節包含的是本章所用到的 Python 腳本。

自動化交易策略

下面的 Python 腳本程式碼，可用來自動部署機器學習型交易策略，細節可參見本章說明與相應的回測：

```
#
# 可用於 Oanda 的自動化機器學習型交易策略
# 線上演算法版本，具有日誌記錄功能，可進行監控
#
# Python 演算法交易
# (c) Dr. Yves J. Hilpisch
#
import zmq
import tpqoa
import pickle
import numpy as np
import pandas as pd
import datetime as dt

log_file = 'automated_strategy.log'
```

```python
# 載入之前所保存的演算法物件
algorithm = pickle.load(open('algorithm.pkl', 'rb'))

# 透過 ZeroMQ（在此做為「發佈者」）設定 socket 通訊
context = zmq.Context()
socket = context.socket(zmq.PUB)

# 這裡把 socket 通訊綁定到機器的所有 IP 位址
socket.bind('tcp://0.0.0.0:5555')

# 重新建立 log 記錄檔案
with open(log_file, 'w') as f:
    f.write('*** NEW LOG FILE ***\n')
    f.write(str(dt.datetime.now()) + '\n\n\n')


def logger_monitor(message, time=True, sep=True):
    ''' 自定義 log 記錄與監控函式。
    '''
    with open(log_file, 'a') as f:
        t = str(dt.datetime.now())
        msg = ''
        if time:
            msg += '\n' + t + '\n'
        if sep:
            msg += 80 * '=' + '\n'
        msg += message + '\n\n'
        # 透過 socket 發送訊息
        socket.send_string(msg)
        # 把訊息寫入 log 記錄檔案
        f.write(msg)


class MLTrader(tpqoa.tpqoa):
    def __init__(self, config_file, algorithm):
        super(MLTrader, self).__init__(config_file)
        self.model = algorithm['model']
        self.mu = algorithm['mu']
        self.std = algorithm['std']
        self.units = 100000
        self.position = 0
        self.bar = '2s'
        self.window = 2
        self.lags = 6
        self.min_length = self.lags + self.window + 1
```

```
        self.features = ['return', 'vol', 'mom', 'sma', 'min', 'max']
        self.raw_data = pd.DataFrame()

    def prepare_features(self):
        self.data['return'] = np.log(self.data['mid'] / self.data['mid'].shift(1))
        self.data['vol'] = self.data['return'].rolling(self.window).std()
        self.data['mom'] = np.sign(self.data['return'].rolling(self.window).mean())
        self.data['sma'] = self.data['mid'].rolling(self.window).mean()
        self.data['min'] = self.data['mid'].rolling(self.window).min()
        self.data['max'] = self.data['mid'].rolling(self.window).max()
        self.data.dropna(inplace=True)
        self.data[self.features] -= self.mu
        self.data[self.features] /= self.std
        self.cols = []
        for f in self.features:
            for lag in range(1, self.lags + 1):
                col = f'{f}_lag_{lag}'
                self.data[col] = self.data[f].shift(lag)
                self.cols.append(col)

    def report_trade(self, pos, order):
        ''' 把交易資料列印出來、記錄到 log 檔案、並發送出去。
        '''
        out = '\n\n' + 80 * '=' + '\n'
        out += '*** GOING {} *** \n'.format(pos) + '\n'
        out += str(order) + '\n'
        out += 80 * '=' + '\n'
        logger_monitor(out)
        print(out)

    def on_success(self, time, bid, ask):
        print(self.ticks, 20 * ' ', end='\r')
        df = pd.DataFrame({'bid': float(bid), 'ask': float(ask)},
                          index=[pd.Timestamp(time).tz_localize(None)])
        self.raw_data = self.raw_data.append(df)
        self.data = self.raw_data.resample(self.bar, label='right').last().ffill()
        self.data = self.data.iloc[:-1]
        if len(self.data) > self.min_length:
            logger_monitor('NUMBER OF TICKS: {} | '.format(self.ticks) +
                           'NUMBER OF BARS: {}'.format(self.min_length))
            self.min_length += 1
            self.data['mid'] = (self.data['bid'] + self.data['ask']) / 2
            self.prepare_features()
            features = self.data[self.cols].iloc[-1].values.reshape(1, -1)
            signal = self.model.predict(features)[0]
            # 把主要的金融資訊記錄到 log 檔案，然後發送出去
```

```
                logger_monitor('MOST RECENT DATA\n' +
                               str(self.data[self.cols].tail()),
                               False)
                logger_monitor('features:\n' + str(features) + '\n' +
                               'position: ' + str(self.position) + '\n' +
                               'signal:   ' + str(signal), False)
                if self.position in [0, -1] and signal == 1:  # going long?
                    order = self.create_order(self.stream_instrument,
                                              units=(1 - self.position) *
                                              self.units,
                                              suppress=True, ret=True)
                    self.report_trade('LONG', order)
                    self.position = 1
                elif self.position in [0, 1] and signal == -1:  # going short?
                    order = self.create_order(self.stream_instrument,
                                              units=-(1 + self.position) *
                                              self.units,
                                              suppress=True, ret=True)
                    self.report_trade('SHORT', order)
                    self.position = -1
                else:  # no trade
                    logger_monitor('*** NO TRADE PLACED ***')

                logger_monitor('*** END OF CYCLE ***\n\n', False, False)


    if __name__ == '__main__':
        mlt = MLTrader('../pyalgo.cfg', algorithm)
        mlt.stream_data('EUR_USD', stop=150)
        order = mlt.create_order(mlt.stream_instrument,
                                 units=-mlt.position * mlt.units,
                                 suppress=True, ret=True)
        mlt.position = 0
        mlt.report_trade('NEUTRAL', order)
```

策略監控

下面的 Python 腳本程式碼可用來遠端監控第 326 頁「自動化交易策略」的 Python 腳本
執行的狀況。

```
#
# 可用於 Oanda 的自動化機器學習型交易策略
# 透過 Socket 通訊進行策略監控
#
# Python 演算法交易
```

```
#(c) Dr. Yves J. Hilpisch
#
import zmq

# sets up the socket communication via ZeroMQ (here: "subscriber")
context = zmq.Context()
socket = context.socket(zmq.SUB)

# adjust the IP address to reflect the remote location
socket.connect('tcp://134.122.70.51:5555')

# 使用本機 IP 位址以進行測試
# socket.connect('tcp://0.0.0.0:5555')


# 設定 socket 以檢索出所有訊息
socket.setsockopt_string(zmq.SUBSCRIBE, '')

while True:
    msg = socket.recv_string()
    print(msg)
```

Python、NumPy、matplotlib、pandas

用說的很簡單。給我看程式碼就對了。

—— Linus Torvalds（Linux 作業系統之父）

Python 已成為一種功能強大的程式語言，而且在過去幾年也發展出廣泛而有用的套件生態體系。本附錄打算簡要概述 Python，以及所謂 Scientificor Data Science Stack（資料科學工作者套件組合）的三大主要支柱：

- NumPy（參見 *https://numpy.org*）

- matplotlib（參見 *https://matplotlib.org*）

- pandas （參見 *https://pandas.pydata.org*）

NumPy 可針對大型且具有同質性的數值資料集，提供高性能的陣列相關操作，而 pandas 的主要目的，則是有效處理表格資料（例如金融時間序列資料）。

本附錄的介紹性說明，只聚焦於本書內容相關的特定主題，當然無法代替其他針對 Python 與相關套件的全面性介紹。如果你不太熟悉 Python 或程式設計，還是可以藉此初步瞭解 Python 大體的狀況。如果你已經很熟悉計量金融經常使用的另一種語言（例如 Matlab、R、C++ 或 VBA），你就會看到 Python 也有著同樣典型的資料結構、程式設計方式與習慣用法。

關於可適用金融領域的 Python 全面概述，請參見 Hilpisch（2018）的著作。VanderPlas（2017）與 McKinney（2017）的著作則針對程式語言進行了更具通用性的介紹，重點聚焦於科學與資料分析。

Python 基礎

本節打算介紹基本的 Python 資料型別與資料結構、控制結構，以及一些 Python 的習慣用法。

資料型別

值得注意的是，Python 是一種採用**動態型別的系統**，這也就表示，我們可以根據物件前後的使用情境，推測出物件的型別。我們就先從數字開始吧：

```
In [1]: a = 3   ❶

In [2]: type(a)   ❷
Out[2]: int

In [3]: a.bit_length()   ❸
Out[3]: 2

In [4]: b = 5.   ❹

In [5]: type(b)
Out[5]: float
```

❶ 針對變數名稱 a，指定一個 3 的整數值。

❷ 查出 a 的型別。

❸ 查出用來儲存這個整數值的位元數量。

❹ 針對變數名稱 b，指定一個 5.0 的浮點數值。

不管多大的整數 Python 都能處理，這對於數值理論相關的應用來說特別好用，例如：

```
In [6]: c = 10 ** 100   ❶

In [7]: c
Out[7]: 10000000000000000000000000000000000000000000000000000000000000000000
        0000000000000000000000000000000
```

```
In [8]: c.bit_length()  ❷
Out[8]: 333
```

❶ 指定一個「超級巨大」的整數值。

❷ 顯示這個整數表達方式所佔用的位元數量。

這些物件相關的算術運算，都會按照預期的方式正常運作：

```
In [9]: 3 / 5.  ❶
Out[9]: 0.6

In [10]: a * b  ❷
Out[10]: 15.0

In [11]: a - b  ❸
Out[11]: -2.0

In [12]: b + a  ❹
Out[12]: 8.0

In [13]: a ** b  ❺
Out[13]: 243.0
```

❶ 除法。

❷ 乘法。

❸ 減法。

❹ 加法。

❺ 乘冪。

math 模組是 Python 標準函式庫的一部分，其中可以找到許多常用的數學函式：

```
In [14]: import math  ❶

In [15]: math.log(a)  ❷
Out[15]: 1.0986122886681098

In [16]: math.exp(a)  ❸
Out[16]: 20.085536923187668

In [17]: math.sin(b)  ❹
Out[17]: -0.9589242746631385
```

❶ 從標準函式庫匯入 math 模組。

❷ 計算自然對數。

❸ 計算指數值。

❹ 計算正弦值。

另一個很重要的基本資料型別，就是字串物件（str）：

```
In [18]: s = 'Python for Algorithmic Trading.'  ❶

In [19]: type(s)
Out[19]: str

In [20]: s.lower()  ❷
Out[20]: 'python for algorithmic trading.'

In [21]: s.upper()  ❸
Out[21]: 'PYTHON FOR ALGORITHMIC TRADING.'

In [22]: s[0:6]  ❹
Out[22]: 'Python'
```

❶ 把一個 str 物件指定給變數名稱 s。

❷ 把所有字元轉換為小寫。

❸ 把所有字元轉換為大寫。

❹ 選取前六個字元。

字串物件也可以用 + 運算符號來進行組合。索引值 –1 代表字串的最後一個字元（或者比較通用的說法，就是序列的最後一個元素）：

```
In [23]: st = s[0:6] + s[-9:-1]  ❶

In [24]: print(st)  ❷
         Python Trading
```

❶ 取出字串的兩段子集合，然後組合成另一個新的字串物件。

❷ 列印出結果。

在參數化文字輸出的做法中，經常會用到字串替換的操作：

```
In [25]: repl = 'My name is %s, I am %d years old and %4.2f m tall.'  ❶

In [26]: print(repl % ('Gordon Gekko', 43, 1.78))  ❷
         My name is Gordon Gekko, I am 43 years old and 1.78 m tall.

In [27]: repl = 'My name is {:s}, I am {:d} years old and {:4.2f} m tall.'  ❸

In [28]: print(repl.format('Gordon Gekko', 43, 1.78))  ❹
         My name is Gordon Gekko, I am 43 years old and 1.78 m tall.

In [29]: name, age, height = 'Gordon Gekko', 43, 1.78  ❺

In [30]: print(f'My name is {name:s}, I am {age:d} years old and \
               {height:4.2f}m tall.')  ❻
         My name is Gordon Gekko, I am 43 years old and 1.78m tall.
```

❶ 定義字串範本的「老」方法。

❷ 用「老」方法把範本字串裡的值替換掉，然後列印出結果。

❸ 定義字串範本的「新」方法。

❹ 用「新」方法把範本字串裡的值替換掉，然後列印出結果。

❺ 定義變數，以供後續進行替換時使用。

❻ 利用所謂的 *f 字串*（*f-string*）來進行字串的替換（Python 3.6 引入的新做法）。

資料結構

Tuple（元組）物件屬於一種輕量級的資料結構。它是由其他物件所組成的不可變
（immutable）集合，物件與物件之間是用逗號相互隔開（可以有括號、也可以沒有
括號）：

```
In [31]: t1 = (a, b, st)  ❶

In [32]: t1  ❷
Out[32]: (3, 5.0, 'Python Trading')

In [33]: type(t1)
Out[33]: tuple

In [34]: t2 = st, b, a  ❸
```

```
In [35]: t2
Out[35]: ('Python Trading', 5.0, 3)

In [36]: type(t2)
Out[36]: tuple
```

❶ 建構出一個帶有括號的 tuple 物件。

❷ 列印出相應的 str 表達方式。

❸ 構建出一個不帶括號的 tuple 物件。

也可以使用嵌套式的巢狀結構：

```
In [37]: t = (t1, t2)   ❶

In [38]: t
Out[38]: ((3, 5.0, 'Python Trading'), ('Python Trading', 5.0, 3))

In [39]: t[0][2]   ❷
Out[39]: 'Python Trading'
```

❶ 用另外兩個變數構建出一個 tuple 物件。

❷ 取出第一個物件的第三個元素。

list（列表）物件是由其他物件所組成的可變（mutable）集合，通常是在方括號裡用逗號隔開各個物件：

```
In [40]: l = [a, b, st]   ❶

In [41]: l
Out[41]: [3, 5.0, 'Python Trading']

In [42]: type(l)
Out[42]: list

In [43]: l.append(s.split()[3])   ❷

In [44]: l
Out[44]: [3, 5.0, 'Python Trading', 'Trading.']
```

❶ 用方括號建立一個 list（列表）物件。

❷ 把新元素（s 的最後一個單詞）附加到 list 物件中。

我們也可以用列表建構式來建構 list 物件（這裡是用一個 tuple 物件來建構 list 物件），而排序則是 list 物件的一種典型操作：

```
In [45]: l = list(('Z', 'Q', 'D', 'J', 'E', 'H', '5.', 'a'))  ❶

In [46]: l
Out[46]: ['Z', 'Q', 'D', 'J', 'E', 'H', '5.', 'a']

In [47]: l.sort()  ❷

In [48]: l
Out[48]: ['5.', 'D', 'E', 'H', 'J', 'Q', 'Z', 'a']
```

❶ 用一個 tuple 物件來建立 list 物件。

❷ 針對所有元素進行排序（會改變物件本身的內容）。

字典（dict）物件就是所謂的鍵值（key-value）儲存方式，通常是用大括號來進行建構：

```
In [49]: d = {'int_obj': a, 'float_obj': b, 'string_obj': st}  ❶

In [50]: type(d)
Out[50]: dict

In [51]: d
Out[51]: {'int_obj': 3, 'float_obj': 5.0, 'string_obj': 'Python Trading'}

In [52]: d['float_obj']  ❷
Out[52]: 5.0

In [53]: d['int_obj_long'] = 10 ** 20  ❸

In [54]: d
Out[54]: {'int_obj': 3,
          'float_obj': 5.0,
          'string_obj': 'Python Trading',
          'int_obj_long': 100000000000000000000}

In [55]: d.keys()  ❹
Out[55]: dict_keys(['int_obj', 'float_obj', 'string_obj', 'int_obj_long'])

In [56]: d.values()  ❺
Out[56]: dict_values([3, 5.0, 'Python Trading', 100000000000000000000])
```

❶ 用大括號與鍵值對建立一個 dict 物件。

❷ 根據鍵（key）存取相應的值（value）。

❸ 添加一組新的鍵值對。

❹ 選擇並顯示所有的鍵。

❺ 選擇並顯示所有的值。

控制結構

對於一般的程式設計（尤其是金融分析）來說，迭代是一種非常重要的操作。許多
Python 物件都可以進行迭代操作，這一點在許多情況下非常方便。我們先來考慮一個蠻
特別的迭代物件 range：

```
In [57]: range(5)  ❶
Out[57]: range(0, 5)

In [58]: range(3, 15, 2)  ❷
Out[58]: range(3, 15, 2)

In [59]: for i in range(5):  ❸
             print(i ** 2, end=' ')  ❹
         0 1 4 9 16
In [60]: for i in range(3, 15, 2):
             print(i, end=' ')
         3 5 7 9 11 13
In [61]: l = ['a', 'b', 'c', 'd', 'e']

In [62]: for _ in l:  ❺
             print(_)
         a
         b
         c
         d
         e

In [63]: s = 'Python Trading'

In [64]: for c in s:  ❻
             print(c + '|', end='')
         P|y|t|h|o|n| |T|r|a|d|i|n|g|
```

❶ 這個 range 物件只給了單一個參數（末值 +1）。

❷ 用 start、end、step 這幾個參數值，建立一個 range 物件。

❸ 以迭代的方式遍歷整個 range 物件，並列印出相應的平方值。

❹ 以迭代的方式遍歷一個用 start、end、step 參數所定義的 range 物件。

❺ 以迭代的方式遍歷一個 list 物件。

❻ 以迭代的方式遍歷一個 str 物件。

while 迴圈的用法，與其他程式語言的用法很類似：

```
In [65]: i = 0  ❶

In [66]: while i < 5:  ❷
             print(i ** 0.5, end=' ')  ❸
             i += 1  ❹
         0.0 1.0 1.4142135623730951 1.7320508075688772 2.0
```

❶ 把計數器的值設為 0。

❷ 只要 i 的值小於 5…

❸ …就列印 i 的平方根，並且…

❹ …把 i 的值增加 1。

Python 習慣用法

Python 在許多地方都有一些特殊的習慣用法。我們首先就來介紹一個很受歡迎的用法——解析式列表（*list comprehension*）：

```
In [67]: lc = [i ** 2 for i in range(10)]  ❶

In [68]: lc
Out[68]: [0, 1, 4, 9, 16, 25, 36, 49, 64, 81]

In [69]: type(lc)
Out[69]: list
```

❶ 運用解析式列表的語法，建立一個新的 list 物件（中括號裡頭是一個 for 迴圈）。

還有所謂的 *lambda*（也叫做 *匿名函式*），在很多地方特別好用：

```
In [70]: f = lambda x: math.cos(x)   ❶

In [71]: f(5)   ❷
Out[71]: 0.2836621854632263

In [72]: list(map(lambda x: math.cos(x), range(10)))   ❸
Out[72]: [1.0,
          0.5403023058681398,
          -0.4161468365471424,
          -0.9899924966004454,
          -0.6536436208636119,
          0.2836621854632263,
          0.9601702866503661,
          0.7539022543433046,
          -0.14550003380861354,
          -0.9111302618846769]
```

❶ 用 lambda 語法定義一個新函式 f。

❷ 把 5 這個值送進函式 f，計算出相應的結果。

❸ 把函式 f 映射到 range 物件的所有元素，然後用相應的結果建立一個 list 物件，再把結果列印出來。

一般來說，我們也可以使用普通的 Python 函式（相對於 lambda 函式），其建構方式如下：

```
In [73]: def f(x):   ❶
             return math.exp(x)   ❷

In [74]: f(5)
Out[74]: 148.4131591025766

In [75]: def f(*args):   ❸
             for arg in args:   ❹
                 print(arg)   ❺
             return None   ❻

In [76]: f(l)   ❼
         ['a', 'b', 'c', 'd', 'e']
```

❶ 普通的函式是用 def 語句來定義。

❷ 只要利用 return 語句，就可以定義函式執行 / 評估成功之後所要送回來的結果；同一個函式可以有多個 return 語句（例如針對不同的情況）。

---

❸ 我們可以用一個可迭代物件（例如 list 物件），同時把多個參數送進函式中。

❹ 以迭代的方式遍歷所有的參數。

❺ 針對每一個參數做出某些動作：在這裡就只是進行列印的動作。

❻ 送回某些東西：在這裡送回的是 None；Python 函式就算沒送回任何東西，也沒有問題。

❼ 把 list 物件 l 送入函式 f，這個函式就會把它解釋成一個參數列表。

請考慮下面這個函式的定義，它會根據一個 if-elif-else 控制結構，送回不同的字串：

```
In [77]: import random  ❶

In [78]: a = random.randint(0, 1000)  ❷

In [79]: print(f'Random number is {a}')  ❸
         Random number is 188

In [80]: def number_decide(number):
             if a < 10:  ❹
                 return "Number is single digit."
             elif 10 <= a < 100:  ❺
                 return "Number is double digit."
             else:  ❻
                 return "Number is triple digit."

In [81]: number_decide(a)  ❼
Out[81]: 'Number is triple digit.'
```

❶ 匯入 random 模組，以取得隨機的數值。

❷ 取出一個介於 0 到 1,000 之間的隨機整數。

❸ 列印出前面所取得的數值。

❹ 檢查這個數字是否為一位數字，如果檢查結果為 False（假）…

❺ …就繼續檢查它是否為兩位數字；如果還是 False（假）…

❻ …就只剩下三位數字的情況。

❼ 用隨機數值 a 來調用此函式。

NumPy

在進行財務相關計算時，有許多操作都是針對大量的數值資料。NumPy 是一個 Python 套件，它可以針對這類的資料結構，進行有效的處理與操作。雖然這個強大的套件具有非常多實用的功能，但這裡只會介紹 NumPy 的基礎，而這些基礎對於本書來說已經很足夠了。《*From Python to NumPy*》（從 Python 到 NumPy；*https://oreil.ly/Yxequ*）是一本關於 NumPy 的免費線上書籍。這本書詳細介紹了許多重要的面向，不過隨後的介紹並不會討論到那些內容。

一般的 ndarray 物件

NumPy 其中最重要的就是 ndarray 物件類別，它針對 n 維陣列物件提供了一種資料結構。舉例來說，你可以根據 list 物件生成一個 ndarray 物件：

```
In [82]: import numpy as np  ❶

In [83]: a = np.array(range(24))  ❷

In [84]: a  ❸
Out[84]: array([ 0,  1,  2,  3,  4,  5,  6,  7,  8,  9, 10, 11, 12, 13, 14, 15, 16,
                17, 18, 19, 20, 21, 22, 23])

In [85]: b = a.reshape((4, 6))  ❹

In [86]: b  ❺
Out[86]: array([[ 0,  1,  2,  3,  4,  5],
                [ 6,  7,  8,  9, 10, 11],
                [12, 13, 14, 15, 16, 17],
                [18, 19, 20, 21, 22, 23]])

In [87]: c = a.reshape((2, 3, 4))  ❻

In [88]: c  ❼
Out[88]: array([[[ 0,  1,  2,  3],
                 [ 4,  5,  6,  7],
                 [ 8,  9, 10, 11]],

                [[12, 13, 14, 15],
                 [16, 17, 18, 19],
                 [20, 21, 22, 23]]])

In [89]: b = np.array(b, dtype=np.float)  ❽
```

```
In [90]: b  ❾
Out[90]: array([[ 0.,  1.,  2.,  3.,  4.,  5.],
               [ 6.,  7.,  8.,  9., 10., 11.],
               [12., 13., 14., 15., 16., 17.],
               [18., 19., 20., 21., 22., 23.]])
```

❶ 匯入 NumPy 並按照慣例以 np 做為其別名。

❷ 根據 range 物件建立一個 ndarray 物件實例；在建立實例時，也可以採用 np.arange 的做法。

❸ 列印出相應的值。

❹ 重新調整物件的形狀，變成一個二維的物件…

❺ …並列印出相應的結果。

❻ 重新調整物件的形狀，變成一個三維的物件…

❼ …並列印出相應的結果。

❽ 這樣會把物件的 dtype 變成 np.float，然後…

❾ …顯示這組新的數值（現在已經變成浮點數了）。

 許多 Python 資料結構的設計，都有相當好的通用性。例如可變的 list 物件就是一個例子，我們可以輕易透過多種方式對其進行操作（例如添加、刪除元素，保存為其他複雜的資料結構等等）。NumPy 所採用的一般 ndarray 物件，其策略就是要提供一種比較特殊的資料結構，讓所有元素都具有相同的原子型別（atomic type），從而可以讓資料連續儲存在記憶體之中。這樣就可以讓 ndarray 物件更適合解決特定的問題（例如操作極大的數值資料集）。NumPy 在這方面的專用性，一方面可以為程式設計師帶來便利，另一方面通常也可以提高速度。

向量化運算

NumPy 的主要優勢，就是向量化操作：

```
In [91]: 2 * b  ❶
Out[91]: array([[ 0.,  2.,  4.,  6.,  8., 10.],
               [12., 14., 16., 18., 20., 22.],
               [24., 26., 28., 30., 32., 34.],
               [36., 38., 40., 42., 44., 46.]])
```

```
In [92]: b ** 2 ❷
Out[92]: array([[  0.,   1.,   4.,   9.,  16.,  25.],
                [ 36.,  49.,  64.,  81., 100., 121.],
                [144., 169., 196., 225., 256., 289.],
                [324., 361., 400., 441., 484., 529.]])

In [93]: f = lambda x: x ** 2 - 2 * x + 0.5 ❸

In [94]: f(a) ❹
Out[94]: array([  0.5,  -0.5,   0.5,   3.5,   8.5,  15.5,  24.5,  35.5,  48.5,
                 63.5,  80.5,  99.5, 120.5, 143.5, 168.5, 195.5, 224.5, 255.5,
                288.5, 323.5, 360.5, 399.5, 440.5, 483.5])
```

❶ 針對二維的 ndarray 物件（向量列表）實作出純量乘法運算。

❷ 以向量化的方式，計算出 b 其中每個數字的平方值。

❸ 用 lambda 建構函式來定義一個函式 f。

❹ 運用向量化的方式，把 f 套用到 ndarray 物件 a。

在許多情況下，我們真正感興趣的只是保存在 ndarray 物件其中一小部分的資料。NumPy 可支援一些基本與進階的切取片段（slicing）做法，以及其他的一些資料選擇功能：

```
In [95]: a[2:6] ❶
Out[95]: array([2, 3, 4, 5])

In [96]: b[2, 4] ❷
Out[96]: 16.0

In [97]: b[1:3, 2:4] ❸
Out[97]: array([[  8.,   9.],
                [ 14.,  15.]])
```

❶ 選取第三到第六個元素。

❷ 選取第三橫行第五縱列的資料。

❸ 從 b 物件取出其中一塊正方形範圍的資料。

布林運算

在許多地方都可以支援布林運算：

```
In [98]: b > 10  ❶
Out[98]: array([[False, False, False, False, False, False],
                [False, False, False, False, False,  True],
                [ True,  True,  True,  True,  True,  True],
                [ True,  True,  True,  True,  True,  True]])

In [99]: b[b > 10]  ❷
Out[99]: array([11., 12., 13., 14., 15., 16., 17., 18., 19., 20., 21., 22.,
         23.])
```

❶ 哪些數字大於 10？

❷ 送回所有大於 10 的數字。

ndarray 方法與 NumPy 函式

此外，ndarray 物件有很多預設（而且用起來很方便）的方法：

```
In [100]: a.sum()  ❶
Out[100]: 276

In [101]: b.mean()  ❷
Out[101]: 11.5

In [102]: b.mean(axis=0)  ❸
Out[102]: array([ 9., 10., 11., 12., 13., 14.])

In [103]: b.mean(axis=1)  ❹
Out[103]: array([ 2.5,  8.5, 14.5, 20.5])

In [104]: c.std()  ❺
Out[104]: 6.922186552431729
```

❶ 所有元素的總和。

❷ 所有元素的平均值。

❸ 沿著第一個軸所有元素的平均值。

❹ 沿著第二個軸所有元素的平均值。

❺ 所有元素的標準差。

同樣的，NumPy 套件也有很多所謂的**通用函式**。之所以說通用，是因為不管是 NumPy ndarray 物件或標準的 Python 數值資料型別，全都可以直接使用這些函式。關於更多詳細的訊息，請參見「通用函式（ufunc）」（*https://oreil.ly/Ogiah*）：

```
In [105]: np.sum(a)  ❶
Out[105]: 276

In [106]: np.mean(b, axis=0)  ❷
Out[106]: array([ 9., 10., 11., 12., 13., 14.])

In [107]: np.sin(b).round(2)  ❸
Out[107]: array([[ 0.  ,  0.84,  0.91,  0.14, -0.76, -0.96],
                 [-0.28,  0.66,  0.99,  0.41, -0.54, -1.  ],
                 [-0.54,  0.42,  0.99,  0.65, -0.29, -0.96],
                 [-0.75,  0.15,  0.91,  0.84, -0.01, -0.85]])

In [108]: np.sin(4.5)  ❹
Out[108]: -0.977530117665097
```

❶ 所有元素的總和。

❷ 沿著第一個軸所有元素的平均值。

❸ 所有元素的 sin 正弦值（四捨五入到小數點後第兩位）。

❹ Python float（浮點數）物件的 sin 正弦值。

不過，你還是應該特別留意，如果把 NumPy 通用函式應用於 Python 的標準資料型別，通常會在效能上帶來很大的負擔：

```
In [109]: %time l = [np.sin(x) for x in range(1000000)]  ❶
          CPU times: user 1.21 s, sys: 22.9 ms, total: 1.24 s
          Wall time: 1.24 s

In [110]: %time l = [math.sin(x) for x in range(1000000)]  ❷
          CPU times: user 215 ms, sys: 22.9 ms, total: 238 ms
          Wall time: 239 ms
```

❶ 針對 Python float（浮點數）物件運用 NumPy 通用函式，以建立一個解析式列表。

❷ 針對 Python float（浮點數）物件運用 math 函式，以建立一個解析式列表。

另一方面，直接針對 ndarray 物件運用 NumPy 的向量化操作以得出 list 物件，這樣的做法一定比之前的兩種做法都快得多。不過這種速度上的優勢，通常是以更大的記憶體佔用做為其代價：

```
In [111]: %time a = np.sin(np.arange(1000000))  ❶
          CPU times: user 20.7 ms, sys: 5.32 ms, total: 26 ms
          Wall time: 24.6 ms

In [112]: import sys  ❷

In [113]: sys.getsizeof(a)  ❸
Out[113]: 8000096

In [114]: a.nbytes  ❹
Out[114]: 8000000
```

❶ 運用 NumPy 的向量化方式來計算 sin 正弦值，速度通常會快很多。

❷ 匯入 sys 模組，其中有很多與系統相關的函式。

❸ 顯示 a 物件在記憶體中所佔用的大小。

❹ 顯示 a 物件用來儲存資料的位元組（byte）數量。

 向量化有時是一種編寫出簡潔程式碼非常有用的做法，而且在速度上通常也比一般 Python 程式碼快得多。不過要注意的是，向量化在財務相關的許多情況下，很有可能會佔用較多的記憶體。通常還有一些可做為替代的演算法實作方式，可提高記憶體的使用效率，而且只要運用 Numba 或 Cython 這類特別強化執行效能的函式庫，速度甚至還可以更快。詳細資訊請參見 Hilpisch（2018，第 10 章）的內容。

建立 ndarray

我們在這裡用 ndarray 物件的建構函式 np.arange() 建立一個整數的 ndarray 物件。以下就是簡單的範例：

```
In [115]: ai = np.arange(10)  ❶

In [116]: ai  ❷
Out[116]: array([0, 1, 2, 3, 4, 5, 6, 7, 8, 9])

In [117]: ai.dtype  ❸
Out[117]: dtype('int64')
```

```
In [118]: af = np.arange(0.5, 9.5, 0.5)   ❹

In [119]: af   ❺
Out[119]: array([0.5, 1. , 1.5, 2. , 2.5, 3. , 3.5, 4. , 4.5, 5. , 5.5, 6. , 6.5, 7. ,
                 7.5, 8. , 8.5, 9. ])

In [120]: af.dtype   ❻
Out[120]: dtype('float64')

In [121]: np.linspace(0, 10, 12)   ❼
Out[121]: array([ 0.        ,  0.90909091,  1.81818182,  2.72727273,  3.63636364,
                  4.54545455,  5.45454545,  6.36363636,  7.27272727,  8.18181818,
                  9.09090909, 10.        ])
```

❶ 用 np.arange() 建構函式建立一個 ndarray 物件實例。

❷ 列印出相應的值。

❸ 相應的 dtype 為 np.int64。

❹ 再次使用 arange()，但是這次加上 start、end、step 這幾個參數。

❺ 列印出相應的值。

❻ 相應的 dtype 為 np.float64。

❼ 使用 linspace() 建構函式，以均勻的方式把 0 到 10 之間的範圍切成 11 個區間，然後送回包含 12 個值的 ndarray 物件。

隨機數

在進行金融分析時，通常都會用到一些隨機數 [1]。NumPy 提供了許多函式，可以從不同類型的分佈中進行隨機取樣。計量金融領域通常需要的是標準常態分佈與 Poisson 分佈。相應的函式全都放在子套件 numpy.random 之中：

```
In [122]: np.random.standard_normal(10)   ❶
Out[122]: array([-1.06384884, -0.22662171,  1.2615483 , -0.45626608, -1.23231112,
                 -1.51309987,  1.23938439,  0.22411366, -0.84616512, -1.09923136])

In [123]: np.random.poisson(0.5, 10)   ❷
Out[123]: array([0, 1, 1, 0, 0, 1, 0, 0, 2, 0])

In [124]: np.random.seed(1000)   ❸
```

---

1 請注意，電腦只能生成偽隨機數，以做為真正隨機數的近似值。

```
In [125]: data = np.random.standard_normal((5, 100))   ❹

In [126]: data[:, :3]   ❺
Out[126]: array([[-0.8044583 ,  0.32093155, -0.02548288],
                 [-0.39031935, -0.58069634,  1.94898697],
                 [-1.11573322, -1.34477121,  0.75334374],
                 [ 0.42400699, -1.56680276,  0.76499895],
                 [-1.74866738, -0.06913021,  1.52621653]])

In [127]: data.mean()   ❻
Out[127]: -0.02714981205311327

In [128]: data.std()   ❼
Out[128]: 1.0016799134894265

In [129]: data = data - data.mean()   ❽

In [130]: data.mean()   ❾
Out[130]: 3.552713678800501e-18

In [131]: data = data / data.std()   ❿

In [132]: data.std()   ⓫
Out[132]: 1.0
```

❶ 從標準常態分佈中取出十個隨機數。

❷ 從 Poisson 分佈中取出十個隨機數。

❸ 只要使用固定的 seed 值，就可以讓隨機數生成器所生成的結果具有可重複性。

❹ 用隨機數生成一個二維 ndarray 物件。

❺ 列印出其中的一些數值。

❻ 所有數值的平均值，雖然很接近 0，但並不精確等於 0。

❼ 標準差很接近 1，但並不精確等於 1。

❽ 以向量化的方式進行第一階動差（first moment）的修正。

❾ 現在的平均值「幾乎等於」0。

❿ 以向量化的方式進行第二階動差（second moment）的修正。

⓫ 現在的標準差就等於 1。

matplotlib

接下來我們可以用 matplotlib（*http://matplotlib.org*）來導入繪圖的功能；這個套件在繪圖方面，可說是 Python 生態體系極為重要的一個套件。我們會讓 matplotlib 搭配另一個函式庫（即 seaborn：*https://oreil.ly/SWvT6*），在這樣的設定下一起使用。這樣就可以製作出更現代化的繪圖風格。下面的程式碼可製作出圖 A-1：

```
In [133]: import matplotlib.pyplot as plt    ❶

In [134]: plt.style.use('seaborn')    ❷

In [135]: import matplotlib as mpl    ❸

In [136]: mpl.rcParams['savefig.dpi'] = 300    ❹
          mpl.rcParams['font.family'] = 'serif'    ❹
          %matplotlib inline

In [137]: data = np.random.standard_normal((5, 100))    ❺

In [138]: plt.figure(figsize=(10, 6))    ❻
          plt.plot(data.cumsum())    ❼
Out[138]: [<matplotlib.lines.Line2D at 0x7faceaaeed30>]
```

❶ 匯入主要的繪圖函式庫。

❷ 把新的繪圖風格設為預設值。

❸ 匯入頂級模組。

❹ 把解析度設為 300 DPI（用於保存），字型則設為 serif。

❺ 用隨機數生成一個 ndarray 物件。

❻ 建立一個新的 figure 物件實例。

❼ 首先計算 ndarray 物件所有元素的累計總和，然後畫出相應的結果。

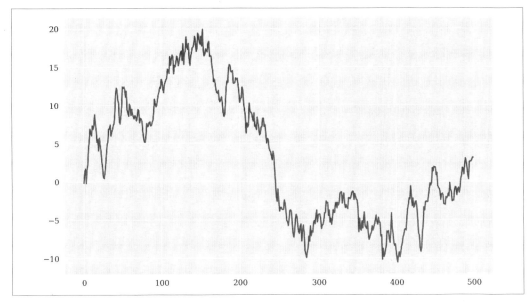

圖 A-1　運用 matplotlib 畫出折線圖

如果要在單一個 figure 物件中畫出多條線圖，其實也很容易（參見圖 A-2）：

```
In [139]: plt.figure(figsize=(10, 6));  ❶
          plt.plot(data.T.cumsum(axis=0), label='line')  ❷
          plt.legend(loc=0);  ❸
          plt.xlabel('data point')  ❹
          plt.ylabel('value');  ❺
          plt.title('random series');  ❻
```

❶ 建立一個新的 figure 物件實例，並定義其大小。

❷ 沿著第一軸計算累計總和，然後畫出五條線，再定義一個標籤。

❸ 把圖例放到最佳的位置（loc = 0）。

❹ 把一個標籤加到 x 軸上。

❺ 把一個標籤加到 y 軸上。

❻ 為這個圖形加上一個標題。

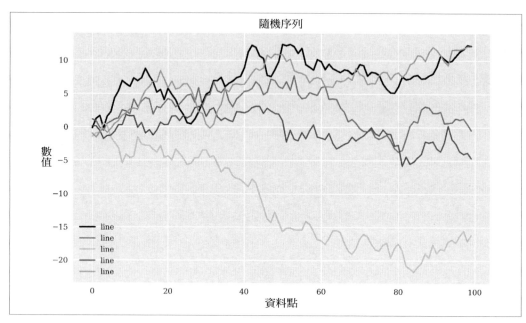

圖 A-2　畫出多條折線

直方圖（histogram）與柱狀圖（bar chart）是另外兩種很重要的繪圖類型。針對 data 物件裡全部的 500 個值，相應的直方圖如圖 A-3 所示。程式碼中的 .flatten() 方法會根據一個二維陣列生成一個一維陣列：

```
In [140]: plt.figure(figsize=(10, 6))
          plt.hist(data.flatten(), bins=30);  ❶
```

❶ 把資料分成 30 組，然後畫出相應的直方圖。

最後，請考慮下面的程式碼所生成的柱狀圖，如圖 A-4 所示：

```
In [141]: plt.figure(figsize=(10, 6))
          plt.bar(np.arange(1, 12) - 0.25,
                  data[0, :11], width=0.5);  ❶
```

❶ 根據原始資料集其中一小部分的子集合，畫出相應的柱狀圖。

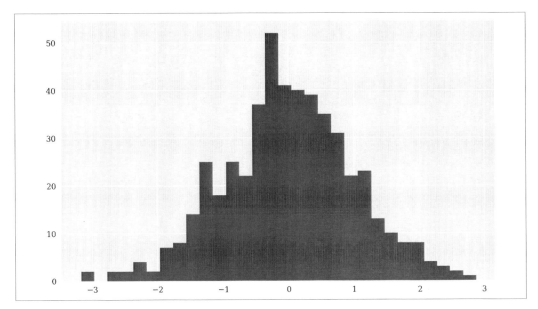

圖 A-3　隨機資料直方圖

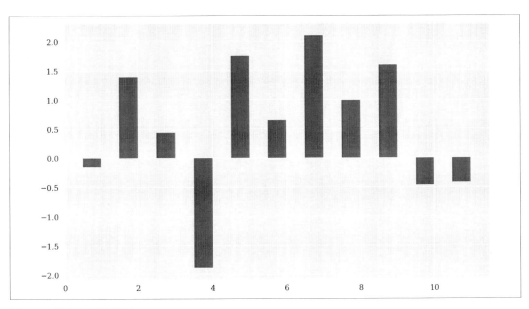

圖 A-4　隨機資料柱狀圖

在此針對 matplotlib 的介紹做個總結，請考慮圖 A-5 所顯示的樣本資料，以及相應的普通最小平方方法（OLS）迴歸結果。NumPy 提供了 polyfit 與 polyval 這兩個很方便的函式，可針對簡單的單項式（x，x^2，x^3，...，x^n）實作出相應的 OLS 迴歸結果。基於說明的目的，這裡考慮了線性、三次與九次 OLS 迴歸的結果（參見圖 A-5）：

```
In [142]: x = np.arange(len(data.cumsum()))   ❶

In [143]: y = 0.2 * data.cumsum() ** 2   ❷

In [144]: rg1 = np.polyfit(x, y, 1)   ❸

In [145]: rg3 = np.polyfit(x, y, 3)   ❹

In [146]: rg9 = np.polyfit(x, y, 9)   ❺

In [147]: plt.figure(figsize=(10, 6))   ❻
          plt.plot(x, y, 'r', label='data')   ❼
          plt.plot(x, np.polyval(rg1, x), 'b--', label='linear')   ❽
          plt.plot(x, np.polyval(rg3, x), 'b-.', label='cubic')   ❽
          plt.plot(x, np.polyval(rg9, x), 'b:', label='9th degree')   ❽
          plt.legend(loc=0);   ❾
```

❶ 針對 x 值建立一個 ndarray 物件。

❷ 用 data 物件的累計總和來定義 y 值。

❸ 線性迴歸。

❹ 三次迴歸。

❺ 九次迴歸。

❻ 新的 figure 物件。

❼ 原始資料 data。

❽ 以視覺化方式呈現迴歸結果。

❾ 放上圖例。

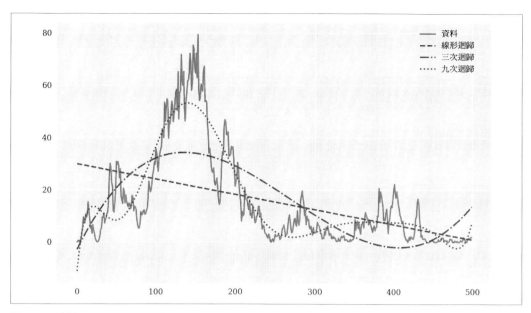

圖 A-5　線性、三次與九次迴歸的圖形

pandas

pandas 這個套件可有效管理時間序列資料與其他表格資料結構，並對資料進行各種操作。它可以針對記憶體內的大型資料集，執行複雜的資料分析任務。雖然重點是針對記憶體內的資料進行各種操作，但即使是針對記憶體外（例如磁碟中）的資料操作，也有很多選項可供使用。雖然 pandas 提供了很多種不同的資料結構（分別由幾個功能強大的物件類別來體現），但其中最常用的資料結構還是 DataFrame 物件類別；這個物件類別很類似關聯式資料庫（SQL）裡的典型資料表，可用來管理金融時間序列這類的資料。這就是本節打算重點介紹的東西。

DataFrame 物件類別

在最基本的形式中，DataFrame 物件可以用索引、縱列名稱與表格資料來定義其特性。更具體一點來說，我們可考慮以下的資料集樣本：

```
In [148]: import pandas as pd  ❶

In [149]: np.random.seed(1000)  ❷

In [150]: raw = np.random.standard_normal((10, 3)).cumsum(axis=0)  ❸

In [151]: index = pd.date_range('2022-1-1', periods=len(raw), freq='M')  ❹

In [152]: columns = ['no1', 'no2', 'no3']  ❺

In [153]: df = pd.DataFrame(raw, index=index, columns=columns)  ❻

In [154]: df  ❼
Out[154]:                 no1       no2       no3
          2022-01-31 -0.804458  0.320932 -0.025483
          2022-02-28 -0.160134  0.020135  0.363992
          2022-03-31 -0.267572 -0.459848  0.959027
          2022-04-30 -0.732239  0.207433  0.152912
          2022-05-31 -1.928309 -0.198527 -0.029466
          2022-06-30 -1.825116 -0.336949  0.676227
          2022-07-31 -0.553321 -1.323696  0.341391
          2022-08-31 -0.652803 -0.916504  1.260779
          2022-09-30 -0.340685  0.616657  0.710605
          2022-10-31 -0.723832 -0.206284  2.310688
```

❶ 匯入 pandas 套件。

❷ 固定 NumPy 隨機數生成器的 seed 值。

❸ 用隨機數建立一個 ndarray 物件。

❹ 用一些日期定義一個 DatetimeIndex 物件。

❺ 定義一個包含縱列名稱（標籤）的 list 物件。

❻ 建立一個 DataFrame 物件實例。

❼ 顯示這個新物件的 str（HTML）表達方式。

DataFrame 物件內建了許多基本、進階、便捷的方法，下面的 Python 程式碼針對其中的一些進行了示範：

```
In [155]: df.head()  ❶
Out[155]:                 no1       no2       no3
          2022-01-31 -0.804458  0.320932 -0.025483
          2022-02-28 -0.160134  0.020135  0.363992
          2022-03-31 -0.267572 -0.459848  0.959027
```

```
        2022-04-30 -0.732239  0.207433  0.152912
        2022-05-31 -1.928309 -0.198527 -0.029466

In [156]: df.tail()  ❷
Out[156]:                   no1        no2        no3
        2022-06-30 -1.825116 -0.336949  0.676227
        2022-07-31 -0.553321 -1.323696  0.341391
        2022-08-31 -0.652803 -0.916504  1.260779
        2022-09-30 -0.340685  0.616657  0.710605
        2022-10-31 -0.723832 -0.206284  2.310688

In [157]: df.index  ❸
Out[157]: DatetimeIndex(['2022-01-31', '2022-02-28', '2022-03-31', '2022-04-30',
                         '2022-05-31', '2022-06-30', '2022-07-31', '2022-08-31',
                         '2022-09-30', '2022-10-31'],
                        dtype='datetime64[ns]', freq='M')

In [158]: df.columns  ❹
Out[158]: Index(['no1', 'no2', 'no3'], dtype='object')

In [159]: df.info()  ❺
        <class 'pandas.core.frame.DataFrame'>
        DatetimeIndex: 10 entries, 2022-01-31 to 2022-10-31
        Freq: M
        Data columns (total 3 columns):
         #   Column  Non-Null Count  Dtype
        ---  ------  --------------  -----
         0   no1     10 non-null     float64
         1   no2     10 non-null     float64
         2   no3     10 non-null     float64
        dtypes: float64(3)
        memory usage: 320.0 bytes

In [160]: df.describe()  ❻
Out[160]:                no1        no2        no3
        count  10.000000  10.000000  10.000000
        mean   -0.798847  -0.227665   0.672067
        std     0.607430   0.578071   0.712430
        min    -1.928309  -1.323696  -0.029466
        25%    -0.786404  -0.429123   0.200031
        50%    -0.688317  -0.202406   0.520109
        75%    -0.393844   0.160609   0.896922
        max    -0.160134   0.616657   2.310688
```

❶ 顯示前五行資料。

❷ 顯示最後五行資料。

❸ 列印出物件的 index（索引）屬性。

❹ 列印出物件的 column（縱列）屬性。

❺ 顯示這個物件相應的一些元資料。

❻ 提供資料相關的一些摘要統計數字。

雖然 NumPy 針對多維陣列（通常含有數值資料）提供了一種特殊的資料結構，但 pandas 運用 DataFrame 物件類別，讓表格化（二維）資料的運用又向前邁進了一步。pandas 尤其擅長處理金融時間序列資料，如隨後的範例所示。

數值運算

一般來說，運用 DataFrame 物件進行數值運算，和運用 NumPy ndarray 物件一樣容易。這兩者在語法方面也非常接近：

```
In [161]: print(df * 2)  ❶
                      no1       no2       no3
          2022-01-31 -1.608917  0.641863 -0.050966
          2022-02-28 -0.320269  0.040270  0.727983
          2022-03-31 -0.535144 -0.919696  1.918054
          2022-04-30 -1.464479  0.414866  0.305823
          2022-05-31 -3.856618 -0.397054 -0.058932
          2022-06-30 -3.650232 -0.673898  1.352453
          2022-07-31 -1.106642 -2.647393  0.682782
          2022-08-31 -1.305605 -1.833009  2.521557
          2022-09-30 -0.681369  1.233314  1.421210
          2022-10-31 -1.447664 -0.412568  4.621376

In [162]: df.std()  ❷
Out[162]: no1    0.607430
          no2    0.578071
          no3    0.712430
          dtype: float64

In [163]: df.mean()  ❸
Out[163]: no1   -0.798847
          no2   -0.227665
```

```
          no3    0.672067
          dtype: float64

In [164]: df.mean(axis=1)  ❹
Out[164]: 2022-01-31   -0.169670
          2022-02-28    0.074664
          2022-03-31    0.077202
          2022-04-30   -0.123965
          2022-05-31   -0.718767
          2022-06-30   -0.495280
          2022-07-31   -0.511875
          2022-08-31   -0.102843
          2022-09-30    0.328859
          2022-10-31    0.460191
          Freq: M, dtype: float64

In [165]: np.mean(df)  ❺
Out[165]: no1   -0.798847
          no2   -0.227665
          no3    0.672067
          dtype: float64
```

❶ 針對所有元素的純量（向量化）乘法。

❷ 計算縱列方向的標準差…

❸ …與平均值。對於 DataFrame 物件來說，預設情況下都會沿著縱列方向進行操作。

❹ 計算出每個索引值（也就是沿著橫行的方向）相應的平均值。

❺ 把 NumPy 的某個函式套用到 DataFrame 物件。

選取資料

我們可以透過不同的機制，查找出某個片段的資料：

```
In [166]: df['no2']  ❶
Out[166]: 2022-01-31    0.320932
          2022-02-28    0.020135
          2022-03-31   -0.459848
          2022-04-30    0.207433
          2022-05-31   -0.198527
          2022-06-30   -0.336949
          2022-07-31   -1.323696
          2022-08-31   -0.916504
          2022-09-30    0.616657
          2022-10-31   -0.206284
```

```
          Freq: M, Name: no2, dtype: float64

In [167]: df.iloc[0]  ❷
Out[167]: no1   -0.804458
          no2    0.320932
          no3   -0.025483
          Name: 2022-01-31 00:00:00, dtype: float64

In [168]: df.iloc[2:4]  ❸
Out[168]:                  no1        no2       no3
          2022-03-31 -0.267572 -0.459848  0.959027
          2022-04-30 -0.732239  0.207433  0.152912

In [169]: df.iloc[2:4, 1]  ❹
Out[169]: 2022-03-31   -0.459848
          2022-04-30    0.207433
          Freq: M, Name: no2, dtype: float64

In [170]: df.no3.iloc[3:7]  ❺
Out[170]: 2022-04-30    0.152912
          2022-05-31   -0.029466
          2022-06-30    0.676227
          2022-07-31    0.341391
          Freq: M, Name: no3, dtype: float64

In [171]: df.loc['2022-3-31']  ❻
Out[171]: no1   -0.267572
          no2   -0.459848
          no3    0.959027
          Name: 2022-03-31 00:00:00, dtype: float64

In [172]: df.loc['2022-5-31', 'no3']  ❼
Out[172]: -0.02946577492329111

In [173]: df['no1'] + 3 * df['no3']  ❽
Out[173]: 2022-01-31   -0.880907
          2022-02-28    0.931841
          2022-03-31    2.609510
          2022-04-30   -0.273505
          2022-05-31   -2.016706
          2022-06-30    0.203564
          2022-07-31    0.470852
          2022-08-31    3.129533
          2022-09-30    1.791130
          2022-10-31    6.208233
          Freq: M, dtype: float64
```

❶ 根據名稱選取某一縱列。

❷ 根據索引位置選取某一橫行。

❸ 根據索引位置選取某兩橫行。

❹ 根據索引位置，選取其中某兩行某一縱列的值。

❺ 運用點（dot）查詢語法選取某一縱列。

❻ 根據索引值選取某一橫行。

❼ 根據索引值與縱列名稱選取某個單一資料點。

❽ 實作出一個向量化的算術運算。

布林運算

我們也可以根據布林運算的結果來選取特定的資料，而這也是 pandas 的一大優勢：

```
In [174]: df['no3'] > 0.5  ❶
Out[174]: 2022-01-31    False
          2022-02-28    False
          2022-03-31     True
          2022-04-30    False
          2022-05-31    False
          2022-06-30     True
          2022-07-31    False
          2022-08-31     True
          2022-09-30     True
          2022-10-31     True
          Freq: M, Name: no3, dtype: bool

In [175]: df[df['no3'] > 0.5]  ❷
Out[175]:                  no1       no2       no3
          2022-03-31 -0.267572 -0.459848  0.959027
          2022-06-30 -1.825116 -0.336949  0.676227
          2022-08-31 -0.652803 -0.916504  1.260779
          2022-09-30 -0.340685  0.616657  0.710605
          2022-10-31 -0.723832 -0.206284  2.310688

In [176]: df[(df.no3 > 0.5) & (df.no2 > -0.25)]  ❸
Out[176]:                  no1       no2       no3
          2022-09-30 -0.340685  0.616657  0.710605
          2022-10-31 -0.723832 -0.206284  2.310688

In [177]: df[df.index > '2022-5-15']  ❹
```

```
Out[177]:                   no1        no2        no3
         2022-05-31 -1.928309 -0.198527 -0.029466
         2022-06-30 -1.825116 -0.336949  0.676227
         2022-07-31 -0.553321 -1.323696  0.341391
         2022-08-31 -0.652803 -0.916504  1.260779
         2022-09-30 -0.340685  0.616657  0.710605
         2022-10-31 -0.723832 -0.206284  2.310688

In [178]: df.query('no2 > 0.1')  ❺
Out[178]:                   no1        no2        no3
         2022-01-31 -0.804458  0.320932 -0.025483
         2022-04-30 -0.732239  0.207433  0.152912
         2022-09-30 -0.340685  0.616657  0.710605

In [179]: a = -0.5  ❺

In [180]: df.query('no1 > @a')  ❺
Out[180]:                   no1        no2        no3
         2022-02-28 -0.160134  0.020135  0.363992
         2022-03-31 -0.267572 -0.459848  0.959027
         2022-09-30 -0.340685  0.616657  0.710605
```

❶ no3 這一縱列其中有哪幾個值大於 0.5 ？

❷ 選取所有滿足此條件（True）的橫行。

❸ 用「 & 」（且）運算符號把兩個條件組合起來。or（或）的運算符號則是「|」。

❹ 選取索引值大於（或晚於）「2020-5-15」的所有橫行（這裡是根據 str 物件排序的結果）。

❺ 用 str 物件來表達判斷條件，然後用 .query() 方法來選取出滿足條件的資料行。

用 pandas 繪圖

pandas 與 matplotlib 繪圖套件整合得很好，因此把儲存在 DataFrame 物件中的資料畫成圖形非常方便。一般來說，只需調用單一方法就可以解決問題（參見圖 A-6）：

```
In [181]: df.plot(figsize=(10, 6));  ❶
```

❶ 把資料繪製為折線圖（沿著縱列方向）並固定圖形的大小。

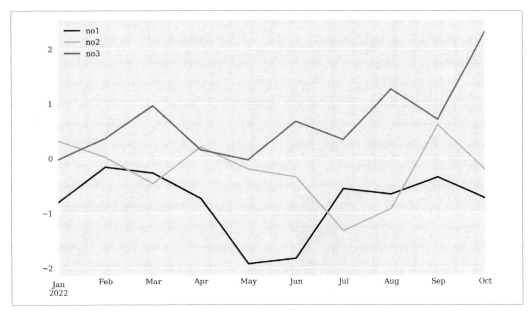

圖 A-6 用 pandas 繪製折線圖

pandas 會自動處理好索引值的正確格式（這裡的例子為日期）。不過只有 DatetimeIndex 可正確進行處理。如果日期時間資訊是用 str 物件來表示，也可以用 DatetimeIndex() 建構函式輕鬆轉換日期時間資訊：

```
In [182]: index = ['2022-01-31', '2022-02-28', '2022-03-31', '2022-04-30',
                    '2022-05-31', '2022-06-30', '2022-07-31', '2022-08-31',
                    '2022-09-30', '2022-10-31']  ❶

In [183]: pd.DatetimeIndex(df.index)  ❷
Out[183]: DatetimeIndex(['2022-01-31', '2022-02-28', '2022-03-31', '2022-04-30',
                         '2022-05-31', '2022-06-30', '2022-07-31', '2022-08-31',
                         '2022-09-30', '2022-10-31'],
                        dtype='datetime64[ns]', freq='M')
```

❶ 日期時間索引資料是用一個由 str 物件所組成的 list 物件來表示。

❷ 根據這個 list 物件，生成一個 DatetimeIndex 物件。

直方圖也可以用這種方式來生成。pandas 在折線圖中會把單一縱列自動轉換成單一折線
（並對應一個圖例項目；參見圖 A-6），在直方圖中則會把三個縱列轉換成三個不同的
直方圖（如圖 A-7 所示）：

```
In [184]: df.hist(figsize=(10, 6));  ❶
```

❶ 針對每一縱列生成一個直方圖。

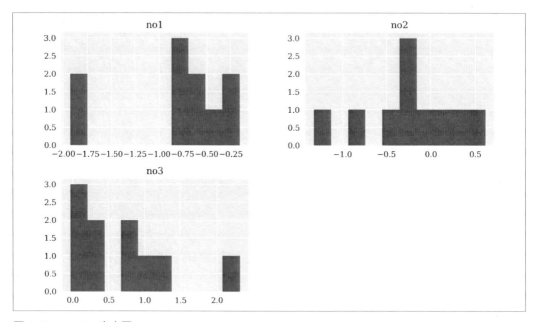

圖 A-7　pandas 直方圖

輸入輸出操作

pandas 的另一個優勢，就是可以把資料匯入匯出多種資料儲存格式（另請參見第 3 章）。
例如用逗號分隔資料值的 CSV 檔案：

```
In [185]: df.to_csv('data.csv')  ❶

In [186]: with open('data.csv') as f:
              for line in f.readlines():
                  print(line, end='')  ❷
          ,no1,no2,no3
          2022-01-31,-0.8044583035248052,0.3209315470898572,-0.025482880472072204
          2022-02-28,-0.16013447509799061,0.020134874302836725,0.363991673815235
```

```
2022-03-31,-0.26757177678888727,-0.4598482010579319,0.9590271758917923
2022-04-30,-0.7322393029842283,0.2074331059300848,0.15291156544935125
2022-05-31,-1.9283091368170622,-0.19852705542997268,-0.02946577492329111
2022-06-30,-1.8251162427820806,-0.33694904401573555,0.6762266000356951
2022-07-31,-0.5533209663746153,-1.3236963728130973,0.34139114682415433
2022-08-31,-0.6528026643843922,-0.9165042724715742,1.2607786860286034
2022-09-30,-0.34068465431802875,0.6166567928863607,0.7106048210003031
2022-10-31,-0.7238320652023266,-0.20628417055270565,2.310688189060956
```

```
In [187]: from_csv = pd.read_csv('data.csv',          ❸
                                  index_col=0,          ❹
                                  parse_dates=True)  ❺
```

```
In [188]: from_csv.head()  ❻
Out[188]:                 no1       no2       no3
          2022-01-31 -0.804458  0.320932 -0.025483
          2022-02-28 -0.160134  0.020135  0.363992
          2022-03-31 -0.267572 -0.459848  0.959027
          2022-04-30 -0.732239  0.207433  0.152912
          2022-05-31 -1.928309 -0.198527 -0.029466
```

❶ 用 CSV 檔案的形式把資料寫入磁碟中。

❷ 開啟該檔案並逐行列印出內容。

❸ 把儲存在 CSV 檔案中的資料，讀取到新的 DataFrame 物件中。

❹ 把第一縱列定義為 index（索引）縱列。

❺ index 索引縱列中的日期時間資訊，應轉換為 Timestamp 物件。

❻ 列印出新 DataFrame 物件其中的前五行。

不過一般來說，你通常會選擇更有效率的二進位格式（例如 HDF5：*http://hdfgroup.org*）把 DataFrame 物件保存到磁碟中。pandas 在這方面所需的功能函式，全都包含在 PyTables 套件中（*http://pytables.org*）。這裡所要運用的建構函式是 HDFStore：

```
In [189]: h5 = pd.HDFStore('data.h5', 'w')  ❶
```

```
In [190]: h5['df'] = df  ❷
```

```
In [191]: h5  ❸
Out[191]: <class 'pandas.io.pytables.HDFStore'>
          File path: data.h5
```

```
In [192]: from_h5 = h5['df']  ❹
```

```
In [193]: h5.close()  ❺
```

```
In [194]: from_h5.tail()  ❻
Out[194]:                    no1       no2       no3
          2022-06-30 -1.825116 -0.336949  0.676227
          2022-07-31 -0.553321 -1.323696  0.341391
          2022-08-31 -0.652803 -0.916504  1.260779
          2022-09-30 -0.340685  0.616657  0.710605
          2022-10-31 -0.723832 -0.206284  2.310688
```

```
In [195]: !rm data.csv data.h5  ❼
```

❶ 開啟一個 HDFStore 物件。

❷ 把 DataFrame 物件（資料）寫入 HDFStore。

❸ 顯示資料庫檔案的結構／內容。

❹ 把資料讀取到新的 DataFrame 物件中。

❺ 關閉 HDFStore 物件。

❻ 顯示新 DataFrame 物件其中的最後五行。

❼ 移除 CSV 與 HDF5 檔案。

案例研究

針對金融數據資料，pandas 套件提供了一些很有用的資料匯入函式（另請參見第 3 章）。
下面的程式碼運用 pd.read_csv() 函式，從保存在遠端伺服器的 CSV 檔案中，讀取出
S&P 500 指數與 VIX 波動率指數的每日歷史資料：

```
In [196]: raw = pd.read_csv('http://hilpisch.com/pyalgo_eikon_eod_data.csv',
                            index_col=0, parse_dates=True).dropna()  ❶
```

```
In [197]: spx = pd.DataFrame(raw['.SPX'])  ❷
```

```
In [198]: spx.info()  ❸
          <class 'pandas.core.frame.DataFrame'>
          DatetimeIndex: 2516 entries, 2010-01-04 to 2019-12-31
          Data columns (total 1 columns):
           #   Column  Non-Null Count  Dtype
          ---  ------  --------------  -----
           0   .SPX    2516 non-null   float64
```

```
                dtypes: float64(1)
                memory usage: 39.3 KB

In [199]: vix = pd.DataFrame(raw['.VIX'])  ❹

In [200]: vix.info()  ❺
                <class 'pandas.core.frame.DataFrame'>
                DatetimeIndex: 2516 entries, 2010-01-04 to 2019-12-31
                Data columns (total 1 columns):
                 #   Column  Non-Null Count  Dtype
                ---  ------  --------------  -----
                 0   .VIX    2516 non-null   float64
                dtypes: float64(1)
                memory usage: 39.3 KB
```

❶ 從遠端伺服器讀取 CSV 檔案。

❷ 讀取 S&P 500 股票指數的歷史資料（取自 Refinitiv Eikon Data API 的資料）。

❸ 顯示所取得的 DataFrame 物件相應的元資訊。

❹ 讀取 VIX 波動率指數的歷史資料。

❺ 顯示所取得的 DataFrame 物件相應的元資訊。

我們接著就把兩組相應的 Close（收盤價）縱列組合到同一個 DataFrame 物件中。有好幾種方法可實現此目標：

```
In [201]: spxvix = pd.DataFrame(spx).join(vix)  ❶

In [202]: spxvix.info()
                <class 'pandas.core.frame.DataFrame'>
                DatetimeIndex: 2516 entries, 2010-01-04 to 2019-12-31
                Data columns (total 2 columns):
                 #   Column  Non-Null Count  Dtype
                ---  ------  --------------  -----
                 0   .SPX    2516 non-null   float64
                 1   .VIX    2516 non-null   float64
                dtypes: float64(2)
                memory usage: 139.0 KB

In [203]: spxvix = pd.merge(spx, vix,
                            left_index=True,   # 左邊的索引要做為 merge 的依據
                            right_index=True,  # 右邊的索引要做為 merge 的依據
                            )  ❷

In [204]: spxvix.info()
```

```
<class 'pandas.core.frame.DataFrame'>
DatetimeIndex: 2516 entries, 2010-01-04 to 2019-12-31
Data columns (total 2 columns):
 #   Column  Non-Null Count  Dtype
---  ------  --------------  -----
 0   .SPX    2516 non-null   float64
 1   .VIX    2516 non-null   float64
dtypes: float64(2)
memory usage: 139.0 KB
```

In [205]: **spxvix = pd.DataFrame({'SPX': spx['.SPX'],**
                                  'VIX': vix['.VIX']},
                                  index=spx.index) ❸

In [206]: **spxvix.info()**
```
<class 'pandas.core.frame.DataFrame'>
DatetimeIndex: 2516 entries, 2010-01-04 to 2019-12-31
Data columns (total 2 columns):
 #   Column  Non-Null Count  Dtype
---  ------  --------------  -----
 0   SPX     2516 non-null   float64
 1   VIX     2516 non-null   float64
dtypes: float64(2)
memory usage: 139.0 KB
```

❶ 運用 join 方法，把幾個相關的資料子集合組合起來。

❷ 運用 merge 函式來進行合併的動作。

❸ 用 dict 物件把資料組合起來，以做為 DataFrame 建構函式的輸入。

一旦把資料組合成單一物件，要進行視覺化分析就很容易了（參見圖 A-8）：

In [207]: spxvix.plot(figsize=(10, 6), subplots=True); ❶

❶ 把兩組資料子集合分別繪製到兩個獨立的子圖中。

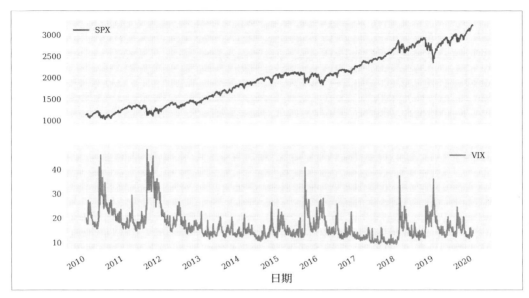

圖 A-8　S&P 500 與 VIX 的每日收盤歷史價格

pandas 也可以針對整個 DataFrame 物件進行向量化操作。下面的程式碼就是以向量化的方式，同時計算 spxvix 物件其中兩個縱列的對數報酬。這個 shift 方法會根據所提供的索引值，對資料集進行平移操作（在這個特定的例子中，平移了一個交易日）：

```
In [208]: rets = np.log(spxvix / spxvix.shift(1))   ❶
```

```
In [209]: rets = rets.dropna()   ❷
```

```
In [210]: rets.head()   ❸
Out[210]:                 SPX       VIX
          Date
          2010-01-05  0.003111 -0.035038
          2010-01-06  0.000545 -0.009868
          2010-01-07  0.003993 -0.005233
          2010-01-08  0.002878 -0.050024
          2010-01-11  0.001745 -0.032514
```

❶ 完全以向量化的方式，計算兩個時間序列的對數報酬。

❷ 刪除掉所有包含 NaN 值（「非數字」）的資料行。

❸ 顯示新的 DataFrame 物件其中的前五行。

看一下圖 A-9 的圖形，這個散點圖顯示了 VIX 對數報酬與 SPX 對數報酬的對應關係，另外還有一條線性迴歸線。這個圖形顯示這兩個指數具有強烈的負相關：

```
In [211]: rg = np.polyfit(rets['SPX'], rets['VIX'], 1)  ❶
```

```
In [212]: rets.plot(kind='scatter', x='SPX', y='VIX',
                    style='.', figsize=(10, 6))  ❷
          plt.plot(rets['SPX'], np.polyval(rg, rets['SPX']), 'r-');  ❸
```

❶ 針對兩組對數報酬資料集，實作出一條線性迴歸線。

❷ 建立對數報酬的散點圖。

❸ 在現有的散點圖中畫出線性迴歸線。

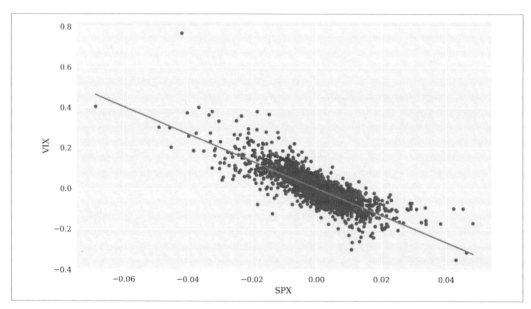

圖 A-9　S&P 500 與 VIX 對數報酬的散點圖，以及相應的線性迴歸線

只要把金融時間序列資料保存在 pandas DataFrame 物件中，就可以輕鬆計算出一些典型的統計數字：

```
In [213]: ret = rets.mean() * 252  ❶
```

```
In [214]: ret
Out[214]: SPX    0.104995
          VIX   -0.037526
```

```
                dtype: float64

In [215]: vol = rets.std() * math.sqrt(252)    ❷

In [216]: vol
Out[216]: SPX    0.147902
          VIX    1.229086
          dtype: float64

In [217]: (ret - 0.01) / vol    ❸
Out[217]: SPX     0.642279
          VIX    -0.038667
          dtype: float64
```

❶ 計算出兩個指數的年化平均報酬。

❷ 計算出年化標準差。

❸ 計算出無風險短期利率 1% 所對應的夏普比率（Sharpe ratio）。

回檔（drawdown）的最大跌幅（我們只針對 S&P 500 指數進行計算）在計算上稍微複雜一點。為了進行此計算，我們會用到 .cummax() 方法，這個方法會記錄時間序列到特定日期為止當時的歷史最大值。請考慮以下的程式碼，這段程式碼會生成圖 A-10 的圖形：

```
In [218]: plt.figure(figsize=(10, 6))    ❶
          spxvix['SPX'].plot(label='S&P 500')    ❷
          spxvix['SPX'].cummax().plot(label='running maximum')    ❸
          plt.legend(loc=0);    ❹
```

❶ 建立一個新的 figure 物件實例。

❷ 畫出 S&P 500 指數的收盤歷史價格。

❸ 計算並畫出隨時間變化的當時最大值。

❹ 在圖形中放入圖例。

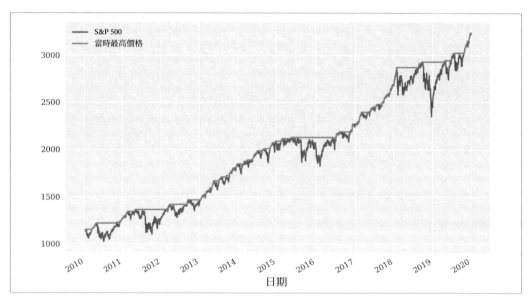

圖 A-10　S&P 500 指數的收盤歷史價格與當時最高價格

回檔（drawdown）的**絕對最大跌幅**指的是當時最高價格與目前價格之間最大的差值。在我們這個特定的例子中，這個值大約就是 580 個指數點。有時候採用**相對最大跌幅**或許更有意義。以這裡來說大約就是 20%：

```
In [219]: adrawdown = spxvix['SPX'].cummax() - spxvix['SPX']  ❶

In [220]: adrawdown.max()
Out[220]: 579.6500000000001

In [221]: rdrawdown = ((spxvix['SPX'].cummax() - spxvix['SPX']) /
                        spxvix['SPX'].cummax())  ❷

In [222]: rdrawdown.max()
Out[222]: 0.1977821376780688
```

❶ 得出絕對最大跌幅。

❷ 得出相對最大跌幅。

回檔的最長持續時間，其計算方法如下。下面的程式碼會選取所有回檔最大跌幅為零（也就是剛到達新高點）的那些資料點。然後再針對這些最大跌幅為零的索引值，計算每兩個連續索引值（交易日期）之間的差值，再取其中的最大值。以我們正在分析的資料集來說，回檔的最長持續時間為 417 天：

```
In [223]: temp = adrawdown[adrawdown == 0] ❶
```

```
In [224]: periods_spx = (temp.index[1:].to_pydatetime() -
                         temp.index[:-1].to_pydatetime()) ❷
```

```
In [225]: periods_spx[50:60] ❸
Out[225]: array([datetime.timedelta(days=67), datetime.timedelta(days=1),
                 datetime.timedelta(days=1), datetime.timedelta(days=1),
                 datetime.timedelta(days=301), datetime.timedelta(days=3),
                 datetime.timedelta(days=1), datetime.timedelta(days=2),
                 datetime.timedelta(days=12), datetime.timedelta(days=2)],
                dtype=object)
```

```
In [226]: max(periods_spx) ❹
Out[226]: datetime.timedelta(days=417)
```

❶ 選取出回檔最大跌幅為 0 的所有索引位置。

❷ 計算所有此類索引兩兩之間的 timedelta 值。

❸ 顯示出這些值其中的一部分。

❹ 選取出這些差值其中的最大值。

結論

本附錄簡要介紹演算法交易環境下，運用 Python、NumPy、matplotlib、pandas 相關的一些重要主題。當然，這些內容並不能替代全面性的訓練與實務經驗，不過對於想要快速上手、在必要時也願意深入了解細節的人來說，還是有點幫助。

更多資源

關於本附錄所涵蓋的主題，有個珍貴且免費的資源就是 Scipy Lecture Notes（*http://scipy-lectures.org*），它還有多種電子格式可供使用。另外 Nicolas Rougier 的線上書籍《From Python to NumPy》（從 Python 到 NumPy：*https://oreil.ly/vo54e*）同樣是免費提供給大家使用。

本附錄所引用的書籍：

Hilpisch, Yves. 2018. *Python for Finance*（Python 金融分析）. 2nd ed. Sebastopol: O'Reilly.

McKinney, Wes. 2017. *Python for Data Analysis*（Python 資料分析）. 2nd ed. Sebastopol: O'Reilly.

VanderPlas, Jake. 2017. *Python Data Science Handbook*（Python 資料科學學習手冊）. Sebastopol: O'Reilly.

索引

※ 提醒您：由於翻譯書排版的關係，部份索引名詞的對應頁碼會和實際頁碼有一頁之差。

A

absolute maximum drawdown（回檔的絕對最大跌幅），372

AdaBoost algorithm（AdaBoost 演算法），301

addition（+）operator（加法運算），334

adjusted return appraisal ratio（調整後報酬鑑定比率），11

algorithmic trading（generally）（（一般）演算法交易）

    advantages of（~ 的優點），10

    basics（~ 基礎），7-11

    strategies（~ 策略），13-15

alpha seeking strategies（alpha 搜索策略），13

alpha, defined（alpha，定義），9

anonymous functions（匿名函式），339

API key, for data sets（API 密鑰，資料集的 ~），59-60

Apple, Inc.（蘋果公司）

    intraday stock prices（盤中股價），112

    reading stock price data from different sources（從不同來源讀取股票價格資料），52-58

    retrieving historical unstructured data about（檢索出 ~ 的非結構化歷史資料），69-71

app_key, for Eikon Data API（app_key，Eikon Data API 的 ~），63

AQR Capital Management（AQR 資本管理），5

arithmetic operations（算術運算），333

array programming（陣列程式設計），90

    （see also vectorization）（（另請參見向量化））

automated trading operations（自動化交易操作），285-329

    capital management（資本管理），286-297

    configuring Oanda account（設定 Oanda 帳號），319

hardware setup（硬體設定）, 320

infrastructure and deployment（基礎架構與部署）, 316

logging and monitoring（日誌記錄與監控）, 317-319

ML-based trading strategy（機器學習型交易策略）, 297-310

online algorithm（線上演算法）, 311-314

Python environment setup（Python 環境設定）, 321

Python scripts for（~ Python 腳本）, 326-329

real-time monitoring（即時監控）, 325

running code（執行程式碼）, 323

uploading code（上傳程式碼）, 323

visual step-by-step overview（重點步驟圖文示範）, 319-325

B

backtesting（回測）

based on simple moving averages（簡單移動平均型）, 96-107

Python scripts for classification algorithm backtesting（分類演算法回測 Python 腳本）, 184

Python scripts for linear regression backtesting class（線性迴歸回測物件類別 Python 腳本）, 181

vectorized（see vectorized backtesting）（向量化（參見向量化回測））

BacktestLongShort class（BacktestLongShort 物件類別）, 200, 212

bar charts（柱狀圖）, 351

bar plots（see Plotly; streaming bar plot）線形圖（參見 Plotly；串流線形圖）

base class, for event-based backtesting（基礎物件類別，事件型回測的 ~）, 191-196, 206

Bash script（Bash 腳本）, 35

for Droplet set-up（Droplet 設定 ~）, 44-47

for Python/Jupyter Lab installation（Python / Jupyter Lab 安裝 ~）, 43-44

Bitcoin（比特幣）, 5, 58

Boolean operations（布林運算）

NumPy, 344

pandas, 360

C

callback functions（回調函式）, 278

capital management（資本管理）

　　automated trading operations and（自動化交易操作和～）, 286-297

　　Kelly criterion for stocks and indices（適用於股票與指數的凱利準則）, 292-297

　　Kelly criterion in binomial setting（二項式設定下的凱利準則）, 286-291

Carter, Graydon, 267

CFD（contracts for difference）（CFD（差價合約））

　　algorithmic trading risks（演算法交易風險）, 319

　　defined（定義）, 241

　　risks of losses（損失風險）, 203

　　risks of trading on margin（保證金交易風險）, 267

　　trading with Oanda（用 Oanda 進行交易）, 239-264

　　　（see also Oanda）（（另請參見 Oanda））

classification problems（分類問題）

　　machine learning for（～機器學習）, 154-158

　　neural networks for（～神經網路）, 167-168

　　Python scripts for vectorized backtesting（向量化回測 Python 腳本）, 184

.close_all（）method（.close_all（）方法）, 281

cloud instances（雲端實例）, 39-47

　　installation script for Python and Jupyter Lab（Python 與 Jupyter Lab 安裝腳本）, 43-44

　　Jupyter Notebook configuration file（Jupyter Notebook 設定檔案）, 41

　　RSA public/private keys（RSA 公鑰／私鑰）, 41

　　script to orchestrate Droplet set-up（Droplet 設定的編排腳本）, 44-47

Cocteau, Jean, 189

comma separated value（CSV）files（see CSV files）（逗號分隔值（CSV）檔案（參見 CSV 檔案））

conda

　　as package manager（做為套件管理工具）, 21-29

　　as virtual environment manager（做為虛擬環境管理工具）, 29-33

　　basic operations（基本操作）, 24-29

　　installing Miniconda（安裝 Miniconda）, 21-23

conda remove（conda 移除）, 28

configparser module（configparser 模組）, 245

containers（see Docker containers）（容器（參見 Docker 容器））

contracts for difference（see CFD）（差價合約（參見 CFD））

control structures（控制結構），337

CPython, 1, 19

.create_market_buy_order( ) method（.create_market_buy_order( ) 方法），280

.create_order( ) method（.create_order( ) 方法），254-256

cross-sectional momentum strategies（橫截面動量型策略），107

CSV files（CSV 檔案）

    input-output operations（輸入輸出操作），364-365

    reading from a CSV file with pandas（用 pandas 從 CSV 檔案中讀取），55

    reading from a CSV file with Python（用 Python 從 CSV 檔案中讀取），53-55

.cummax( ) method（.cummax( ) 方法），370

currency pairs（貨幣對），319

    （see also EUR/USD exchange rate）（（另請參閱 EUR / USD 匯率））

    algorithmic trading risks（演算法交易風險），319

D

data science stack（資料科學套件組合），331

data snooping（資料窺探），122

data storage（資料儲存方式）

    SQLite3 for（~SQLite3），82-84

    storing data efficiently（有效儲存資料），71-84

    storing DataFrame objects（儲存 DataFrame 物件），73-77

    TsTables package for（TsTables 套件 ~），77-82

data structures（資料結構），335-337

DataFrame class（DataFrame 物件類別），5-7, 55, 355-358

DataFrame objects（DataFrame 物件）

    creating（建立），93

    storing（儲存），73-77

dataism（資料主義）

DatetimeIndex( ) constructor（DatetimeIndex( ) 建構函式），362

decision tree classification algorithm（決策樹分類演算法），301

deep learning（深度學習）

    adding features to analysis（添加特徵以進行分析），175-179

    classification problem（分類問題），167-168

deep neural networks for predicting market direction（預測市場動向的深度神經網路）, 169-179

market movement prediction（市場走勢預測）, 166-179

trading strategies and（交易策略和～）, 15

deep neural networks（深度神經網路）, 169-179

delta hedging（delta 避險）, 9

dense neural network（DNN）（稠密神經網路（DNN）), 167, 170

dictionary（dict）objects（字典（dict）物件）, 54, 336

DigitalOcean

cloud instances（雲端實例）, 39-47

droplet setup（droplet 設定）, 320

DNN（dense neural network）（DNN（稠密神經網路）), 167, 170

Docker containers（Docker 容器）, 33-39

building a Ubuntu and Python Docker image（建構一個 Ubuntu 與 Python Docker 映像）, 34-39

defined（定義）, 34

Docker images versus（Docker 映像 vs. ～）, 34

Docker images（Docker 映像）

defined（定義）, 34

Docker containers versus（Docker 容器 vs. ～）, 34

Dockerfile, 35-36

Domingos, Pedro, 285

Droplet, 39

costs（成本）, 316

script to orchestrate set-up（設定編排腳本）, 44-47

dynamic hedging（動態避險）, 9

E

efficient market hypothesis（效率市場假說）, 136

Eikon Data API, 61-71

retrieving historical structured data（檢索出結構化歷史資料）, 64-68

retrieving historical unstructured data（檢索出非結構化歷史資料）, 68-71

Euler discretization（尤拉離散化做法）, 2

EUR/USD exchange rate（EUR/USD 匯率）

backtesting momentum strategy on minute bars（用分線圖回測動量型策略）, 247-250

evaluation of regression-based strategy（迴歸型策略的評估）, 149

factoring in leverage/margin（槓桿 / 保證金因素）, 250-251

gross performance versus deep learning-based strategy（總體績效表現 vs. 深度學習型策略）, 172-174, 176-178

historical ask close prices（賣方報價收盤歷史價格）, 276-277

historical candles data for（~ 歷史 K 線資料）, 275

historical tick data for（~ 歷史 tick 資料）, 271

implementing trading strategies in real time（實作出即時交易策略）, 256-261

logistic regression-based strategies（邏輯迴歸型策略）, 163

placing orders（下單）, 279-281

predicting（預測）, 141-143

predicting future returns（預測未來報酬）, 144-146

predicting index levels（預測指數水準）, 141-143

retrieving streaming data for（檢索出 ~ 串流資料）, 278

retrieving trading account information（檢索出交易帳號資訊）, 261-263

SMA calculation（簡單移動平均的計算）, 97-107

vectorized backtesting of ML-based trading strategy（機器學習型交易策略的向量化回測）, 298-304

vectorized backtesting of regression-based strategy（迴歸型策略的向量化回測）, 147

event-based backtesting（事件型回測）, 189-212

advantages（優勢）, 190

base class（基礎物件類別）, 191-196, 206

building classes for（建立 ~ 物件類別）, 189-212

long-only backtesting class（只做多回測物件類別）, 196-200, 209

long-short backtesting class（多空回測物件類別）, 200-203, 212

Python scripts for（~ Python 腳本）, 206-212

Excel

exporting financial data to（把金融數據資料匯出到 ~）, 56

reading financial data from（從 ~ 讀取金融數據資料）, 57

F

features（特徵）

adding different types（加入不同類型 ~）, 175-179

lags and（滯後量和 ~）, 159

financial data, working with（金融數據資料，處理~），51-85

  data set for examples（範例資料集），52

  Eikon Data API, 61-71

  exporting to Excel/JSON（匯出至 Excel/JSON），56

  open data sources（開啟資料來源），58-61

  reading data from different sources（從不同來源讀取資料），52-58

  reading data from Excel/JSON（從 Excel/JSON 讀取資料），57

  reading from a CSV file with pandas（用 pandas 從 CSV 檔案中讀取），55

  reading from a CSV file with Python（用 Python 從 CSV 檔案中讀取），53-55

  storing data efficiently（有效儲存資料），71-84

.flatten( ) method（.flatten( ) 方法），351

foreign exchange trading（see FX trading; FXCM）（外匯交易（參見 FX 交易；FXCM））

future returns, predicting（未來報酬，預測~），144-146

FX trading（FX 交易），267-283

  (see also EUR/USD exchange rate)（（另請參見 EUR / USD 匯率））

FXCM

  FX trading（FX 交易），267-283

  getting started（入門），269

  placing orders（下單），279-281

  retrieving account information（檢索出帳號資訊），281

  retrieving candles data（檢索出 K 線資料），272-275

  retrieving data（檢索資料），269-275

  retrieving historical data（檢索出歷史資料），276-277

  retrieving streaming data（檢索出串流資料），278

  retrieving tick data（檢索出 tick 資料），270-272

  working with the API（運用 API），275-282

fxcmpy wrapper package callback functions（fxcmpy 包裝套件回調函式），278

  installing（安裝），269

  tick data retrieval（tick 資料檢索），270

fxTrade, 240

G

GDX（VanEck Vectors Gold Miners ETF）

logistic regression-based strategies（邏輯迴歸型策略）, 164

mean-reversion strategies（均值回歸型策略）, 117-121

regression-based strategies（迴歸型策略）, 150

generate_sample_data ( ), 71

.get_account_summary ( ) method（.get_account_summary ( ) 方法）, 261

.get_candles ( ) method（.get_candles ( ) 方法）, 276

.get_data ( ) method（.get_data ( ) 方法）, 192, 271

.get_date_price ( ) method（.get_date_price ( ) 方法）, 192

.get_instruments ( ) method（.get_instruments ( ) 方法）, 246

.get_last_price ( ) method（.get_last_price ( ) 方法）, 279

.get_raw_data ( ) method（.get_raw_data ( ) 方法）, 271

get_timeseries ( ) function（get_timeseries ( ) 函式）, 67

.get_transactions ( ) method（.get_transactions ( ) 方法）, 262

GLD（SPDR Gold Shares）

logistic regression-based strategies（邏輯迴歸型策略）, 160-163

mean-reversion strategies（均值回歸型策略）, 117-121

gold price（黃金價格）

mean-reversion strategies（均值回歸型策略）, 117-119

momentum strategy and（動量型策略和～）, 108-112, 115

Goldman Sachs（高盛）, 1, 9

.go_long ( ) method（.go_long ( ) 方法）, 201

H

half Kelly criterion（半凱利準則）, 305

Harari, Yuval Noah, ix

HDF5 binary storage library（HDF5 二進位儲存函式庫）, 77-82

HDFStore wrapper（HDFStore 包裝函式）, 73-77

high frequency trading（HFQ）（高頻交易（HFQ））, 10

histograms（直方圖）, 351

hit ratio, defined（命中率，定義）, 301

I

if-elif-else control structure（if-elif-else 控制結構）, 340

in-sample fitting（樣品內套入）, 149

index levels, predicting（指數水準，預測 ~）, 141-143

infrastructure（see Python infrastructure）（基礎架構（參見 Python 基礎架構））

installation script, Python/Jupyter Lab（安裝腳本，Python/Jupyter Lab ~）, 43-44

Intel Math Kernel Library（Intel 數學核心函式庫）, 24

iterations（迭代）, 337

J

JSON

    exporting financial data to（把金融數據資料匯出到 ~）, 56

    reading financial data from（從 ~ 讀取金融數據資料）, 57

Jupyter Lab

    installation script for（~ 安裝腳本）, 43-44

    RSA public/private keys for（~ 的 RSA 公鑰 / 私鑰）, 41

    tools included（所包含的工具）, 39

Jupyter Notebook, 41

K

Kelly criterion（凱利準則）

    in binomial setting（在二項式設定下）, 286-291

    optimal leverage（最佳槓桿）, 305-306

    stocks and indices（股票與指數）, 292-297

Keras, 166, 170, 179

key-value stores（鍵值儲存方式）, 336

keys, public/private（密鑰，公鑰 / 私鑰）, 41

L

lags（滯後量）, 139, 159

lambda functions（lambda 函式）, 339

LaTeX, 2

leveraged trading, risks of（槓桿交易，～的風險）, 251, 267, 306

linear regression（線性迴歸）

　　generalizing the approach（通用化做法）, 149

　　market movement prediction（市場走勢預測）, 136-150

　　predicting future market direction（預測未來市場動向）, 146

　　predicting future returns（預測未來報酬）, 144-146

　　predicting index levels（預測指數水準）, 141-143

　　price prediction based on time series data（根據時間序列資料所得出的價格預測）, 139-141

　　review of（重新檢視～）, 137

　　scikit-learn and（scikit-learn 和～）, 152

　　vectorized backtesting of regression-based strategy（迴歸型策略的向量化回測）, 147, 181

list comprehension（解析式列表）, 339

list constructor（列表建構函式）, 336

list objects（列表物件）, 53, 336, 343

logging, of automated trading operations（日誌記錄，自動化交易操作的～）, 317-319

logistic regression（邏輯迴歸）

　　generalizing the approach（通用化做法）, 163-166

　　market direction prediction（市場動向預測）, 159-163

　　Python script for vectorized backtesting（向量化回測的 Python 腳本）, 184

long-only backtesting class（只做多回測物件類別）, 196-200, 209

long-short backtesting class（多空回測物件類別）, 200-203, 212

longest drawdown period（回檔的最長持續時間）, 307

M

machine learning（機器學習）

　　classification problem（分類問題）, 154-158

　　linear regression with scikit-learn（用 scikit-learn 進行線性迴歸）, 152

　　market movement prediction（市場走勢預測）, 152-166

　　ML-based trading strategy（機器學習型交易策略）, 297-310

　　Python scripts（Python 腳本）, 181

　　trading strategies and（交易策略和～）, 15

　　using logistic regression to predict market direction（用邏輯迴歸來預測市場動向）, 159-163

macro hedge funds, algorithmic trading and（宏觀避險基金，演算法交易和～）, 11

__main__ method（__main__ 方法）, 191

margin trading（保證金交易）, 267

market direction prediction（市場動向預測）, 146

market movement prediction（市場走勢預測）

    deep learning for（～深度學習）, 166-179

    deep neural networks for（～深度神經網路）, 169-179

    linear regression for（～線性迴歸）, 136-150

    linear regression with scikit-learn（用 scikit-learn 進行線性迴歸）, 152

    logistic regression to predict market direction（邏輯迴歸以預測市場動向）, 159-163

    machine learning for（～機器學習）, 152-166

    predicting future market direction（預測未來市場動向）, 146

    predicting future returns（預測未來報酬）, 144-146

    predicting index levels（預測指數水準）, 141-143

    price prediction based on time series data（根據時間序列資料所得出的價格預測）, 139-141

    vectorized backtesting of regression-based strategy（迴歸型策略的向量化回測）, 147

market orders, placing（市價單，下單）, 254-256

math module（math 模組）, 333

mathematical functions（數學相關函式）, 333

matplotlib, 349-354, 362-363

maximum drawdown（回檔最大跌幅）, 307, 372

McKinney, Wes, 5

mean-reversion strategies（均值回歸型策略）, 3, 117-121

    basics（基礎）, 117-121

    generalizing the approach（通用化做法）, 119

    Python code with a class for vectorized backtesting（向量化回測物件類別的 Python 程式碼）, 129

Miniconda, 21-23

mkl（Intel Math Kernel Library）（mkl（Intel 數學核心函式庫））, 24

ML-based strategies（機器學習型策略）, 297-310

    optimal leverage（最佳槓桿）, 305-306

    persisting the model object（長久保存模型物件）, 310

    Python script for（～ Python 腳本）, 326

    risk analysis（風險分析）, 307-310

vectorized backtesting（向量化回測）, 298-304

MLPClassifier, 167

MLTrader class（MLTrader 物件類別）, 312-314

momentum strategies（動量型策略）, 14

    backtesting on minute bars（回測分線圖）, 247-250

    basics（基礎）, 108-113

    generalizing the approach（通用化做法）, 114

    Python code with a class for vectorized backtesting（向量化回測物件類別的 Python 程式碼）, 129

    Python script for custom streaming class（自定義串流物件類別的 Python 腳本）, 264

    Python script for momentum online algorithm（動量型線上演算法的 Python 腳本）, 235

    vectorized backtesting of（～向量化回測）, 107-115

MomentumTrader class（MomentumTrader 物件類別）, 256-261

MomVectorBacktester class（MomVectorBacktester 物件類別）, 114

monitoring（監控）

    automated trading operations（～自動化交易操作）, 317-319, 325

    Python scripts for strategy monitoring（策略監控的 Python 腳本）, 329

Monte Carlo simulation sample tick data server（蒙地卡羅模擬樣本 tick 資料伺服器）, 234

    time series data based on（以～為基礎的時間序列資料）, 85

motives, for trading（動機，交易～）, 8

MRVectorBacktester class（MRVectorBacktester 物件類別）, 119

multi-layer perceptron（多層感知器）, 167

Musashi, Miyamoto, 19

N

natural language processing（NLP）（自然語言處理（NLP）），68

ndarray class（ndarray 物件類別）, 91-93

ndarray objects（ndarray 物件）, 3, 344-346

    creating（建立）, 347

    linear regression and（線性迴歸和～）, 137

    regular（一般的～）, 341

nested structures（巢狀結構）, 335

NLP（natural language processing）（NLP（自然語言處理）），68

np.arange( ), 347

numbers, data typing of（數字，~資料型別），332

numerical operations, pandas（數值操作，pandas~），358

NumPy, 3-5, 341-349

    Boolean operations（布林運算），344

    ndarray creation（建立 ndarray），347

    ndarray methods（ndarray 方法），344-346

    random numbers（隨機數），348

    regular ndarray object（一般的 ndarray 物件），341

    universal functions（通用函式），345

    vectorization（向量化），91-93

    vectorized operations（向量化操作），343

numpy.random sub-package（numpy.random 子套件），348

NYSE Arca Gold Miners Index（紐約證交所 Arca Gold Miners 指數），117

O

Oanda

    account configuration（帳號設定），319

    account setup（帳號設定），243

    API access（API 存取），245-246

    backtesting momentum strategy on minute bars（用分線圖回測動量型策略），247-250

    CFD trading（CFD 交易），239-264

    factoring in leverage/margin with historical data（用歷史資料得出槓桿 / 保證金因子），250-251

    implementing trading strategies in real time（實作出即時交易策略），256-261

    looking up instruments available for trading（找出可交易的投資工具），246

    placing market orders（按市價下單），254-256

    Python script for custom streaming class（自定義串流物件類別的 Python 腳本），264

    retrieving account information（檢索出帳號資訊），261-263

    retrieving historical data（檢索出歷史資料），246-251

    working with streaming data（處理串流資料），253

Oanda v20 RESTful API, 245, 297-310, 298

offline algorithm（離線演算法）

    defined（定義），224

    transformation to online algorithm（轉換成線上演算法），312

OLS（ordinary least squares）regression（OLS（普通最小平方法）迴歸）, 353

online algorithm（線上演算法）

    automated trading operations（自動化交易操作）, 311-314

    defined（定義）, 224

    Python script for momentum online algorithm（動量型線上演算法的 Python 腳本）, 235

    signal generation in real time（即時生成交易信號）, 224-226

    transformation of offline algorithm to（把離線演算法轉換成～）, 312

.on_success( ) method（.on_success( ) 方法）, 257, 311

open data sources（開啟資料來源）, 58-61

ordinary least squares（OLS）regression（普通最小平方法（OLS）迴歸）, 353

out-of-sample evaluation（樣本外評估）, 149

overfitting（過度套入）, 122

P

package manager, conda as（套件管理工具，conda 做為～）, 21-29

pandas, 5-7, 355-365

    Boolean operations（布林運算）, 360

    case study（案例研究）, 366-373

    data selection（選取資料）, 359-360

    DataFrame class（DataFrame 物件類別）, 355-358

    exporting financial data to Excel/JSON（把金融數據資料匯出到 Excel/JSON）, 56

    input-output operations（輸入輸出操作）, 364-365

    numerical operations（數值運算）, 358

    plotting（繪圖）, 362-363

    reading financial data from Excel/JSON（從 Excel/JSON 讀取金融數據資料）, 57

    reading from a CSV file（從 CSV 檔案讀取）, 55

    storing DataFrame objects（保存 DataFrame 物件）, 73-77

    vectorization（向量化）, 93-96

password protection, for Jupyter lab（密碼保護，Jupyter Lab 的～）, 41

.place_buy_order( ) method（.place_buy_order( ) 方法）, 193

.place_sell_order( ) method（.place_sell_order( ) 方法）, 193

Plotly

    basics（基礎）, 227

multiple real-time streams for（～ 的多個即時串流）, 228

multiple sub-plots for streams（串流的多個子圖形）, 230

streaming data as bars（以線形的形式串流資料）, 231

visualization of streaming data（視覺化呈現串流資料）, 227-232

plotting, with pandas（繪圖，用 pandas ～）, 362-363

.plot_data( ) method（.plot_data( ) 方法）, 192

polyfit( )/polyval( ) convenience functions（polyfit( )/polyval( ) 方便好用的函式）, 353

price prediction, based on time series data（價格預測，根據時間序列資料）, 139-141

.print_balance( ) method（.print_balance( ) 方法）, 193

.print_net_wealth( ) method（.print_net_wealth( ) 方法）, 193

.print_transactions( ) method（.print_transactions( ) 方法）, 263

pseudo-code, Python versus（偽程式碼，Python vs. ～）, 2

publisher-subscriber（PUB-SUB）pattern（發佈者 - 訂閱者（PUB-SUB）模式）, 218

Python（generally）（（一般）Python）

advantages of（～ 的優點）, 11

basics（基礎）, 1-16

control structures（控制結構）, 337

data structures（資料結構）, 335-337

data types（資料型別）, 332-335

deployment difficulties（部署困難之處）, 19

idioms（習慣用法）, 339-341

NumPy and vectorization（NumPy 和向量化）, 3-5

obstacles to adoption in financial industry（金融業採用的障礙）, 1

origins（淵源）, 1

pandas and DataFrame class（pandas 和 DataFrame 物件類別）, 5-7

pseudo-code versus（偽程式碼 vs. ～）, 2

reading from a CSV file（從 CSV 檔案中讀取）, 53-55

Python infrastructure（Python 基礎架構）, 19-48

conda as package manager（用 conda 做為套件管理工具）, 21-29

conda as virtual environment manager（用 conda 做為虛擬環境管理工具）, 29-33

Docker containers（Docker 容器）, 33-39

using cloud instances（使用雲端實例）, 39-47

Python scripts（Python 腳本）

automated trading operations（自動化交易操作），323, 326-329

backtesting base class（事件型回測基礎物件類別），206

custom streaming class that trades a momentum strategy（以動量型策略進行交易的自定義串流物件類別），264

linear regression backtesting class（線性迴歸回測物件類別），181

long-only backtesting class（只做多回測物件類別），209

long-short backtesting class（多空回測物件類別），212

real-time data handling（即時資料處理），234-236

sample time series data set（時間序列資料集取樣），85

strategy monitoring（策略監控），329

uploading for automated trading operations（上傳自動化交易操作），323

vectorized backtesting（向量化回測），126-131

Q

Quandl

premium data sets（優質資料集），60

working with open data sources（善用開放資料來源），58-61

R

random numbers（隨機數），348

random walk hypothesis（隨機漫步假說），142

range（iterator object）（range（迭代物件）），337

read_csv（）function（read_csv（）函式），55

real-time data（即時資料），217-236

Python script for handling（處理的 Python 腳本），234-236

signal generation in real time（即時生成交易信號），224-226

tick data client for（~tick 資料客戶端），222

tick data server for（~tick 資料伺服器），219-222, 234

visualizing streaming data with Plotly（運用 Plotly 以視覺化方式呈現串流資料），227-232

real-time monitoring（即時監控），325

Refinitiv, 62

relative maximum drawdown（回檔的相對最大跌幅），372

returns, predicting future（報酬，預測未來~），144-146

risk analysis, for ML-based trading strategy（風險分析，機器學習型交易策略～）, 307-310

RSA public/private keys（RSA 公鑰 / 私鑰）, 41

.run_mean_reversion_strategy（）method（.run_mean_reversion_strategy（）方法）, 198, 202

.run_simulation（）method（.run_simulation（）方法）, 289

S

S&P 500, 8-11

  logistic regression-based strategies and（邏輯迴歸型策略和～）, 163

  momentum strategies（動量型策略）, 113

  passive long position in（～的被動多頭部位）, 294-297

scatter objects（scatter 物件）, 228

scientific stack（科學相關套件組合）, 4, 331

scikit-learn, 152

ScikitBacktester class（ScikitBacktester 物件類別）, 163-164

SciPy package project（SciPy 套件專案）, 4

seaborn library（seaborn 函式庫）, 349-354

simple moving averages（SMAs）（簡單移動平均（SMA）), 5, 14

  trading strategies based on（～型交易策略）, 96-107

  visualization with price ticks（以視覺化方式呈現價格 tick）, 228

.simulate_value（）method（.simulate_value（）方法）, 220

Singer, Paul, 239

sockets, real-time data and（socket，即時資料和～）, 217-236

sorting list objects（列表物件排序）, 336

SQLite3, 82-84

SSL certificate（SSL 憑證）, 41

storage（see data storage）（儲存方式（參見資料儲存方式））

streaming bar plots（串流線形圖）, 231, 236

streaming data（串流資料）

  Oanda and（Oanda 和～）, 253

  visualization with Plotly（用 Plotly 進行視覺化呈現）, 227-232

string objects（str）（字串物件（str）), 334-335

Swiss Franc event（瑞士法郎事件）, 243

systematic macro hedge funds（系統宏觀避險基金）, 11

T

TensorFlow, 166, 170

Thomas, Rob, 51

Thorp, Edward, 286

tick data client（tick 資料客戶端）, 222

tick data server（tick 資料伺服器）, 219-222, 234

time series data sets（時間序列資料集）

    pandas and vectorization（pandas 和向量化）, 96

    price prediction based on（根據 ~ 所得出的價格預測）, 139-141

    Python script for generating sample set（生成樣本集的 Python 腳本）, 85

    SQLite3 for storage of（用 SQLite3 來儲存 ~）, 82-84

    TsTables for storing（用 TsTables 來儲存 ~）, 77-82

time series momentum strategies（時間序列動量型策略）, 108

    (see also momentum strategies)（(另請參見動量型策略)）

.to_hdf( ) method（.to_hdf( ) 方法）, 75

tpqoa wrapper package（tpqoa 包裝套件）, 245, 253

trading platforms, factors influencing choice of（交易平台，選擇 ~ 的影響因素）, 239

trading strategies（交易策略）, 13-15

    (see also specific strategies)（(另請參見個別策略)）

    implementing in real time with Oanda（用 Oanda 進行即時實作）, 256-261

    machine learning/deep learning（機器學習 / 深度學習）, 15

    mean-reversion（均值回歸）, 3

    momentum（動量）, 14

    simple moving averages（簡單移動平均）, 14

trading, motives for（交易，~ 的動機）, 8

transaction costs（交易成本）, 199, 304

TsTables package（TsTables 套件）, 77-82

tuple objects（元組物件）, 335

U

Ubuntu, 34-39

universal functions, NumPy（通用函式，NumPy）, 345

V

v20 wrapper package（v20 包裝套件）, 245, 297-310, 298

value-at-risk（VAR）（風險價值（VAR））, 308-310

vectorization（向量化）, 3, 117-121

vectorized backtesting（向量化回測）

    data snooping and overfitting（資料窺探與過度套入）, 121-124

    ML-based trading strategy（機器學習型交易策略）, 298-304

    momentum-based trading strategies（動量型交易策略）, 107-115

    potential shortcomings（潛在缺陷）, 189

    Python code with a class for vectorized backtesting of mean-reversion trading strategies（均值回歸交易策略向量化回測物件類別的 Python 程式碼）, 129

    Python scripts for（～的 Python 腳本）, 126-131, 181

    regression-based strategy（迴歸型策略）, 147

    trading strategies based on simple moving averages（簡單移動平均型交易策略）, 96-107

    vectorization with NumPy（NumPy 向量化）, 91-93

    vectorization with pandas（pandas 向量化）, 93-96

vectorized operations（向量化操作）, 343

virtual environment management（虛擬環境管理）, 29-33

W

while loops（while 迴圈）, 338

Z

ZeroMQ, 218

關於作者

Yves J. Hilpisch 博士是 Python Quants（*http://tpq.io*）的創始人兼執行長，這個集團致力於把開放原始碼技術用於金融資料科學、人工智慧、演算法交易與金融計算。他也是 AI Machine（*http://aimachine.io*）的創始人兼執行長，這個公司致力於透過專有策略執行平台，進行人工智慧演算法交易。

除了本書之外，他同時也是以下書籍的作者：

- *Artificial Intelligence in Finance*（金融人工智慧）（*https://aiif.tpq.io*）（O'Reilly, 2020）
- *Python for Finance*（Python 金融分析）（*https://py4fi.tpq.io*）（2nd ed., O'Reilly, 2018）
- *Derivatives Analytics with Python*（Python 衍生性金融商品分析）（*https://dawp.tpq.io*）（Wiley, 2015））
- *Listed Volatility and Variance Derivatives*（波動率指數與各種不同的衍生性金融商品）（*https://lvvd.tpq.io*）（Wiley, 2017）

Yves 是一位金融計算學的兼職教授，並在 CQF 計劃（*http://cqf.com*）中提供演算法交易講座。他也是第一線上訓練課程（the first online training programs）的主管，參加這些課程即可獲得 Python 演算法交易（*http://certificate.tpq.io*）與 Python 金融計算（*http://compfinance.tpq.io*）的大學憑證。

Yves 編寫了一個金融分析函式庫 DX Analytics（*http://dx-analytics.com*），並在倫敦、法蘭克福、柏林、巴黎與紐約等地，組織了一些 Python 相關的聚會、研討會與訓練營，探討 Python 計量金融與演算法交易相關的主題。他在美國、歐洲與亞洲的技術研討會上，都曾發表過專題演講。

出版記事

本書封面上的動物是一條常見的條紋草蛇（Natrix helvetica）。這種無毒的蛇類可在西歐的淡水區附近被發現。

這種常見的條紋草蛇，最初屬於 Natrix natrix 的一員，後來被重新分類為獨特的物種，牠灰綠色的身體沿著側面有獨特的條紋，而且最長可達一公尺。牠相當擅長游泳，主要捕食兩棲動物，例如蟾蜍與青蛙。由於牠需要像所有爬蟲動物一樣調節體溫，因此一般的條紋草蛇通常會在溫度穩定的地底下度過冬天。

目前這種蛇類的保護狀態為「最低關注」，而在英國《野生動物與鄉村法》的規定下，也已獲得一定的保護。O'Reilly 封面上許多動物都已瀕臨滅絕。這些動物對於整個世界來說全都十分重要。

封面插圖是 Jose Marzan 根據《英國自然百科全書自然史》裡的黑白雕刻繪製而成。

Python 演算法交易

作　　者：Yves Hilpisch
譯　　者：藍子軒
企劃編輯：蔡彤孟
文字編輯：江雅鈴
設計裝幀：陶相騰
發 行 人：廖文良

發 行 所：碁峰資訊股份有限公司
地　　址：台北市南港區三重路 66 號 7 樓之 6
電　　話：(02)2788-2408
傳　　真：(02)8192-4433
網　　站：www.gotop.com.tw
書　　號：A671
版　　次：2021 年 07 月初版
　　　　　2024 年 01 月初版二刷
建議售價：NT$680

國家圖書館出版品預行編目資料

Python 演算法交易 / Yves Hilpisch 原著；藍子軒譯. -- 初版. --
　　臺北市：碁峰資訊, 2021.07
　　　面；　公分
　　譯自：Python for Algorithmic Trading: From Idea to Cloud
Deployment
　　ISBN 978-986-502-864-0(平裝)
　　1.Python(電腦程式語言)　2.投資分析　3.數學模式
312.32P97　　　　　　　　　　　　　　　　110008905